Yeren
Publishing
House

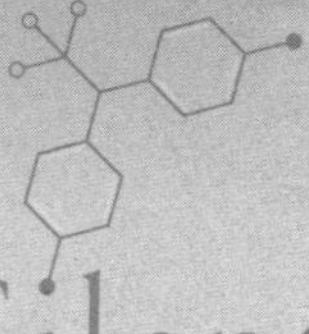

Silent Spring

自然文學不朽經典全譯本

寂靜的春天

Rachel Carson
瑞秋・卡森

黃中憲——譯

獻給亞伯特・史懷哲（Albert Schweitzer）

他曾說：「人類已失去預見未來和防範未然的能力，未來將以毀滅地球作結。」

湖中莎草已枯，
不聞鳥鳴。

濟慈（John Keats，十九世紀英國浪漫派詩人）

我對人類很悲觀，因為人類太過機巧地造福自己。
我們對待自然的心態是要將自然打擊到臣服。
如果我們順應地球，以感激而非懷疑、專橫的心態看待它，我們存活的機率會較高。

埃爾文・布魯克斯・懷特（E. B. White，《夏綠蒂的網》作者）

【推薦序】

我們都欠瑞秋・卡森一份情

李偉文醫師
荒野保護協會理事長、作家

我身邊有幾本不同版本的《寂靜的春天》中文版，其中最早的版本是民國五十九年七月由大中國圖書公司印行的，離英文原版首刷在美國發行的時間只相隔不到八年，以這個似乎冷門的主題及台灣當時資訊相對封閉的年代來說，是非常難得的事。

這些中文版隨著時代進展，在印刷上當然愈來愈精緻，翻譯也更加精確與流暢。我之所以會收集所有瑞秋・卡森在台灣發行的出版品與不同版本，純粹只是表達我個人對她的一點敬意。

總是覺得，不管是全世界那一個國家的人，都欠瑞秋・卡森一個人情。瑞秋・卡森憑藉著自己對大自然終生不渝的好奇，以及對萬物生命的關懷，以溫柔卻堅定的努力，開創了全世界的環境保護運動潮流。

因為《寂靜的春天》，人類才真正看清楚，那些似乎無形無蹤的化學製品，會對自然生命造成莫大災難，而且會禍延子孫。這本書引起廣大的討論與影響，催生了人類第一次為了環境大規模上街遊行，一九七〇年的千萬人大遊行是世界地球日的開始；這本書也催生了一九七二年第一屆聯合國人類環境會議，有一百多個國家的代表齊聚瑞典，開啟了全世界各個國家在環境議題上共同合作的新紀元；這本書更催生了聯合國成立環境署，之後全世界各個國家也才陸陸續續地成立了主管環境的獨立部會。

瑞秋．卡森給世人的另一個典範，是她寫的書，雖然有嚴謹的科學調查與知識，但是文筆生動又有濃厚的詩意及自然文學的蘊味，很容易影響與感動一般民眾。她說：「如果我談海洋的書有詩意，那不是我刻意注入詩情，而是因為真實地描述海洋時，沒有人能夠排除詩意。」她原本是海洋學家，快樂地過著研究、觀察與寫作的生活，寫了三本非常暢銷的海洋科普書，不過她發現了當時才發明沒多久，全世界歡欣鼓舞地接受的農藥將會帶來的災難，於是花了四年時間調查研究，寫出了《寂靜的春天》，她說：「如果我沒有盡力而為，就再也不能快樂地傾聽一隻鶇鳥的歌唱。」這種民胞物與的使命感，是她一輩子努力的動力來源。

除了全世界的環境運動都受到瑞秋．卡森啟蒙之外，她在自然教育的推動上也有深遠的影響。以台灣推動環境教育著力最深的荒野保護協會來說，荒野採用的自然教育理念，就是來自於她為甥外孫羅傑寫的一篇文章〈幫助你的孩子感受驚奇〉（台灣曾經將這篇文章配上豐富圖片出版，名稱為《永遠的春天》）。

瑞秋．卡森曾祈禱：「假如我能向好心的仙女祈求一個願望，我希望她讓全世界的孩子，都擁有能夠感受到神奇事物的能力，而且能夠終生保有這種探索的好奇心。」如何保持這種與生俱來的好奇心呢？這需要有大人培養他們，父母最好只是陪伴只是傾聽，不要著急地灌輸一大堆生硬的知識，最多只是鼓勵與引導，因為瑞秋・卡森提醒：「小孩如果要一直擁有他天生對自然的新奇感，那麼，至少要有一個能分享他新奇感的大人陪伴著，與他一起重新發掘世界的喜樂、驚異與神祕。」

這本出版超過半世紀的書，已成為人類共同擁有的寶藏與經典，書中的字字句句至今仍令人省思，甚至在書中最後一章開頭的這段話，仍是當頭棒喝：「我們正站在兩條路的分岔點上，而這兩條路並不相當，我們一直在走的路似乎很容易，但它的終點是個大災難。另一條路比較沒有人走，可是它卻是抵達終點的最後一個機會，可以確保地球的安全。」

是的，兩條路在我們面前，每個時刻都是我們選擇的機會，如何透過每一天的消費選擇來改變世界？這本書可以帶給我們信心與行動的力量。

【推薦序】

科學萬能世代裡敲起的一記警鐘

袁孝維 教授
臺大森林環境暨資源學系

瑞秋・卡森女士在一九六二年的著作《寂靜的春天》，喚醒了一般大眾對農藥與環境汙染的警覺；也因為這本書，導致了美國在一九七二年立法禁止於農業上使用ＤＤＴ。那是一個在科學萬能的世代裡敲起的警鐘，卡森女士當時的論調無疑是極具顛覆力與震撼力的。如果說要選出在這一百年裡，十本對永續環境最有影響力的書籍，《寂靜的春天》肯定榮登榜首。

說實話，這本書不太好讀，它絕對不是一本一拿到就愛不釋手的書，然而你卻能在細讀慢嚼之間，隱隱感到傷痛，而可以一再沉思一再反省。在那個年代要寫出如此鏗鏘有力的文字，背後要有非常強大的科學研究與資訊的支撐，我相信卡森女士必定花了許多的時間才能收集並消化這些數據。更重要的，是要有極大的正義感，才敢撰文發聲，因為每一種農藥背後都有極大的商業利益。當人們已經習慣了所有違背自然、人定勝天的行為時，要完成這本書，絕對需要過人的道德勇氣。

時至今日，世界各國仍然在大量使用農藥，特別是第三世界國家。當糧食生產是眼前最重要的需求時，人們的心態變得短視近利，不會把永續地球當成一回事，對於身體的慢性疾病更是毫無警覺。因此，看完此書後，心中覺得悲哀的是，卡森女士說的悲劇和故事仍然在五十多年後的今天重演。我們現在談到的環境荷爾蒙，不僅會造成環境汙染，也跟罹癌的多樣化、頻繁化與年輕化絕對脫離不了干係。

其實，臺灣農藥的單位面積使用量排在全世界排名的前面，因為對集約式耕作方式來說，慣行農法相對更方便省事。在農村和鄉間，殺蟲、殺鼠劑的品牌與配方往往是農藥商說了算，農夫是否有按照期程噴灑採收，也著實令人擔心。最近在臺灣地區巡迴放映的「老鷹想飛」電影中，梁皆得導演紀錄了老鷹先生沈振中二十三年來的追鷹故事，沈老師眼見臺灣天空中的老鷹數量逐漸減少，在尋尋覓覓抽絲剝繭的過程中，才發現是農藥殺死了老鼠，而老鷹又吃了中毒的老鼠所以死亡。這就是生態系中，有毒物質經由食物鏈累積的放大作用，也是當年卡森女士所描述的，游隼在吃了含有 DDT 殘毒的食物後，造成生下來的蛋鈣質含量不夠而容易破裂，所以無法孵出幼雛，春天逐漸少了鳥鳴、逐漸寂靜。可怕的是，人類也正是位於食物鏈的頂端，今日鳥類，明日人類的警訊是不容忽視的。

另外，全球蜜蜂大量的神祕消失，在逐漸解開的謎團之中，竟然也跟農藥相關。台大研究團隊發現類尼古丁殺蟲劑益達胺農藥，會造成工蜂在中毒後無力飛回蜂巢，實驗中餵食摻農藥的糖水給工蜂，發現它們會將中毒的糖水餵食給幼蜂。雖然幼蜂在低劑量的汙染下不會死亡，但是會「變笨」，當它們羽化成蜂時，將不會採蜜也不記得回家的路，最終導致蜂群崩解。蜜蜂在各種作物的傳粉上扮演非常重要的角色，所以也有人預測，當蜜蜂從地球消失，人類將只剩下四年的生命。現今的世代好像也正與卡森女士過去的憂心遙相呼應。

人類的糧食從土地來，我們若想防止環境遭受化學藥劑汙染、維持土地的永續，且確保吃進嘴裡的食物是乾淨健康的，就要採行有機或自然農法。另外也可以採行綜合式的害蟲害鼠防治法，亦即採用部分化學藥劑，再搭配天敵法或其他非化學的防害蟲方法。人們逐漸體會到今天多花一些錢買價格較高的清潔食物，其實可能是減少明天花的治病醫療費用。為了保護各式動物、不用農藥，市面上開始可以看到石虎米、田鱉米、田董米（董雞），還有用鴨間稻方式除蟲的日光米等。慢慢開始，我們可以選擇吃的安心，又保護了生物多樣性，這就是在二〇一〇年於日本舉辦的生物多樣性公約大會啟動的「里山倡議」。

「里山倡議」的願景是實現人類和自然的和諧共生，以永續的方式來管理土地和自然資源，同時兼顧生產與維護生物多樣性。在日本的山村裡，有許多簡單樸實、擁有百年歷史的村落，維持著傳統老祖宗留下來的耕作方式——也就是與大自然維持祥和美好的關係。錯落的鑲嵌式地景，並保留溼地與水域，讓各種野生動植物也能徜徉其間。其實過去的臺灣農村也多是這樣的景致與耕作觀念，但是隨著工業發展而逐漸式微，有趣的是，台灣如今卻又隨著國際潮流開始慢慢尋回祖先的智慧。我們樂見貢寮水梯田、花蓮縣豐南村「吉哈拉艾」水梯田、舞鶴茶園地景、坪林藍鵲茶等，符合「里山精神」的村落逐漸受到重視並被散播推廣。

有鑑於臺灣的淺山環境充滿了開發壓力，對於野生動植物而言是不定時的危機，所以最近有一批年輕人在想辦法尋求集資購地保留「龍貓森林」的可能性。前面提及的友善農業與里山村落，有很多也是年輕人在主導並積極參與。完整、健康的生態系有其自然韻律，雖緩慢但長久，傳承的路上有了年輕人的加入，我們為大自然留下一片淨土給後代子孫的願望才得以實現。

向您致敬，在《寂靜的春天》出版五十多年之後，卡森女士給我們的，仍然是一項持續學習的功課。

【編者序】

勇於挑戰科學萬能、經濟至上的自然文學經典

野人文化編輯部

身在二十一世紀的我們，為什麼要讀瑞秋．卡森在上個世紀寫下的「經典」？義大利小說大師卡爾維諾在《為什麼讀經典》裡給出了答案：「經典是我們越自以為透過道聽塗說就可以了解，但當我們實際閱讀，越會發現它具有原創性，出其不意地帶給你全新的感受。」

《寂靜的春天》就是這樣的一本書。**透過實際閱讀你才能體會到，這本五十多年前寫下的自然文學作品，不只是在闡述殺蟲劑造成的環境破壞，更是在教育大眾如何從宏觀的生態學角度，了解人類和環境之間的雙向循環關係。**

《寂靜的春天》出版源起

瑞秋．卡森最初是一名海洋生物學家。她從小就非常熱愛寫作和大自然，從約翰霍普金斯大

學獲得動物學碩士後，因為碰上經濟大蕭條，再加上家庭經濟情況窘迫，她不得不放棄攻讀海洋生物學博士的計畫，進入美國魚類及野生動物管理局擔任生物學家。工作之餘，她仍持續寫作，出版了相當知名且暢銷的「海洋三部曲」——《海風下》（Under the Sea-wind）、《我們周遭的海洋》（The Sea Around Us）和《海洋的邊緣》（The Edge of the Sea），聚焦在描寫詩意的海洋，及岸邊優美的生物。

在開始著手撰寫《寂靜的春天》以前，卡森的研究重心一直放在海洋及沿海的生物上，研究化學農藥對環境造成的傷害其實並非她的本業。究竟是什麼原因，促使她動筆揭露美國長期以來的農藥濫用問題呢？

一九五八年，一位麻州鳥類保護區的管理員向卡森抱怨DDT導致許多鳥類傷亡慘重。她希望卡森可以在華盛頓找人幫忙，停止用DDT大規模撲滅蚊蟲。因此，卡森寫信給《紐約客New Yorker》雜誌編輯懷特（E. B. White），建議他用報導來抵制農藥危害。但懷特卻覺得卡森才是最合適的執筆人選，因為**卡森能將艱難的科學概念，用一般民眾能理解的方式表達出來**。在懷特的鼓勵和建議下，加上自己親眼見證了嚴重的汙染危機，卡森決定要寫一本書，用文字喚起沉睡的大眾。

影響全美各界省思，帶動全世界抗議浪潮

然而，要在那個時代動員大眾反對化學農藥是極不容易的事情，因為一九五〇年代流傳最廣、最深入人心的廣告標語正是「化學（工業）能讓你過上更好的生活」（Better Living Through Chemistry）。不只是企業界大張旗鼓地砸大錢放送農藥有益無害的假象，政府也撥了大筆預算，資助化學合成農藥的研究。科學學術界更是狂熱，專家們展現出無比的決心，目標要殺掉所有的昆蟲，創造一個完全沒有蟲害的世界。那麼，那些位於資訊流通最底層，卻又站在第一線承受環境危機和死亡威脅的農民呢？他們對化學農藥又有什麼看法？

根據卡森的觀察，農民和一般大眾起初完全信任企業界、政府和科學家的主張，他們全盤接受當權者的謊言，有位農民更直說自己把美國農業部和農學院講得話當成基督福音在聽，虔誠地在農地和牧場上廣泛地噴灑化學合成藥劑。

真相開始慢慢浮現。農藥指定噴灑區裡的鳥、魚、蟹和有益的昆蟲全數喪命，養蜂人失去了一半以上的蜂群，馬喝了噴灑作業區水槽裡的水，十個小時後就暴斃了。農民和保育人士開始感到極度不安，反對聲浪越演越烈，紐約長島的公民甚至直接走法律途徑，要求聯邦最高法院發出永久禁制令，阻止政府再次執行噴灑作業，但法院卻拒絕審理。

為了平息民眾日益升高的不滿，農業部甚至說要主動免費提供化學物給農場主，前提是農場主得簽署一份有損失不得向聯邦、州、地方政府追究責任的文件。阿拉巴馬州驚愕且憤怒於化學

物造成的損害，拒絕繼續撥款給噴灑計畫，但聯邦的經費還是不斷流入，不禁令人懷疑聯邦政府是否有昧著良心勾結化學廠商，向人民強迫推銷有毒化學藥劑？

全美各地的反對聲浪雖然龐大，但實際上卻是一盤散沙；科學界也慢慢提出研究報告，證實化學農藥會讓自然秩序全面失控，但這些科學家沒有跨越知識的隔閡，不會用一般民眾能理解的方式講述整體事態的嚴重和真實性，所以影響力始終沒有跨出學術圈。

一直到瑞秋．卡森發表《寂靜的春天》，她融合了嚴謹的科學知識和自己天生的寫作天賦，最終才讓抗議行動如星火燎原般地在美國甚至全世界蔓延開來。

不計其數的正面、負面聲浪從四方湧來

《寂靜的春天》迅速引起社會廣泛的討論，光是精裝本的預購量就突破了四萬本。美國收視率前三名的哥倫比亞廣播電視網（CBS）為本書製作了專門節目，收視人口罕見地突破了一千萬人。在政治界，國會也多次邀請卡森參加聽證會作證，**美國總統甘迺迪更在看完文章後，對殺蟲劑產生的環境危害感到極度震驚，立刻要求總統科學顧問委員會（PSAC）啟動調查。**

然而，空前的討論也為瑞秋．卡森引來了無數的抹黑和譴責。她嚴重動搖企業界的淘金路，因此，化學廠商發動了有史以來最猛烈的攻擊，許多受惠於殺蟲劑製造公司的知名化學家也加入

造謠行列。

幸運的是，總統科學顧問委員會在一九六三年九月發表的殺蟲劑研究報告，完全證實了卡森的理論。這份報告聚集了全美最頂尖科學家的意見，證明化學廠商及部分官員嚴重忽視農藥的環境安全和公共安全，導致殺蟲劑對環境產生不可逆的負面影響。

一九六三年，瑞秋・卡森也獲得諸多獎項的肯定，包括美國國家地理學會（National Geographic Society）科倫獎章（Cullum Medal）、美國動物福利學會（Animal Welfare Institute）史懷哲獎章（Albert Schweitzer Medal）、愛因斯坦醫學院（Albert Einstein College of Medicine）年度成就獎（Achievement Award），並成為第一位獲得全美奧杜邦協會獎章（Audubon Society Medal）的女性。

《寂靜的春天》的歷史地位在此獲得初步的確立，但卡森的影響力沒有止步，這本環境文學經典將跨越時空的限制，在她過世後持續達成許多前所未見的環境革命。

現代環境保護運動的行動導師

《寂靜的春天》掀起了全球的環境保護意識，各國日益高漲的社會輿論迫使政府必須制定相關法律來因應，古巴成為聯合國環境規劃署（United Nations Environment Programme）登記在案第一個全面禁用ＤＤＴ的國家，美國隨後也由公共衛生局（U.S. Public Health Service）宣布全面禁用

DDT，挪威、瑞典、日本、英國……等國家立刻跟進，台灣則是在一九七三年禁止將DDT用於農業用途。在卡森逝世後的三十年內，就有超過四十個國家對DDT進行嚴格控管。

更值得敬佩的是，《寂靜的春天》的影響力沒有狹義地局限在農業領域，美國國內許多關於水質汙染、空氣品質、瀕臨滅絕物種的管制法案，都在本書發表後進行了更嚴格的審訂和執行。此外，我們今日熟知的環境汙染管理機關，也都是在卡森逝世後才陸續成立，比如瑞典就在一九六七年成立「環境保護署」（Swedish Environmental Protection Agency），成為世界上第一個擁有主管環境安全之獨立部會的國家。

卡森也是推動「現代環境保護運動」的先鋒。她的成就之所以超越梭羅[1]、約翰・繆爾[2]等環境運動前輩，是因為她具有更宏觀的生態學觀點，不局限在熱愛荒野的浪漫主義風格，還提供科學基礎且引起世界的關注。一九七〇年聚集了超過兩千萬美國人的「世界地球日」遊行運動，就受到了《寂靜的春天》的啟發。

最後也重要的是，卡森是第一位讓「生態學」獲得大眾重視的科學家，在她之前，生態學還只是一門鮮為人知的學科。靠著她的努力，現在幾乎人人都了解了維持生態平衡的重要性。

1 亨利・大衛・梭羅（Henry David Thoreau,1817 – 1862），美國作家、廢奴主義者，最著名的作品有《湖濱散記》和《公民不服從》，影響了托爾斯泰、甘地、馬丁路德・金恩等人。

2 約翰・繆爾（John Muir,1838 – 1914），美國早期環保運動領袖，協助成立今日加州的優勝美地國家公園，因此又稱「國家公園之父」。

瑞秋・卡森曾說寫作是一門非常寂寞的行業，她明知寫出《寂靜的春天》會激怒無數的化學製藥廠，卻還是要踏上長達四年的孤寂旅程，挑起更沉重的負擔。面對偽善的企業家和化學家，她化身為一名戰士；回到從小就珍愛的大自然中，她又成為最虔誠的守護者。

然而，她耗盡心力在《寂靜的春天》中給人類的提點，有許多建議在二十一世紀仍然遭到忽視，比如美國總統川普就在二〇一七年狂妄地聲稱他將要大幅刪減美國環境保護署的預算，並延遲實施三十項環境保護法案。**二十一世紀的我們，面臨的環境浩劫並不比一九六〇年代少，反倒還惡化得更加急遽，也許現在是一個更好的時間點，重新拿起《寂靜的春天》，從卡森不朽的文字中，探求新世代的環境問題解決之道。**

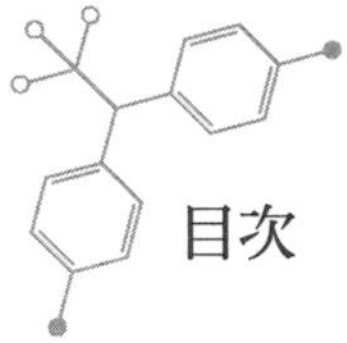

目次

A Fable for Tomorrow

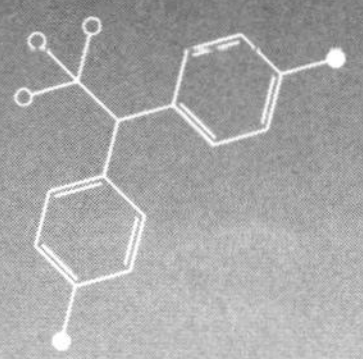

第 1 章

明日寓言

未來，春天將寂然無聲……

從前美國中部有個城鎮，
城鎮周圍棋盤狀排列著一座座欣欣向榮的農場。
春天時，一簇簇白色的花朵浮現於綠色田野上方；
秋天時，橡、楓、樺點燃滿山秋色。
然而有一天，怪病悄悄侵襲這個區域，
魔咒降臨這個聚落。
許多人一臉困惑、不安地談到鳥，
牠們究竟哪裡去了？

惡兆悄然無聲地降臨……

從前，美國中部有個城鎮，鎮上所有生命似乎與周遭環境和諧共存。城鎮周圍棋盤狀排列著一座座欣欣向榮的農場，農田阡陌縱橫，山坡上果園密布。春天時，一簇簇白色的花朵浮現於綠色田野上方；秋天時，橡、楓、樺點燃滿山秋色，掩映於松林之間。那時，狐狸在山中吠叫，鹿靜靜穿過田野，在秋晨的薄霧中半露出身影。

一年大半時候，路邊有月桂、莢蒾、榿木、巨蕨、野花令旅人賞心悅目。即使冬天，道路兩旁也都是美麗的，有無數鳥兒前來啄食漿果和冒出雪地的枯草籽穗。鄉間以鳥類數量與種類的繁多著稱，春秋兩季候鳥成群飛越時，人們會遠道過來賞鳥。還有些人前來溪裡捕魚。清涼溪水從山中流出，形成數座陰涼的水潭，潭中有鱒魚。從許多年前第一代移民蓋屋、鑿井、建穀倉以來，這裡一直是這番景象。

後來，有個怪病悄悄侵襲這個區域，一切開始改觀。魔咒降臨這個聚落：雞成群染上莫名的雞瘟、牛羊生病死去。到處透著死亡的氣息。農民談起自己家裡多人得病。城裡大夫愈來愈不解於病人身上出現的新病。出現數起不明猝死的案例，猝死者不只成人，甚至還有小孩；小孩在玩耍時突然倒下，不到幾小時就死亡。

大地陷入奇怪的寂靜。比如鳥兒，哪裡去了？許多人談到鳥，一臉困惑和不安。後院的餵鳥架沒有鳥光臨。少數還能看到的鳥兒奄奄一息，抖得很厲害，飛不起來。那是個沒有聲音的春天。

以前，知更鳥、北美貓鳥、野鴿、松鴉、鷦鷯和其他數十種鳥，天一亮就此起彼落的鳴叫，把早晨弄得好不熱鬧，如今早上卻寂然無聲；田野、樹林、沼澤到處了無聲息。

農場上，母雞孵蛋，但沒有孵出小雞。農民抱怨沒辦法把豬養大，母豬一次生下沒幾隻小豬，而且小豬活不了幾天。蘋果樹就要到開花期，但沒有蜜蜂繞花嗡嗡飛，因此不會有授粉，也就不會結果子。曾如此迷人的路邊景致，如今到處是褐色枯萎的植物，好似被大火整片燒過。這裡同樣悄然無聲，被所有生物遺棄。就連溪流如今都一片死寂。不再有人來溪釣，因為魚都死光了。

在簷槽裡和屋瓦間的溝漕裡，仍有局部地方殘留白色顆粒狀粉末的痕跡：幾個星期前，它像雪般落在屋頂、草坪、田野上和溪流裡。沒有人施法術，沒有敵人來犯，就使這個世界一片蕭瑟、生機蕩然。**罪魁禍首就是人類自己。**

這個城鎮其實不存在，但在美國或世上其他地方，可能不難找到一千個類似的地方。就我所知，還沒有哪個村鎮經歷過我上面所述的所有不幸。但其中的每個災難都已在某地真實發生，許多村鎮已嘗過其中不少災難的苦。**可怕的惡兆已悄悄降臨，但我們幾乎未察覺到。這個虛構的悲劇說不定很快就成為我們所有人會體驗到的鮮明現實。什麼東西使美國境內無數城鎮的春天寂然無聲？本書就為此而寫。**

The Obligation to Endure

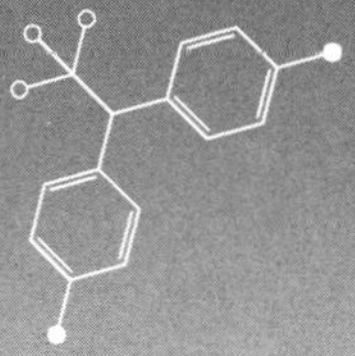

第2章

人類不得不承受的共業

化學農藥是包裹著糖衣的毒

欲創造無蟲害世界的化學消毒運動，
似乎已令許多專家和蟲害控制機構生起狂熱的衝勁。
然而我們幾乎未事先調查這些化學物質對土壤、水、
野生動物和人類本身的影響，就允許人使用。
我們亟需終結騙人的安全保證，撥除覆蓋這些不可口之事實的糖衣。

人類幾乎無法辨認自己創造的魔鬼

地球上生命的歷史，一直是生物與周遭環境互動的歷史。地球動植物的體型和習性一直受環境塑造。縱觀整個地球史，與此相反的作用，也就是生命反向去改變周遭環境的作用，相對來講較輕微。只有在本世紀所代表的這段期間，有個物種，即人類，取得改變世界本質的重大能力。

過去二十五年（指約一九三〇至一九四〇年代），這一能力不只成長到令人不安的程度，還在本質上有所改變。人類對環境的諸多侵犯，最令人心驚者是以危險、甚至致命的物質汙染空氣、土地、河川、海洋。這一汙染大部分是無法回復的；它不只在支撐生命的世界裡，還在生命的活組織裡引發惡性連鎖反應，而這一連鎖反應大部分是無法逆轉的。在現今這種全面性的環境汙染中，化學物是輻射的搭檔——邪惡、鮮少被人認出的搭檔——兩者聯手改變世界的本質，即萬物生命的本質。核爆釋放到空氣中的鍶90（Strontium 90），跟著雨水落到地上或以放射性墜塵的形態飄落地表，在土壤裡落腳，進入在該地生長的青草或玉米或小麥裡，一段時間後落腳於人的骨頭裡，直待到人死為止。

同樣的，撒在農地或森林或庭園的化學物質長久滯留於土壤裡，進入活有機體體內，然後在一連串中毒、死亡中，從一個有機體傳給另一個有機體。或者，化學物質靠地下溪流神祕傳送之後現身，與空氣、陽光接觸後產生變化，形成新一類物質，殺死植物，使牛隻患病，使從原本潔淨的水井汲水喝的人受到不明傷害。**如同亞伯特・史懷哲所說：「人類連認出自己創造的魔鬼都**

幾乎辦不到。」

人類不可能用化學戰爭戰勝大自然

現今棲息在地球的生命，經過數億年才產生，在那漫長歲月裡，生命的發育、演化、多元化，達到適應周遭環境並與周遭環境平衡的狀態。環境養育生命，並積極塑造、指導生命體，環境中也同時包含有益和有害的元素。某些岩石發出危險的輻射；就連所有生命所賴以取得能量的陽光裡，都含有能帶來傷害的短波輻射。經過一段歲月——不是以年計而是以數百萬年計的歲月——生命適應了環境，達成平衡。因為時間是基本要素；但在現代世界，沒有時間可言。

改變的迅速和創造新環境的速度是依循著人衝動魯莽的步幅，而非大自然從容的步幅。如今，地球上的輻射，除了岩石的背景輻射、轟擊地球的宇宙射線、太陽紫外線這些在生命出現於地球之前就已存在的東西；還有人類胡亂擺弄原子後創造出來的輻射，這種輻射並非原本就存在於自然界。生命必須適應的化學物，不再只是鈣、矽、銅和其他所有被沖離岩石、被河川帶進大海的礦物質；還包括由人類的發明長才創造出來的合成物，它們醞釀於實驗室裡，在自然界沒有相似之物。

要適應這些化學物，需要自然那樣漫長的時間；不只需要一人一輩子的歲月，還需要數代人的歲月。如果奇蹟出現，是有可能適應，但即使真的適應，都會是徒勞，因為新化學物從我們的實驗室源源不斷地創造出來；光是在美國，每年就有將近五百種化學物實際付諸使用。這數字很驚人，可能造成的影響不易理解——人與動物的身體每年必須適應五百種新化學物，這完全超出生物的經驗範圍。

其中許多化學物用於人類對付大自然的戰爭中。自一九四〇年代中期起，人類已創造出兩百多種基本化學物，用來殺害昆蟲、雜草、嚙齒目動物和現代人稱之為「害蟲」的其他有機體；它們掛著數千種不同的商標販售。這些液劑、粉劑、氣霧劑如今幾乎全面用在農場、庭園、森林、家裡。它們是不選擇攻擊對象的化學物，能殺掉所有昆蟲，「好」、「壞」通殺，能使鳥鳴消失，使溪裡不再有魚躍起，能使樹葉覆上一層致命的薄膜，能長久滯留於土壤裡——有這麼多本事，但它們所要消滅的對象可能只是一些雜草或昆蟲。在地表撒上這麼多毒物卻不會使地表不適於所有生命生存，有人相信嗎？它們不該稱作「殺蟲劑」，而該稱作「殺生劑」。

整個噴灑過程似乎陷入用量不斷增加的態勢裡。自DDT[1]上市供一般人使用以來，一直上演著逐步升級的趨勢，肯定會有愈來愈毒的物質在這過程裡被人發現。這現象的發生，是因為**昆蟲已意氣風發地證實達爾文的適者生存原則，已演化出不怕特定殺蟲劑的超級品種，為了殺死牠們，人類必須研發出更致命的殺蟲劑，然後是更更致命的殺蟲劑**。這現象的發生，也是因為遭大量消滅的昆蟲，出於後面會說明的理由，往往在遭噴灑殺蟲劑後產生「反撲效果」或東山再起，數量更多於以往。**於是，人從未打贏這場化學戰，而所有生命卻都身陷它猛烈的交叉火力裡。**

因此，當代最令人憂心的問題，除了人類可能遭核戰滅絕，就是人類置身的環境整個遭這類具有不可思議之傷害潛力的物質汙染。這類物質在動植物的組織裡積累，甚至穿透生殖細胞，破壞或改變未來演化所繫的遺傳物質。

有些一心欲建構人類未來者，期盼有一天能人為改變人類的種質[2]。但如今我們可能正無意間在這麼做，因為許多化學物猶如輻射，會促成基因突變。想來真是諷刺，選用殺蟲劑這種看來如此無關緊要的事，竟然會影響人類的未來。

人類為何甘冒這些風險，所為何來？日後的歷史學家很可能會驚愕於我們竟這麼不會盤算。我們的殺蟲方法會汙染整個環境，使自身族類都受到疾病和死亡的威脅，有智慧的物種怎會想靠這種方法，來控制一些不喜歡的物種？但這正是我們已幹出的事。

此外，我們這麼做，是出於禁不起檢視的理由。有人告訴我們，要維持農業生產，就必須大量使用和加量使用農藥。但我們真正的問題不就是生產過量嗎？雖然已採取休耕措施，已付錢給農民要他們不要生產，我們的農場還是生產出數量驚人的多餘作物，致使美國納稅人於一九六二年付出十多億美元，支應剩餘糧食貯存計畫的全部開銷。情況沒有得到改善，當農業部底下的某

1 DDT（Dichloro-Diphenyl-Trichloroethane），中文又作滴滴涕，學名雙對氯苯基三氯乙烷，曾經是二十世紀中期最有名的合成農藥和殺蟲劑。

2 種質（germ plasma）是指親代傳遞給子代的遺傳物質，專司生殖和遺傳。由十九世紀德國演化學家魏斯曼（Friedrich Leopold August Weismann）提出。

部門努力減產，它底下的另一部門卻扯後腿，於一九五八年做出如下表示：

各界普遍認為，根據土地休耕補貼制（Soil Bank）的規定減少農田耕種面積，會刺激農民想要使用化學物，以在保留土地上獲得最高生產量。

我在此不是說沒有蟲害問題、沒有控制的必要，而是要表示，控制必須配合現實情況，而非配合虛構的情況，使用的方法絕不能把我們和昆蟲一起消滅掉。

對抗生態反噬的正解：了解蟲害並找到共存平衡點

我們試圖解決蟲害問題，但解決過程中卻帶來了一連串的災難。蟲害問題是伴隨著我們的現代生活方式而生的，人類登場之前許久，昆蟲就已居住在地球上，牠們是特別多樣且適應力特別強的一群生物。自人類誕生以來，世界大約有五十多萬種昆蟲，其中有少數昆蟲主要以兩個方式和人類起衝突：爭奪食物和扮演病媒。

在人類擠在一塊的地方，病媒昆蟲變得不容忽視，特別是在衛生差的情況下（例如天災或戰爭時或極端貧窮匱乏之時）。某種控制變得勢在必行。但如同不久後我們會看到的，有個令人深思的事實——**大量使用化學物控制蟲害成效有限，且有可能加劇它所欲遏制的情況。**

在原始農業條件下，農民碰到的蟲害問題不多。隨著農業集約化（大量土地種植單一作物），這類問題出現。**集約農業為特定昆蟲的爆增創造了有利條件。單一作物農業未利用大自然的運做法則；它是工程師構想出的農業。**大自然讓大地長出形形色色的植物，人卻表現出將植物種類簡化的強烈傾向。於是，人類打破了大自然賴以約束生物的固有制衡。重要的自然抑制做法之一，乃是限制合適棲地中每個物種的數量。於是，顯而易見的，在單種小麥的農田裡，靠小麥為生的昆蟲的數量，會遠遠大於在混種小麥或該昆蟲所未適應之其他作物的農田裡的昆蟲數量。

同理適用於其他情況。一代或更多代以前，美國大型城鎮以高大的榆樹為行道樹。如今，它們所營造出的美麗市容，隨著榆樹普遍染病而可能徹底消失。那種病的傳播媒介是某種甲蟲，如果榆樹只是高度多元化的植栽裡偶爾一見的樹種，那種甲蟲大量繁殖並從一樹擴散到另一樹的機率甚微。

今日蟲害問題還有一個因素，這個因素必須放在地質史、人類史的背景下予以探討：數千種生物從原生地往外擴散，入侵新地域。英國生態學家查爾斯·艾爾頓（Charles Elton），已在其新近著作《入侵生態學》（*The Ecology of Invasions*）中，研究並生動描述這一全球性的遷徙。在約數億年前的白堊紀期間，上漲的海水淹沒許多陸橋，切斷大陸與大陸間的交通，使生物突然間被關在艾爾頓所謂的「獨立的巨大自然保育區」裡。在那裡，生物與其他同類隔開，發展出許多新的物種。約一千五百萬年前某些陸塊再度接合時，這些物種開始往外移入新地域——這一遷徙至今仍在進行，但如今受到人類大力推波助瀾。

植物輸入乃是今日物種四處擴散的主要推手，因為動物幾乎始終跟著植物走，檢疫是相當晚近才出現且並非百分之百有效的新發明。光是美國植物引入局從世界各地引入的植物物種和品種，就將近二十萬。美國境內約一百八十種危害植物較大的昆蟲，將近一半是無意間從海外引入，其中大部分是搭植物的便車進來。

到了新地域，入侵的動物或植物不受原生棲地裡抑制其數量成長的天敵壓制，而巨額暴增。於是，最令我們頭痛的昆蟲是自外引入的昆蟲，也就不意外。

這些入侵，包括自然發生的入侵和靠人力協助實現的入侵，很可能都不會有停止之日。檢疫和大規模化學反制只是在幫我們爭取時間罷了，而且是以極高昂的成本在爭取時間。據艾爾頓博士的說法，我們面臨「一攸關生死的需要，那不只是找到新的技術方法來壓制這個植物或那個動物就好」。**我們需要的是對動物、對牠們與其周遭環境的關係有基本認識，這份認識將能「促進平衡，並抑制突發、新入侵的爆炸性威力」**。

這一必要的知識，如今大多可以取得，但我們未予以利用。我們在大學裡培育生態學家，甚至在官方機構裡僱用他們，但我們很少採納他們的意見。我們任由致命的化學雨落下，好似沒別的路可走，但其實有許多替代的方法，而且如果給我們的聰明才智發揮的機會，不久後還能發現更多別的解決辦法。

攸關全人類的環境傷害，我們有權知道實情

我們難不成已陷入催眠狀態，不然怎會把較低劣或有害的東西視為不可避免之物，好似已失去要求好東西的意志或眼力。這樣的心態，用生態學家保羅・謝波德（Paul Shepard）的話說：

就像只求頭在水上不致滅頂，只求環境腐化不要超過自己的忍耐底限……我們怎會容忍含有微弱毒性的日常飲食，怎會容忍住在乏味環境裡的家園，怎會容忍差不多是我們敵人的一票熟人，怎會以只要不讓人發瘋，就不再想辦法降低音量的心態容忍馬達噪音？誰會想生活在一個簡直要人命的世界裡？

但有人逼我們接受這樣的世界。想創造經過化學消毒、沒有蟲害世界的崇高運動，似乎已讓許多專家，和大部分所謂的蟲害控制機構生起狂熱的衝勁。到處都有證據顯示，那些參與農藥噴灑作業的人，既專橫又無情。康乃狄克州昆蟲學家尼利・特納（Neely Turner）說：「那些持著管控心態的昆蟲學家……角色宛如檢察官、法官、陪審團、查稅員、收稅員、執行自己命令的警長。」在州政府和聯邦政府機關，最醜惡可恥的惡行都未受到約束。

我並不主張絕不可再使用化學殺蟲劑，而是認為我們已把有毒且會影響生物的化學物質，一股腦地全交給對它們的傷害潛力大抵無知或完全無知之人。我們讓許許多多人在未經他們同意，

且往往不知情的情況下接觸這些毒物。如果權利法案未保證讓公民不受民間個人或政府官員所散播的致命毒物危害，那肯定只是因為我們的前輩雖然睿智且富遠見，但仍未能想到這樣的問題。

此外，我認為我們幾乎未事先調查這些化學物對土壤、水、野生動物、人類本身的影響，就允許人使用。我們對萬物生存所繫的自然世界之完整性未寄予細心關注，後代不可能寬恕此事。

世人對這項威脅的本質仍然所知有限。如今是專家擅場的時代，每個專家都看到自己的問題，但不清楚或不願包容該問題所屬的更宏觀的環境。如今也是工業掛帥的時代，在這樣的時代裡，不計代價賺錢的權利鮮少受到質疑。民眾抗議，拿出施用農藥的弊害證據力陳己見，卻被餵上只有局部屬實而幾乎安撫不了人心的藥丸。

我們亟需終結這些騙人的保證，剝除覆蓋這些不可口之事實的糖衣。**蟲害控制者所估算的風險，最終要由人民大眾承擔。大眾必須決定是否要繼續走目前這條路，而且只有在完全掌握事實時才有辦法做出決定。**用尚・羅斯丹（Jean Rostand）的話說，**「因為不得不承受，所以我們有權利知道實情。」**

Elixirs of Death

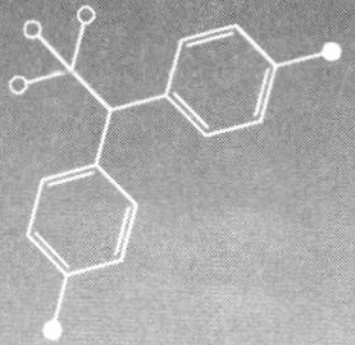

第 3 章

要命的靈藥

農藥危害與輻射汙染同等嚴重

如今，每個人從胚胎到死亡都要接觸危險的化學物質，
拿動物做實驗的科學家幾乎找不到未受汙染的實驗對象。
因此，「了解農藥」對我們每個人來說都很重要，
如果我們要與這些化學物如此親密的過活，
把它們吃下肚、喝下肚，並帶進我們的骨髓裡，
那我們最好要了解它們的本質和威力。

從胚胎到死亡，化學農藥的影響無所不在

如今每個人從胚胎到死亡都要接觸危險的化學物質，這是世界歷史上頭一遭。人使用合成農藥不到二十年，農藥就已在生物界和非生物界普及到幾乎到處可見。從大部分大河水系，甚至從看不見的地下水，都已發現它們的蹤影。這些化學物的殘餘滯留於土裡，可能已有十二年。化學農藥進入並留在魚、鳥、爬蟲類、家禽家畜和野生動物體內的情況非常普遍，因而拿動物做實驗的科學家幾乎找不到未受汙染的實驗對象。在偏僻山中湖泊裡的魚、鑽行於土裡的蚯蚓、鳥蛋，以及人類體內，都有它們的蹤影。如今，這些化學物貯存在大部分人的體內，不分老少。它們出現在母乳裡，很可能也出現在胎兒的組織裡。

這一切全因為一產業的突然興起和蓬勃發展。那個產業是第二次世界大戰的產物，生產具殺蟲特性的人造化學物質及合成化學物質。研發化學武器時，人類在實驗室裡創造出多種化學物，並發現有些化學物能殺死昆蟲。這一發現並非出於偶然，因為實驗室普遍使用昆蟲來測試化學物質的殺人威力。

結果就是誕生一連串似乎無窮無盡的合成殺蟲劑。它們是人造之物，藉由實驗室巧妙地操縱分子、代換原子、改變原子的排列方式而形成，大不同於戰前較簡單的無機殺蟲劑。戰前的殺蟲劑源自自然出現的礦物、植物性產品，如砷、銅、錳、鋅等礦物的化合物、用乾菊花製成的除蟲菊殺蟲劑、用菸草的某些親緣植物製成的硫酸菸鹼（nicotine sulphate）、用東南亞島嶼的豆科植物

製成的魚藤酮（rotenone）。

新問世的合成殺蟲劑與更早的殺蟲劑不同之處，是它們具有很高的生物效價[1]。合成殺蟲劑的厲害之處，不只在於毒性強，還在於它們很有本事打進身體最重要的運作過程，以惡毒且往往致命的方式改變該過程。於是，如同後面會提到的，它們會摧毀負責保護身體的酶，阻礙為身體提供能量的氧化過程，使多種器官無法正常運作，可能在某些細胞裡引發會產生惡性腫瘤的緩慢、不可逆轉的改變。

但每年都有更致命的新化學物加入行列，並有新用途問世，於是，幾乎在世界每個地方都會接觸到這些物質。美國境內合成農藥的產量，從一九四七年的一億兩千四百二十五萬九千磅，暴增為一九六〇年的六億三千七百六十六萬六千磅，增加了五倍多。這些產品的總價值超過二．五億美元。但照這一產業的盤算和希望，這一龐大的產量只是開端。

於是，**了解農藥，對我們每個人來說都很重要。如果我們要與這些化學物如此親密的過活——把它們吃下肚、喝下肚，帶進我們的骨髓裡——最好對它們的本質和威力有所了解。**

1 生物效價（biological potency）是一種計量單位，指藥物要在身體上達成某種生理作用時所需的劑量。高效價指的是此種藥物只需低濃度就能影響身體，低效價則是指藥物需要累積到高濃度才會影響身體。

超級農藥的由來：神奇的碳分子世界

二次大戰時，人類開始放棄以無機化學物為農藥，轉而走進神奇的碳分子世界，但仍有一些舊物質存而未消，砷（arsenic）是其中之一。砷仍是多種除草劑、殺蟲劑的基本成分，是高毒性的礦物，與多種金屬礦共存，少量存在於火山、海洋和泉水裡。它與人的關係千絲萬縷且在歷史中相當重要。許多砷的化合物無味，因而從波吉亞家族時代[2]之前許久，直到今日，它一直是最受青睞的自殺劑之一。

砷是最早被認出的元素性致癌物，將近兩百年前就有一英格蘭醫生在煙囪灰裡鑑定出它的存在，並認為它與癌症有關。廣大人口長時期慢性砷中毒的流行病，見諸歷史記載。遭砷汙染的環境也使馬、牛、羊、豬、鹿、魚、蜜蜂生病、死亡；儘管如此，含砷液劑、粉劑如今仍普遍使用。在美國南部噴灑砷的棉種植區，養蜂業已幾乎消失。長期使用砷粉的農民，得了慢性砷中毒；牲畜因人們使用含砷的作物殺蟲劑或除草劑而中毒。從藍莓園飄出的砷粉散落附近的農場，汙染溪流、使蜜蜂和牛中毒身亡、使人生病。

國家癌症研究院（環境致癌研究權威機關）的 W. C. 休珀博士（W.C. Hueper）說：

> 說到使用砷化合物時無視大眾健康的程度，我國最近幾年的做法……幾乎是最嚴重的，凡是看過含砷殺蟲劑的噴灑、噴粉作業的人，想必都忘不了他們施用這一有毒物質時，那種近乎全然輕率

的態度。

今日的殺蟲劑更要命，大部分殺蟲劑分屬兩大類化學物，一類以DDT為代表，統稱「氯化烴」（chlorinated hydrocarbon）；另一類由數種有機磷殺蟲劑組成，以大家所相當熟悉的馬拉松（malathion）、巴拉松（parathion）為代表。這些殺蟲劑都有一共通之處。如同前面提過的，它們的基礎是碳原子，碳原子也是生物界不可或缺的建構材料，因此這些殺蟲劑被歸類為「有機」殺蟲劑。要了解它們，就得弄懂它們由什麼組成，以及它們雖然與所有生命的基本化學組成有相似之處，但它們怎麼透過促成某些改變，使自己具有殺害生命的威力。

碳這一基本元素的原子，能彼此結合成鏈、環或其他數種結構，能與其他物質的原子連結，而且這一能力幾乎永無止盡。事實上，從細菌到龐然藍鯨，自然萬物不可思議的多樣性，大部分得歸功於碳的這一本事。蛋白質分子以及脂肪、碳水化合物、酶、維生素的分子，基礎都是碳原子。無數非生物亦然，因為碳不只是生命才有的。

有些有機化合物只是碳、氫結合物。這類化合物中最簡單的是甲烷，又稱沼氣（marsh gas），由自然界裡的細菌在水下分解有機體而形成。甲烷與空氣以正確的比例混合後，成為可怕的煤礦

2 The Borgias，歐洲中世紀的貴族家族，發跡於西班牙的瓦倫西亞，傳言是義大利最會對人投放毒藥（特別是砒霜）的家族。波吉亞家族因十五世紀至十六世紀間的聯姻關係與政治結盟而顯赫，有兩位成員登上教宗寶座。

「沼氣」（fire damp）。它的結構非常簡單，由一個碳原子和四個附著其上的氫原子構成：

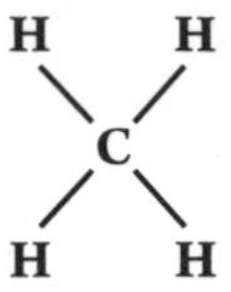

化學家已發現可以拆掉其中一個或全部的氫原子，代以其他元素。例如，以一個氯原子取代氫原子，就製造出氯甲烷（methyl chloride）：

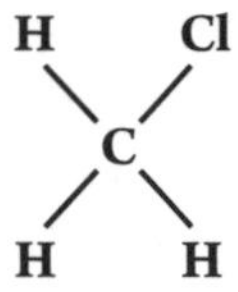

拿走三個氫原子，代以氯原子，就得出有麻醉功用的氯仿（anaesthetic chloroform）：

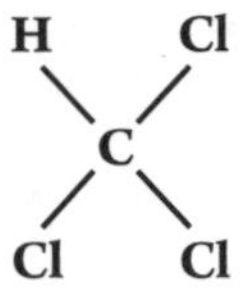

把所有氫原子都換成氯原子，就得出四氯化碳（carbon tetrachloride），也就是大家所熟悉的清潔液：

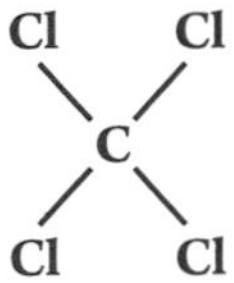

對甲烷的基本分子所做的這些改變，替何謂氯化烴提供了最簡單的說明。但這一說明只約略點出烴之化學世界的真正複雜之處，或者說有機化學家創造無窮多樣之物質時操作手法的真正複雜之處。

因為他的操作對象可能不是只有單一碳原子的簡單甲烷分子，而是由多個碳原子構成的烴分子，這些碳原子排列成環狀或鏈狀，有側鏈分出，並且靠化學鍵不只抓住簡單的氫原子或氯原子，還抓住多種化學族。只要加諸看來微乎其微的改變，該物質的性質就整個改觀；例如，不只與碳原子連接的東西本身很重要，連結的位置也很重要。這類高明的操作已製造出一批威力特別強的毒物。

以DDT為代表的「氯化烴」類殺蟲劑

◆DDT——透過食物鏈轉移，可累積至極高濃度

DDT於一八七四年由德國某化學家首度合成出，但人類直到一九三九年才發現它的殺蟲威力。然後，DDT幾乎立即就被譽為剷除病媒蟲、讓農民在一夜之間打敗作物害蟲的利器。發現者是瑞士的保羅・穆勒[3]，獲頒諾貝爾獎。

如今DDT使用非常普遍，導致大部分人認為它既如此普見於日常生活，想必無害。DDT無害的迷思，可能建立在以下事實上：它的早期用途之一是戰時用來噴灑成千上萬的軍人、難民、囚犯，以除去身上的蝨子。現代人普遍相信，既然曾有這麼多人與DDT有如此切身的接觸，且當下未有不良影響，這個化學物肯定無害。

這一可以理解的錯誤見解，源於粉狀DDT不易透過皮膚被人體吸收的特性，這與其他氯化烴不同。DDT溶解於油裡（它通常是如此處理）時，則肯定有毒。如果遭吞食，它會透過消化道被人體慢慢吸收；它也可能透過肺來吸收。它一旦進入人體，大部分會貯存在富含脂肪的器官裡（因為DDT本身是脂溶性），例如腎上腺、睪丸或甲狀腺。更多的DDT則是沉積在肝、腎和包覆腸子的保護性腸繫膜的脂肪裡。

體內DDT的貯存始於極微量地攝入這一化學物質（它以殘餘物形式存在於大部分食材上），然

後隨著持續攝入，DDT累積到極高濃度。脂肪貯存處具有生物性放大作用，因此，日常飲食裡攝入僅僅0.1ppm（百萬分之零點一），貯存時就會變成約10～15ppm，成長了百倍或更多。這些用語對化學家或藥理學家來說稀鬆平常，我們大部分人卻不熟悉。濃度1ppm聽來極微量，也的確極微量，但這個東西很厲害，一丁點就能在人體內造成大改變。已有人在動物實驗裡發現，3ppm就能抑制心臟肌肉裡某種基本酶作用；5ppm就能造成肝細胞壞死或解體；與DDT有密切親緣關係的化學物地特靈（dieldrin）、氯丹（chlordane），只要2.5ppm，就有同樣的破壞力。

這其實不足為奇。在人體的正常化學組成裡，因與果就有這樣的明顯差異。例如，萬分之二公克的碘，就足以使人陰陽永隔。這些微量的農藥在人體裡累積且排出非常緩慢，因而它會產生肝等器官慢性中毒、退化性病變的威脅是千真萬確。

人體裡能貯存多少DDT一事，科學界沒有一致的見解。美國食品藥物管理局的首席病理學家阿諾．萊曼博士（Arnold Lehman）說，DDT能被吸收的量沒有所謂最低劑量，身體也不會因為超過哪個上限就停止吸收、貯存DDT。另一方面，美國公共衛生局的韋蘭．海斯博士（Wayland Hayes）認為，每個個體裡都有一個平衡點，超過這一數量的DDT即被排出。事實上，這兩人誰說得對並不很重要。人體內的貯存情況已受到深入調查，我們知道一般人的體內貯存量

3 保羅．穆勒（Paul Müller，1899 – 1965），瑞士化學家。一九三九年秋天他發現DDT的殺蟲功效，幫助避免瘧疾蔓延，因此在一九四八年獲得諾貝爾生理學或醫學獎。

已達到有潛在危害的程度。

根據數項調查，沒有明確接觸（不計入不可避免的飲食接觸）DDT的個人，平均貯存5.3～7.4ppm；農業工人是17.1ppm；殺蟲劑工廠的工人則高達648ppm。因此可看出人體貯存量的高低差距相當大，更重要的是，就算是最低貯存量也已經超過可能傷害肝等器官或組織的濃度。

DDT和與之有親緣關係的化學物最可惡的特點之一，是它們會透過食物鏈的所有環節，從一有機體傳到另一有機體體內。例如，苜蓿田噴灑了DDT粉，然後人類用苜蓿做成飼料餵給母雞吃，結果母雞產下含有DDT的蛋。或者，含有7ppm或8ppm之DDT殘餘的乾草可能被拿去餵給乳牛吃。DDT會以約3ppm的數量出現在牛乳裡，但在用牛乳製成的奶油裡，濃度可能達到65ppm。**透過這樣的轉移過程，原本是非常少量的DDT，最後可能變成濃度很高。**如今農民發覺很難替自家乳牛取得未受汙染的草料，儘管食品藥物管理局禁止州際貿易裡運送的牛乳含有殺蟲劑殘餘。

這個毒物也可能會從母體傳給下一代。食品藥物管理局科學家檢測的母乳樣本裡，已取出殺蟲劑殘餘。這意味著吃母乳的嬰兒正定期、微量地增加體內積累的有毒化學物。但嬰兒絕對不是從出生後才第一次接觸這些毒物：我們有充分的理由相信，他還在母親子宮裡時，就已開始接出毒物。在實驗用動物身上，氯化烴類殺蟲劑能不受阻礙地越過胎盤——母體內保護胚胎不受有害物質傷害的屏障。正常情況下，人類嬰兒接收到的殺蟲劑分量很少，但並非無關緊要，因為小孩比成人更難抵禦毒物危害。這也意味著如今一般人幾乎百分之百從生命之初，體內就有化學物殘餘，然後化學物還會愈積愈多，不離不棄地跟著人。

這些事實——DDT會貯存於體內（即使濃度不高）、愈積愈多、在某些濃度下造成肝受損（而且那些濃度很可能於正常飲食下出現）——促使食品藥物管理局科學家早在一九五〇年就宣布，「DDT的潛在危險很可能遭低估」。醫學史上從未出現過與此類似的情況。還沒有人知道最後結果會怎樣。

◆氯丹——能輕易穿過皮膚，以蒸汽形態被人吸入體內

氯丹（chlordane）是另一種氯化烴，具有DDT所有令人不喜的特性，還有一些它獨有的特性。它的殘餘物在土壤裡、食材上、或塗布了它的表面上久久不消，但它也易揮發，凡是使用它或接觸它的人都有吸入中毒的風險。氯丹利用所有可能的管道進入身體。它能輕易穿過皮膚，以蒸汽形態被人吸入體內，人們如果吞食了氯丹殘餘，消化道當然會吸收它。一如其他所有氯化烴，它以累積的方式在體內沉積。實驗用動物的日常飲食就算只含有2.5ppm的氯丹，最終仍可能導致脂肪裡貯存了75ppm氯丹。

於是，萊曼之類資深的藥理學家把氯丹稱作「最毒的殺蟲劑之一」，凡是使用它的人都可能中毒。」從郊區居民在養護草坪的藥粉中摻進氯丹時滿不在乎的態度來看，這一警告未受到正視。郊區居民當下安然無事並不代表什麼，因為毒素可能長久沉眠於體內，幾個月或幾年後才化為幾

乎查不出源頭的怪病現蹤。另一方面，死神可能不久就上門。有位受害者不小心讓百分之二十五濃度的溶液濺灑在皮膚上，不到四十分鐘就出現中毒症狀，還來不及就醫就死亡。若有事先警告，病人或許就有機會及時得到治療，但那是奢望。

◆七氯——特別容易儲存於脂肪

七氯（heptachlor）是氯丹的組成物之一，以不同的配方上市販售。它特別容易貯存於脂肪裡。即使日常飲食裡含有的七氯少到只有0.1ppm，體內仍能測量得出七氯積累。它也能轉變為化學性質截然不同的另一種物質——環氧七氯（heptachlor epoxide）——的奇怪能力。它會在土壤和在動植物的組織裡發生此種變化。拿鳥做檢測後發現，此一變化所產生的環氧化合物，毒性是原來化學物七氯的約四倍，而七氯的毒性又是氯丹四倍。

◆氯化萘——導致肝病的毒藥

早在一九三〇年代中期，就有人發現一種名叫氯化萘（chlorinated naphthalenes）的特殊烴族，它能導致肝炎，能在因職業之故接觸這些烴的人身上，導致一種罕見且幾乎會立即致命的肝病。氯化萘會導致電子業工人生病、死亡；最近在農業中，有人認為它是一種會致命之離奇牛隻病的兇手。根據上述這些事，氯化萘這種烴族的三種殺蟲劑——地特靈（dieldrin）、阿特靈（Aldrin）、茵特靈（endrin）——名列最毒烴之林，也就不足為奇了。

◆地特靈——對神經系統影響極大

地特靈因德國化學家狄爾斯（Diels）得名，吞食時毒性約是DDT的五倍，但以溶液形式透過皮膚被人體吸收時，毒性則是四十倍。它以極快的中毒速度而惡名遠播，對神經系統有很大的影響，會使受害者抽搐。中毒者復原非常緩慢，顯露出慢性的藥效。一如其他氯化烴，這些長期效應包括肝嚴重受損。地特靈的殘餘能維持甚久，它的殺蟲效力高，所以是今日最受青睞的殺蟲劑之一，但它會讓野生動物慘遭池魚之殃。有人用鵪、雉雞來做檢測，發現它的毒性是DDT的約四十倍或五十倍。

地特靈在人體內如何貯存或分布，或如何被排出體外，人類仍不大了解，因為長期以來化學家花在研發殺蟲劑上的聰明才智，一直多過對這些毒物如何影響生物的生物學理解。不過，種種跡象顯示它們會長期貯存於體內，可能像休火山一樣潛伏，然後在身體承受壓力而開始利用貯存的脂肪時，才突然爆發。

我們已掌握的知識，大半是從世界衛生組織反瘧疾戰役的痛苦經驗中得來。瘧蚊對DDT產生抗藥性，導致DDT從瘧疾控制工作退場，改用地特靈，然而一這麼做，就開始出現噴灑人員中毒的案例。病情很嚴重，有一半至全部的中毒者（比例因專案計畫而異）抽搐，數人死亡。其中有些人在最後一次接觸後，抽搐症狀長達四個月。

◆阿特靈——使肝、腎產生退化性病變

阿特靈是個有點神祕的物質，因為它雖以獨立實體存在，卻如同地特靈的分身。從噴灑過阿特靈的園圃採出的胡蘿蔔中，化學家發現了地特靈殘餘。這一變化發生於活組織裡，也發生於土壤裡。這種神奇的變身已導致許多錯誤的報告，因為如果化學家在施用過阿特靈之後著手檢測該劑的存在，會因為找不到該劑的蹤跡，而誤以為已無殘餘。但實際上，阿特靈的殘餘仍在，卻轉化為地特靈，科學家得用別種方法才檢測得出阿特靈。

一如地特靈，阿特靈極毒，會使肝、腎產生退化性病變。一顆阿斯匹靈大小的分量，就足以殺死四百多隻鶉。已有許多紀錄中有人類中毒案例，其中大部分與工廠工作上的接觸有關。

阿特靈，一如這一類殺蟲劑裡的大部分成員，向未來投下駭人、不育的陰影。雉雞攝取量太少，不致於因此喪命，但產下的蛋不多，而且孵出的雛鳥不久就死亡。這一效應不只見於鳥身上。接觸過阿特靈的老鼠，懷孕次數較少，而且牠們生下的小鼠病弱、短命。用阿特靈除過蟲的母狗，生下的小狗不到三天就夭折。父母親中毒會貽害下一代。沒有人知道阿特靈會不會在人類身上出現同樣的效應，但這一化學物已被人從飛機噴灑到郊區和農地上。

◆茵特靈——最毒的氯化烴

茵特靈（Endrin）是最毒的氯化烴。從化學組成看，它是地特靈的近親，但其分子結構上的一個小變化使它的毒性是地特靈五倍。它使這一類殺蟲劑的始祖——DDT，相形之下顯得幾乎無害。它對哺乳動物的毒性是DDT的十五倍，對魚類則是三十倍，對有些鳥類則約三百倍。

茵特靈使用十年來已奪走許多魚的性命，使誤入噴灑過此劑之果園的牛隻中毒身亡、汙染井水，至少一州的衛生部門發出嚴峻警告說，輕率使用茵特靈將會威脅人類的性命。

在某樁至為悲慘的茵特靈中毒案例中，卻不是因為舉動輕率造成的；該案例已採取了看來適切的預防措施。一個一歲大的男嬰跟著他的美國父母搬到委內瑞拉生活。他們搬進去的房子裡有蟑螂，幾天後，他們噴灑了含有茵特靈的殺蟲劑。男嬰和家中小狗先被帶到屋外，然後於早上九點左右噴灑。噴灑完後洗過地板。男嬰與狗於下午三點左右被帶回屋裡，約一個小時後，狗嘔吐、開始抽搐、死亡。同一天晚上十點，男嬰也嘔吐、抽搐、昏迷。

與茵特靈有過致命接觸後，這個原本正常健康的小孩變成幾乎無異於植物人——失去視力或聽力，頻頻肌肉痙攣、似乎對周遭的情況完全沒有反應。在紐約某醫院治療幾個月後，病情沒有得到改善，也沒有得到改善的希望。診治醫生說，「要達到有助益的復原，機會渺茫。」

以巴拉松、馬拉松為代表的「有機磷酸酯」類殺蟲劑

第二大類殺蟲劑是烷基磷酸鹽（alkyl phosphate），又稱「有機磷酸酯」，是世上最毒的化學物之一。使用這類殺蟲劑產生的最大、最顯而易見的危險，是毒發速度非常快，中毒的人通常是執行噴灑作業者，或無意間接觸到飄散的殺蟲劑、塗覆了殺蟲劑的植物、或棄置的容器的人。在佛羅里達州，兩個小孩找到一個空袋子，用它來修補鞦韆，不久後兩人死亡，另外三個玩伴身體不適。這個袋子原裝有名叫巴拉松（有機磷酸酯之一）的殺蟲劑；檢驗查明死於巴拉松中毒。另外，在威斯康辛州，有一對小堂兄弟在同一晚死亡。死亡原因是其中一人在自家院子裡玩時，他父親在旁邊的田裡用巴拉松噴馬鈴薯，藥劑飄進院子裡；另一人則是跟著父親開心跑進穀倉，把手放在噴灑設備的噴嘴上。

這些殺蟲劑的起源有其令人意想不到之處。某些有機磷酸酯早已為人所知多年，但它們的殺蟲性質要到一九三〇年代晚期才被德國化學家格哈德．施拉德[4]發現。德國政府幾乎立即就看出這些化學物作為毀滅性殺人新武器的潛力，把對它們的研究列為機密。有些成了致命的神經毒氣，有些具有極相近結構的物質則成了殺蟲劑。

有機磷殺蟲劑以獨特的方式對活有機體作用。它們能摧毀在體內執行必要功能的酶。它們的目標是神經系統，不管受害者是昆蟲還是溫血動物。在正常情況下，神經衝動靠名叫乙醯膽鹼（acetylcholine）的「化學遞質」之助，在神經與神經間傳送傳遞訊息。乙醯膽鹼執行這一基本職能

之後隨即消失。它的存在極為短暫，若不靠特殊辦法，醫學研究人員無法在身體將它摧毀前取樣。這一傳遞性化學物質瞬間即逝的本質，是身體正常運作時不可或缺的特性。如果乙醯膽鹼不在神經衝動傳送後立即被毀，神經衝動會繼續傳送過一個個神經，因為這個化學物質會以愈來愈強的方式發揮其作用，整個身體的動作會變得不協調：顫抖、肌肉痙攣、抽搐，不久後死亡。

身體已預為防範這一可能結果。身體不再需要乙醯膽鹼時，立即有名叫醯膽酯酶（cholinesterase）的保護酶上場，摧毀這一傳遞性化學物質，藉此達成精準的平衡，身體不致積累數量達危險程度的乙醯膽鹼。但與有機磷殺蟲劑接觸後，這一保護酶立即被毀；這一種酶變少，乙醯膽鹼則變多。從這一作用來看，有機磷化合物就好像在毒蠅傘（fly amanita）這一毒菇裡找到的毒蕈鹼。

一再接觸有機磷殺蟲劑可能降低醯膽酯酶的濃度，最後使人瀕臨急性中毒，一旦再接觸到極微量的該殺蟲劑，就會跨過瀕臨中毒的門檻，造成急性中毒。因此，有人認為噴灑作業者和其他定期接觸該殺蟲劑者應定期驗血。

4 格哈德・施拉德（Gerhard Schrader,1903 – 1990），二戰時期負責為納粹發明新型殺蟲劑的科學家，以發現沙林毒氣及太奔毒氣（Tabun）聞名，因此也有「神經毒劑之父」之稱。

◆巴拉松——致死率驚人，功效最強、最危險的有機磷酸酯之一

巴拉松是使用最廣的有機磷酸酯之一，也是功效最強、最危險的有機磷酸酯之一。蜜蜂接觸過它之後，變得「極激動、好鬥」，會拚命清理，不到半小時就接近死亡。有位化學家想以最直接的方式了解多少劑量能讓人急性中毒，於是吃下約相當於〇．〇〇四二四盎斯的微量。癱瘓來得太快，使他搆不到事先備在身邊的解藥，因而送掉性命。如今有人說巴拉松是芬蘭境內最受青睞的自殺工具。晚近幾年，美國加州意外巴拉松中毒的案例，一年平均超過兩百起。在世界許多地方，巴拉松致死率驚人：一九五八年，印度有一百個致死例；敘利亞六十七個；在日本，平均一年有三百三十六人死於巴拉松。

但如今有約七百萬磅的巴拉松，靠著手工噴灑器、摩托化風箱和撒粉機、飛機，施用在美國的田地和果園。光是用在加州農場的巴拉松劑量，據某醫學權威的說法，就「足以讓五至十倍全球人口的人數死亡」。

我們之所以未因此而絕種，得歸功於幾項客觀因素，其中之一是巴拉松和同類的其他化學物分解得相當快。因此，把它們施用在農作物後，殘留的藥劑相對於氯化烴來說壽命較短。但它們存在的時間，還是長到足以製造危險，產生從嚴重到致命等不同程度的後果。在加州河濱市（Riverside），三十個摘柑橘人中就有十一個身體嚴重不適，其中十人得送醫治療，只有一人不用。他們都出現典型的巴拉松中毒症狀。約兩個半星期前，那片果園噴灑過巴拉松；距離噴藥日

已過了十六至十九天留下的殘餘物，使他們受苦於乾嘔、半盲、半昏迷半清醒。類似的事故也發生於噴灑殺蟲劑已過了一個月的果園，那裡在以標準劑量除蟲六個月後，橘皮裡仍發現殘餘藥劑。

在農田、果園、葡萄園施用有機磷殺蟲劑的工人，都面臨了極高的危險，因而有些使用這些化學物的州已設立實驗室，以協助醫生在那裡診斷、治療。就連醫生本身如果沒有在診治中毒病人時戴橡膠手套，也可能有危險。替這類受害者洗衣服的洗衣婦，也可能在洗衣過程中吸收到分量足以傷害自己的巴拉松。

◆馬拉松——與有機磷酸酯同時施用，可能要人命

馬拉松，另一種有機磷酸酯，名氣幾乎和ＤＤＴ一樣大，被園丁廣泛使用，且廣泛用於家中除蟲、滅蚊和大面積的全面除蟲（例如對佛羅里達州將近百萬英畝面積的數個村鎮噴藥，以滅除地中海果蠅）。它被認為是這一類化學物中毒性最低者，許多人認為可放心大膽使用，不必擔心會受到傷害。商業廣告助長這一心態。

認為馬拉松「安全」的說法，建立在頗站不住腳的理由上，但一如往常一樣，直到這個化學物使用數年後才獲證實。馬拉松之所以會「安全」，純粹因為哺乳動物的肝具有特別的保護能力，能分泌一種酶來解毒，使得馬拉松較為無害。但如果有東西摧毀這個酶或干擾它的作用，接觸馬

拉松者就只能任由馬拉松摧殘。

對我們所有人來說很不幸的，發生這種事的機會非常多。幾年前，有組食品藥物管理局的科學家發現，馬拉松與其他某些有機磷酸酯同時施用時，會發生集體中毒情事——毒性變成以兩種殺蟲劑的毒性加總為基礎預測之毒性的五十倍。換句話說，每個化合物各取其致命劑量百分之一的分量，兩種化合物結合，就可能要人命。

這一發現促使人們檢測其他種殺蟲劑的結合。如今我們知道將有機磷殺蟲劑兩兩搭配（有許多搭配極危險），毒性會因兩者結合而升級或「強化」（potentiated）。毒性之所以會強化，似乎因為某化合物摧毀了負責消除另一化合物之毒性的肝酶。兩種化合物不必同時施用，也會發生毒性強化。不只本星期噴灑某殺蟲劑、下星期噴灑另一種殺蟲劑的人要擔危險；購買施打過殺蟲劑之產品的消費者亦然。常見的沙拉碗就可能為不同有機酸殺蟲劑的結合提供機會。未超過法定許可分量的殘餘藥劑可能在碗裡相互作用。

對於化學物危險的相互作用，科學家目前只掌握其中一二，但科學實驗室不時傳來令人不安的發現，包括有機磷酸酯的毒性能被另一種化學物增強，而那個化學物不一定非得是殺蟲劑一事。例如，某種塑化劑可能比另一殺蟲劑起更強烈的作用，而使馬拉松更為危險。這同樣是因為它抑制了正常情況下會使有毒殺蟲劑「變得無害」的那種肝酶。

至於其他化學物在平常的人類環境下會如何與殺蟲劑互動？特別是藥物會如何？針對這一主題的研究才剛開始，但科學家已經知道有些有機磷酸酯（巴拉松和馬拉松），會增加某些充當肌肉鬆弛劑之藥物的毒性，也知道另有幾種有機磷酸酯（同樣包括馬拉松），會使巴比妥類藥物的睡眠時間顯著增加。

滲體性殺蟲劑：超乎格林兄弟想像、滲透力超強的毒物

在希臘神話裡，女巫美狄亞（Medea）火大於丈夫伊阿宋（Jason）移情別戀，於是找來一件會讓穿者立即痛苦而死的袍服，然後把這件具有魔性的袍服拿給丈夫的新歡穿。如今，在人稱「滲體性殺蟲劑」（systemic insecticide）的東西裡，我們看到與這種間接殺人法如出一轍的東西。這些殺蟲劑是具有特殊性質的化學物，用來使動物或植物含有毒性，藉此把它們改造為類似美狄亞之袍服的東西。這麼做是為了殺死會與那些動物或植物接觸的昆蟲，尤其是殺死那些會吸光植物汁液或血液的昆蟲。

滲體性殺蟲劑的世界是個詭異的世界，超乎格林兄弟的想像，或許與查爾斯．亞當斯[5]的漫畫世界最為近似。在那個世界裡，被施了魔法的仙子森林已成為有毒的森林，昆蟲在那個森林裡

5 查爾斯．亞當斯（Charles Addams）為二十世紀美國著名漫畫家，以作品「阿達一族」（The Addams Family）聞名全球。他的漫畫作品具有獨特的黑色幽默，常出現令人毛骨悚然的角色。

啃食了一片葉子或吸了某植物的汁液，都會一命嗚呼。在那個世界裡，跳蚤叮了狗一下會一命嗚呼，因為狗的血已被改造成有毒；昆蟲會死於牠完全未碰觸的植物發出的蒸氣，蜜蜂會把有毒的花蜜帶回巢，不久後製造出有毒的蜂蜜。

應用昆蟲學領域的工作者發現在含有亞硒酸鈉（sodium selenite）的土壤裡生長的小麥，不受蚜蟲或紅葉蟎侵犯。他們看見大自然給的除蟲暗示，昆蟲學家也從這些人的經驗中得到靈感，想到製造內建式殺蟲劑（built-in-insecticide）。硒是在世界許多地方的岩石和土壤裡小量存在的天然元素，成為第一個滲體性殺蟲劑。

這種殺蟲劑能滲入動植物的所有組織，使牠們含有毒性，因而被稱作滲體性殺蟲劑。擁有這一特性的除了某些天然物質，還包括氯化烴類的某些化學物，和有機磷類的其他化學物（這些化學物全是人工合成）。但實際上，大部分滲體性殺蟲劑來自有機磷類，因為殘餘問題較不嚴重。

滲體性殺蟲劑以其他迂迴方式起作用。它們被施用在種子上之後（施用方式不是透過浸泡，就是把混合著碳的藥劑塗在種子上），藥效會擴及到植物的下一代，產生出能讓蚜蟲等吸食性昆蟲中毒的幼苗。豌豆、菜豆、甜菜之類蔬菜有時靠此方式受到保護。表面塗覆了滲體性殺蟲劑的棉籽，在加州使用已有一段時間，一九五九年在加州聖華金谷，二十五名栽種棉樹的農場工人突然生病倒下。他們於搬運棉籽袋時中毒，裡面的棉籽都經殺蟲劑處理過。

在英格蘭，有人想弄清楚蜜蜂從經滲體性殺蟲劑處理過的植物吸取花蜜後發生的情況，於是在噴灑過八甲磷（schradan）這種化學物的區域展開調查。該地植物是在花苞形成前噴灑殺蟲劑，但後來產生的花蜜還是有毒。於是，一如預料，蜜蜂所釀的蜜也受到八甲磷汙染。

動物性滲體性殺蟲劑的運用，主要著墨於控制牛皮蠅這種有害的牲畜寄生生物。使用時必須極為小心，以在宿主的血液、組織裡產生殺蟲效用，同時不致使牛隻中毒而死。兩者的平衡不易拿捏，官方獸醫已發現，一再施以小劑量殺蟲劑能漸漸耗掉牛隻的保護酶鹼膽酯酶，於是，只要再施以一丁點劑量，就會令牛隻突然中毒。

有力跡象顯示，較接近我們日常生活的領域正漸漸淪陷。如今，你或許會讓自家的狗服一顆據說會使狗血變成對跳蚤有毒，從而會除去狗身上跳蚤的藥丸。對牛隻施用殺蟲劑時存在的風險，狗兒大概也會遇到。目前似乎還沒有人提議推出以人為對象，會使叮咬人血的蚊子喪命的滲體性殺蟲劑。或許那將是人類的下一步。

除草劑：號稱「只對植物有毒」，但對動物也有害

本章至目前為止一直在討論人類掃蕩昆蟲戰爭中使用的致命化學物。人類對雜草同時展開的掃蕩戰爭似乎也該談談。

想迅速且輕鬆除掉有害植物的念頭，已經催生出很多種且種類愈來愈多的化學物。這些化學物統稱除草劑（herbicide）。人類如何使用、不當使用這些化學物一事，會在第六章說明；在此與

我們有關的疑問，是除草劑是否有毒，以及使用除草劑是否會毒害環境。**除草劑只對植物有毒，因而對動物毫不構成威脅一說廣為流傳，但令人遺憾的，那並非事實。**

植物殺手包含多種既對植物起作用，也對動物組織起作用的化學物。它們對有機體的作用形形色色，差異極大。有些除草劑是一般性毒物；有些會強烈促進新陳代謝，造成體溫升高到致命程度；有些誘發惡性腫瘤（若非獨力誘發，就是與其他化學物合力誘發）；有些造成基因突變，從而破壞人類的遺傳物質。於是，除草劑一如殺蟲劑，包含一些非常危險的化學物，以為它們「安全」而輕率使用它們可能帶來極大禍害。

不斷有新化學物從實驗室流出，爭取市場青睞，但砷化合物仍被大量使用，既充當殺蟲劑（如前面所述），也充當除草劑。而充當除草劑時，砷化合物通常以亞砷酸鈉（sodium arsenite）的形態現身。它們的使用歷史讓人無法放心；作為路邊綠化帶的除草劑，它們已使許多農民失去乳牛，殺死不計其數的野生動物。作為湖泊、水庫水生雜草的除草劑，它們已使公共水域不適於飲用，甚至不適於游泳。為了去除馬鈴薯蔓而在馬鈴薯田噴灑除草劑，則已造成人和非人的生物死傷。

在英格蘭，原本是用硫酸燒掉馬鈴薯蔓，後來硫酸短缺，於是在約一九五一年，開始用除草劑除蔓。農業部認為必須立牌示警，提醒進入噴灑過砷的田地的危險，但牛看不懂這警語（野生動物和鳥也看不懂），牛隻中了含砷除草劑毒的情事頻傳。當某農民的妻子因喝了遭砷汙染的水而喪命時，英國某大化學製品公司於一九五九年停止製造砷液噴劑，收回已送到經銷商手裡的供貨，不久後農業部宣布由於對人、牛有高危險，將對砷的使用施予限制。一九六一年，澳洲政府宣布類似的禁令。

但在美國，這些毒物的使用未受到這樣的禁令阻撓。有些「二硝基」（dinitro）化合物也被拿來當作除草劑。它們被視為美國境內使用中的最危險這類物質之一。二硝基苯酚（dinitrophenol）則是強效新陳代謝促進劑，因此，一度被當成減重藥來用，但減重劑量和足以令人中毒或死亡的劑量相差甚微——許多病人因拿捏不準劑量而死亡，還有許多人受到永久性傷害，這一減重藥最後停用。

與此有親緣關係的化學物——五氯苯酚（pentachlorophenol，有時簡稱 penta），如今既用作殺蟲劑，也用作除草劑，常在鐵路沿線和荒地噴灑。對從細菌到人的多種有機體來說，五氯苯酚是極毒之物。一如二硝基，它會干擾——往往是致命性的干擾——身體的能量來源，使受害的有機體簡直如同自焚。它的可怕威力在加州衛生局晚近報告的一樁致命意外中表露無遺。一名槽車司機混合柴油與五氯苯酚，以調製棉花脫葉劑，他在從桶子抽出這一濃縮化學液時，塞栓不小心掉進桶裡。他徒手伸進桶子取回塞栓，然後立即洗手，但還是嚴重不適，隔天死亡。

使用亞砷酸鈉或二硝基之類除草劑的後果怵目驚心、明顯可見，但其他除草劑的作用則較不易察覺。例如，如今很知名的蔓越莓除草劑氨基三唑（aminotraizole）被列入毒性較低的一類。但長遠來看，它很有可能會在野生動物身上造成甲狀腺惡性腫瘤，它或許也會對人體產生類似的後果。

有些除草劑被歸類為「誘變劑」（mutagen），也就是能改變基因（遺傳物質）的物質。如果我們都理所當然地對輻射的遺傳效應感到驚駭，那對於某些具有同樣效應、並在我們自身環境裡廣為散播的化學物質，我們怎能渾然不當一回事。

Surface waters and Underground Seas

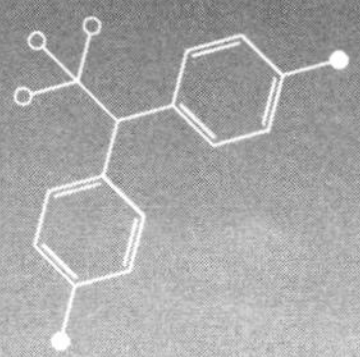

第 4 章

地表水與地下海

遍布水世界的化學農藥

在整個水汙染問題中，
最令人不安的，大概莫過於地下水可能普遍遭汙染一事。
除了以雨水或地表逕流形式直接進入溪流的水，
地表所有流動的水都曾是地下水。
因此，汙染地下水就是汙染各地的水，
是真切、可怕的事實。

淪陷的水世界：地上水、地下水可能遭到全面汙染

水已成為人類最珍貴的天然資源。水覆蓋了大部分的地表，它雖然非常豐沛，卻不夠我們用，因為大部分的水含有大量海鹽，所以無法供農業、工業或人類本身使用。大部分的人口如果不是正處於嚴重短缺水的處境，就是有可能陷入這個處境。在這個時代，人類已忘記自己的根源，且連最基本的生存需求都看不清，導致水和其他資源一樣，成為這種漠不關心心態的受害者。

農藥汙染水的問題，只有擺在大環境裡才能理解，它是所屬整體（整個人類環境的汙染）的一部分。進入水道的汙染物來自多個源頭：反應爐、實驗室、醫院的放射性廢棄物、核子爆炸的輻射塵、城鎮的家庭廢棄物，以及工廠的化學廢棄物。此外，還有一種新的汙染：施用在農田、庭園、森林、田野上的化學噴灑劑。大部分的這類化學製劑會模仿、強化輻射的有害效應，而且化學物質之間還會發生相互作用、轉變作用，和加總效應，人類對此仍所知甚少。

自化學家開始製造大自然從未創造的物質以來，淨水問題變得錯綜複雜，用水者的風險也升高。如同前面提過的，人類在一九四〇年代開始大量生產這些合成化學物，如今它們的產量已經太大，使得我國的水道每天都有大量駭人的化學汙染物流入。這些化學物與排入同一水道的家庭廢棄物、其他廢棄物混在一塊時，用淨水廠平日使用的偵測汙染方法有時偵測不出來。它們大部分非常穩定，靠一般工序無法分解，甚至常常鑑定不出來。在河裡，種類多得不可思議的汙染物，會共同製造出讓衛生工程師只能絕望地稱之為「泥狀物質」（gunk）的沉積物。麻省理工學院的

羅爾夫．埃利亞森教授（Rolf Eliassen）在國會某委員會上證稱，要預測這些化學物的綜合效應，或要從這團混合物裡鑑定出有機物質是不可能的事。「我們根本不知道那是什麼，」埃利亞森教授說，「這些化學物對人有什麼影響？我們不知道。」

用來控制昆蟲、嚙齒目動物或有害植物的化學物，是這些有機汙染物的一部分，而且比重愈來愈大。有些有機汙染物被刻意施用在水域，以消滅植物、昆蟲幼蟲或不受歡迎的魚。有些汙染物則來自森林噴藥作業，人類可能只為了撲殺單單一種昆蟲，就對一州兩百萬或三百萬英畝的森林噴灑殺蟲劑。殺蟲劑會直接落入溪流裡，或穿過樹葉濃密的樹冠層滴落森林地表，成為下滲水氣的一部分，開始往遙遠的大海緩慢移動。這些汙染物大部分很可能是數百萬磅農藥的殘餘，靠著水遷移到其他地方。雨水會把施打在農地上以控制昆蟲或嚙齒目動物的農藥過濾出來，成為雨水的一部分，全面往大海移動。

到處都有鮮明的證據證明這些化學物存在於溪流、甚至公共供水設施裡。例如，有人把從賓州某果園區取來的飲用水樣本拿到實驗室，以魚為對象檢測，結果水裡所含的殺蟲劑讓受測魚在四小時內全死光。有條溪的集水區位在噴過農藥的棉田，即使淨水廠處理過該溪的溪水，魚類仍然喪命；在阿拉巴馬州噴灑過德克沙芬（toxaphene）這種氯化烴的田野流來的逕流，殺光了十五條田納西河支流裡的魚，其中兩條支流更是某市用水的來源。但在施用這一殺蟲劑過了一個星期後，水仍然有毒，明顯的證據就是下游處每天都有金魚死於溪中籠子裡。

這一汙染大致上都沒有被看到且看不到，直到數百或數千條魚死去才為人所知，但更多的情況是人們從未察覺到汙染。確保水質潔淨的化學家沒有針對這些有機汙染物做例行檢測，也沒辦法除掉它們。但不管有沒有偵測出來，這些農藥都在那裡。因此，如同大範圍施用任何化學物質可能出現的結果，就是它們會流入國內許多主要河系，甚至所有主要河系都已淪陷。

如果有人對我們的水域已幾乎全面受到殺蟲劑汙染一說存疑，他該好好看看一九六〇年美國魚類與野生動物局發布的一份報告。該局為了查明魚的組織裡是否和溫血動物一樣貯存了殺蟲劑，做了數次調查。頭一批魚樣本取自西部森林區，那裡的森林區為了控制雲杉捲葉蛾，一直在大面積噴灑DDT。一如你可能料到的，那些魚的體內全部都有DDT。真正重要的發現，出現於調查人員為了比較，轉而調查某偏僻區域裡的另一條小溪時。該小溪距最近的控制捲葉蛾噴藥地點約三十英里，位在第一批取樣地點的上游，且與該地隔著一道高瀑。就調查人員所知，那條小溪所在區域從來沒有施用過殺蟲劑。但那裡的魚還是含有DDT。這種化學物究竟是透過看不見的地下溪流抵達那條偏僻的小溪？還是它是從空中飄過去，以落塵形式飄落在該溪溪面？在另一項比較調查中，某孵化場的魚組織裡也發現DDT，而該孵化場的供水來自一深井。同樣的，據紀錄當地並沒有噴灑過殺蟲劑。唯一可能的汙染媒介似乎是地下水。

在整個水汙染問題中，最令人不安的大概莫過於地下水可能遭到普遍的汙染。在任何一地將農藥加入水裡，卻不會威脅到每個地方的水質是不可能的事。大自然鮮少在封閉、自成一體的空間裡運作，地球的供水系統也是一樣。雨水落到陸地上，會透過小孔和裂隙落腳於土壤、岩石裡，往愈來愈深處滲透，最後抵達充滿了水的岩石細孔。那個區域是座黑暗的地下海，在山丘之下升漲，在山谷之下沉降。地下水始終在移動，有時慢到一年只移動五十英尺，有時較快，一天能移動將近〇．一英里。它透過看不見的水道移動，最後化為泉水冒出地面，或者說不定被開發為井水水源。但大部分情況下它會注入溪水，然後流入河。**除了以雨水或地表逕流形式直接進入溪流的水，地表所有流動的水都曾是地下水。因此，汙染地下水就是汙染各地的水，這是真切、可怕的事實。**

黑暗的地下海：化學物質驚人的自發性相互作用

有毒化學物想必是取道這一黑暗的地下海，從科羅拉多州某製造廠移動到數英里外的農業區汙染那裡的井，使人畜生病且損壞作物。這一件不尋常的插曲，卻很可能只是諸多類似事件的第一樁。這起事件的來龍去脈簡述如下：一九四三年，丹佛市（City of Denver）附近的陸軍化學部隊洛磯山兵工廠開始製造戰爭物資。八年後，兵工廠的設施租給民間石油公司，用來生產殺蟲劑。但在生產作業變動之前，就有離奇的情事傳出。距離該工廠數英里的農民開始表示牲畜得了不明怪病，還抱怨作物大面積受損。葉子變黃、植物長不大，許多作物死亡。針對數起人員得病的報告，有些人認為與前述動植物的遭遇有關。

這些農場的灌溉用水都來自淺井。一九五九年由數個州、聯邦政府機關共同參與的某項調查中，有人檢查了井水，發現井水裡含有多種化學物。洛磯山兵工廠運作那些年，他們把氯化物、氯酸鹽、磷酸鹽、氟化物、砷排放到滯洪池裡。兵工廠與農場間的地下水顯然已遭汙染，上述廢棄物花了七或八年時間，從滯洪池取道地下，移動到約三英里外的最近農場。滲漏出來的水繼續擴散，進一步汙染了面積不明的區域。調查人員束手無策，抑制不了汙染，也止不住它的擴散。

這已經夠糟了，但這整件事最離奇且長遠來看大概最重要的地方，是某些水井裡和兵工廠的滯洪池裡發現除草劑 2,4-D [1]。它的存在肯定足以說明為何用此水灌溉的作物會受損。但離奇之處在於該兵工廠從頭至尾沒有製造過 2,4-D。

經過漫長、細心的調查，該廠化學家推斷，2,4-D 是在露天池裡自然形成。它是以兵工廠排放出的其他物質為原料，在空氣、水、陽光的催化下形成。在沒有人類化學家的干預下，滯洪池已成為生產新化學物的化學實驗室，而且 2,4-D 會使許多植物受到致命傷害。

於是，科羅拉多州農場的遭遇和農場作物受損一事，具有超乎當地重要性的更深層意義。可能還有多少類似的事情，不只發生於科羅拉多州，還發生在有化學汙染物流入公共水域的任何地方？在每個地方的溪湖裡，在有陽光、空氣催化下，會有哪些危險物質從被稱作「無害」的母物質生出？

事實上，水遭化學汙染一事最令人驚愕的地方之一，是任何負責任的化學家都沒想過要在實驗室裡結合的化學物，卻在河或湖或水庫裡，甚至用餐時端給你的那杯水裡，混合在一塊。這些自由雜混的化學物間可能發生的相互作用，令美國公共衛生局的官員憂心忡忡，他們擔心從較無害的化學物生出有害物質一事，正在頗廣的範圍裡上演。相互作用可能發生在兩種或更多種化學物之間。化學物與正愈來愈大量釋入河川裡的放射性廢棄物之間，也可能發生相互作用。在離子化輻射的衝擊下，原子很可能會重新排列，以我們無法預料且不能控制的方式改變化學物的本質。

當然，正遭汙染的不只有地下水，還有在地表移動的水（溪、河、灌溉水）。有個令人不安的地表水受汙染事例，似乎正在圖利湖（Tule Lake）、下克拉馬思（Lower Klamath）兩地的國家野生動物保護區漸漸成形。這兩座保護區都位在加州，與州界另一邊奧勒岡州境內的上克拉馬思湖保護區，同屬一系列的保護區。這些保護區透過一共有的供水來源彼此相連（或許是要命的相連），全都陷入一樣的困境，它們像孤島般孤懸於廣闊的農地之間。那些農地原本是充斥著沼澤地和開放水域的水禽樂園，人類靠著人工排水和改道溪流搶來了這塊地。

如今，保護區周邊的農地是用來自上克拉馬思湖的水灌溉。水灌溉過農田後會被重新收集，注入圖利湖，然後從那裡流到下克拉馬思。因此，在這兩大塊水域上建立的野生動物保護區的水，全都來自農地。這點務必切記，因為這與最近發生的事有關。

一九六〇年夏天，保護區員工在圖利湖、下克拉馬思兩地撿拾到數百隻已死和垂死的鳥。牠們大部分屬於食魚類——鷺、鵜鶘、鸊鷉、鷗。分析發現牠們含有殺蟲劑（德克沙芬、DDT、

1 2,4-D（2,4-〔dichlorophenoxy〕acetic acid），中文名稱是2,4-二氯苯氧乙酸，一種白色無臭晶體，用途是植物生長調節劑和除草劑。

DDE[2]）的殘餘。來自湖中的魚也被發現含有殺蟲劑，浮游生物樣本一樣。保護區經理認為，這些保護區水域裡的殺蟲劑殘餘正愈積愈多，因為從大量噴灑過殺蟲劑的農地裡回收的灌溉水，會把殺蟲劑殘餘帶到那些水域。

這些水域當初是為了保育目而保留的，現在遭受到如此汙染，讓每個西部獵鴨人，和每個把傍晚時水禽成群飛過天空的景象和聲音看得很寶貴的人，都感到心痛。這些保護區在西部水禽的保育上占有關鍵位置。它們的所在位置，相當於漏斗的窄頸，「太平洋候鳥飛行路線」（Pacific Flyway）所有候鳥的遷徙路徑，都在這一窄頸處會合。秋天遷徙期間，數百萬隻鴨和鵝會從築巢地（西起白令海峽沿岸，東到哈德遜灣）來到這些保護區，數量占了秋天時往南移到太平洋沿岸諸州的所有水禽的整整四分之三。夏天，這些保護區為水禽，特別是紅頭潛鴨和棕硬尾鴨提供築巢區。如果這些保護區的湖、池受到嚴重汙染，可能會對美國遠西地區的水禽居群帶來無法彌補的傷害。

化學毒藥的轉移媒介——食物鏈

我們必須從生命鏈的角度來思考水。生命鏈靠水支持，從小如塵埃的浮游植物綠色細胞，到微小的水蚤，再到濾食水中浮游生物的魚，以及吃魚的其他魚類、鳥、水貂、浣熊，物質透過水於生命與生命間無止盡地周期性轉移。水中的礦物質同樣不可或缺，也會在食物鏈的諸多環節之間逐一傳遞。難道我們還能假定自己引入水中的那些毒物，不會進入大自然的循環裡？

答案會在加州清澈湖（Clear Lake）驚人的歷史裡尋得。清澈湖位在舊金山北邊約九十英里處的多山地區，長久以來一直是釣客鍾愛的釣魚地。清澈湖一名取得並不恰當，因為它其實相當渾濁，這座淺湖的湖底遍布著黑色軟泥。令漁民和湖邊度假客大覺掃興的，是此湖湖水為一種小蚋（Chaoborus asticopus）提供了絕佳的棲地。這種蚋是蚊子的近親，但不吸血，成年後幾乎完全不攝食，然而因為數量太多了，所以與牠們共居一地的人覺得小蚋很煩人。人類想方設法控制牠們，但大致上徒勞無功，直到一九四〇年代晚期氯化烴殺蟲劑問世，成為對付牠們的新武器，情況才開始改觀。在這之前，人們選擇用ＤＤＤ[3]來發動新攻勢。它是ＤＤＴ的近親，但似乎對魚類的威脅較輕。

一九四九年採行的新控制措施經過細心規畫，當時大概沒多少人覺得ＤＤＤ會帶來什麼傷害。經過調查，測定出湖的容積後，投放了經大幅稀釋的殺蟲劑，藥物濃度是殺蟲劑占湖水的七千萬分之一。對蚋的控制最初很成功，但到了一九五四年，得再次投藥才能控制住，而且這一次

2 ＤＤＥ（[1,1-dichloro-2,2-bis(p-chloropheny])ethylene]），中文名稱是「1,1-二氯-2,2-雙（對-氯苯基）乙烯」，低濃度的長效型農藥，環境受汙染或是 DDT 分解後的產物才會發現 DDE。

3 ＤＤＤ〔1,1-dichloro-2,2-bis(p-chloropheny])ethane〕，中文名稱是「1,1-二氯-2,2-雙（對-氯苯基）乙烷」，是和 DDT 相似的化學物質，同樣被用來殺死害蟲，目前台灣已經禁用。其中一種類型的ＤＤＤ被用於醫學上，可治療腎上腺癌。

以殺蟲劑占湖水五千萬分之一的比例投藥。有關當局認為經此一役，他們已將蚋撲殺殆盡。

接下來冬天那幾個月，出現了其他生物受波及的第一個徵兆：湖上的西部鸊鷉開始死亡，不久就傳出死了一百多隻鸊鷉。在清澈湖，西部鸊鷉是繁殖鳥，也是冬天飛來的候鳥，受湖中大量的魚吸引過來。牠們有著引人注目的長相和有趣的習性，會在美加西部的淺湖裡築浮動巢。牠們被稱作「天鵝鸊鷉」是有原因的，因為西部鸊鷉在湖面上滑行時幾乎不激起一絲漣漪，身體壓得低低的前行，白頸和發亮的黑首舉得高高的。剛孵出的雛鳥，全身覆著柔軟的灰絨羽；出生幾個小時就下水，會騎在爸爸或媽媽的背上，窩在親鳥翅膀的覆羽下方。

一九五七年，人們對韌性愈來愈強的小蚋居群發動第三波攻擊後，更多鸊鷉死亡。然而一如一九五四年，鳥屍經過檢查後卻找不到得了傳染病的證據。有人想到分析鸊鷉的脂肪組織，結果發現牠們身上有特別高濃度（1,600ppm）的ＤＤＤ。

投放於湖水的殺蟲劑，最高濃度只到 0.01ppm，鸊鷉體內的化學物濃度怎會變得如此高？這些鳥當然是食魚鳥。當清澈湖的魚也被拿去分析，情況開始明朗——毒物是被最小型的有機體攝入、集中，然後轉移到較大的掠食者體內。調查發現浮游生物含有約 5ppm 濃度的殺蟲劑（約是湖水本身曾達到的最高殺蟲劑濃度的二十五倍）；草食魚累積的殺蟲劑濃度最低為 40ppm，最高為 300ppm；肉食魚體內的殺蟲劑濃度最高。有隻雲斑鮰體內的濃度達到驚人的 2,500ppm。這個序列層層遞進，浮游生物從湖水裡吸收了毒素，然後草食魚吃了浮游生物，接著小型肉食魚吃了草食魚，最後小型肉食魚進到大型肉食魚的肚子。

後來還有更不尋常的發現。最後一次投放DDD後不久，水中找不到一丁點這個化學物的殘跡。但毒物其實沒有離開湖，它只是進入湖中生物的組織裡。不再投放此殺蟲劑二十三個月後，浮游生物體內的殺蟲劑濃度仍高達5.3ppm。在將近兩年的那段間隔期裡，一連串浮游生物群生生滅滅，毒物雖已不存在於湖水裡，仍一代代傳下去，它也繼續存在於湖中動物體內。不再投放殺蟲劑一年後，所有的魚、鳥、青蛙體內仍有DDD。在動物體內發現的量，始終是水中原始濃度的好幾倍。這些帶著殺蟲劑的動物，包括鸊鷉、最後一次投放DDD過了九個月後才孵化的魚、體內累積濃度超過2,000ppm的加州鷗。在這同時，鸊鷉的築巢群落變小，從第一次投放殺蟲劑前的一千多對減為一九六〇年的約三十對。而且就連這三十對的築巢似乎都白忙一場，因為自最後一次投放DDD以來，湖上沒有幼鸊鷉現蹤。

這一整個毒化鏈的最底層，想必是最早把毒素集中在自己身上的微小植物。但位於食物鏈另一端的人類，情況如何？人類很可能不知道這一連串發展，照常替船隻裝備吊錨滑車組，從清澈湖裡抓起一批批的魚，帶回家料理吃掉。高劑量的DDD，或者一再接受一定劑量的DDD，會對人類造成什麼影響？

加州公共衛生局宣稱沒有危險，卻還是在一九五九年禁止在該湖投放DDD。由於已有科學證據表明這一化學物具有巨大的生物效價（biological potency），這麼做似乎是最起碼的安全措施。DDD對生理的影響，在殺蟲劑界大概獨一無二，因為它會摧毀一部分的腎上腺（adrenal gland）——即分泌皮質激素的外層細胞（腎上腺皮質）。這一破壞作用，一九四八年起為人所知，最初被認為只局限於狗，因為在猴、鼠或兔子之類的實驗用動物身上，沒有看到這一作用。但這一作用似乎讓人聯想到一件事，即DDD在狗兒身上產生的病情，非常類似於艾迪森氏病[4]病人的病情。晚近的醫學研究已揭露，DDD的確大大壓制人類腎上腺皮質的作用。它摧毀細胞的本事，如今臨床用於治療在腎上腺長出來的一種罕見惡性腫瘤。

因小失大：蟲害治理不符合比例原則

清澈湖的情況激起大眾需要面對的一個疑問：為了控制昆蟲，而使用對生理過程有如此強烈作用的物質是否明智或可取？特別是在控制措施需要將化學物直接投入一大片水域裡時。**殺蟲劑透過湖中自然食物鏈完成的猛爆性進展，說明了低濃度施用殺蟲劑一事毫無意義。**清澈湖的遭遇說明了許多且愈來愈多的情況共有的一個特點：著手解決一顯而易見且往往無關緊要的問題，結果卻製造出遠更嚴重且較難捉摸的問題。就清澈湖來說，解決問題是為了造福那些不堪小蚋打擾的人，且為此付出的風險沒有清楚說明且人們很可能不理解，蒙受風險者則是所有從這湖裡取得食物或水的人。

刻意將毒物投入水庫似乎成為很常見的舉動，這實在相當詭異。這通常是為了促進休閒娛樂，即使接下來必須花錢處理水以符合作為飲用水的原定用途，仍有人執意這麼做。有一個地方的愛好戶外運動人士想「改善」某水庫的釣魚活動時，勸有關當局投放大量毒物到水庫裡，殺掉他們不喜歡的魚，然後補上較合他們意的孵化場魚（hatchery fish）。這一做法相當古怪、不合理。水庫的關建是為了供水給大眾，但愛好戶外運動者實施計畫前大概沒有徵詢過居民的意見，居民卻不得不飲用含有有毒殘餘物的水，不然就是不得不繳稅，為除去毒物的水源治理提供經費，而且治理方法也絕非安全無虞。

由於地下水和地表水都受到殺蟲劑等化學物汙染，公共供水遭不只有毒且會致癌的物質入侵的可能就真實存在。國家癌症研究院的休珀博士警告道：

> 使用遭汙染的飲用水而攝入致癌之物的危險，在可預見的未來將會大大升高。

荷蘭在一九五〇年代初期的一項調查，為遭汙染的水道可能帶有致癌物一說提供了根據。從河川取得飲用水的城市，比從據推測較不易受汙染的水源（例如水井）取得飲用水的地方，癌症死亡率較高。砷是所有會致癌的環境物質中，致癌證據最確鑿的物質，在兩樁因供水遭汙染導致普遍致癌的案例中，都有砷的蹤影。其中一例中，砷是來自礦業的礦渣堆，在另一例中，則來自

4 艾迪森氏病（Addison's disease），腎上腺由於自體免疫反應的破壞而造成萎縮，導致腎上腺皮質素分泌缺失。常見症狀包括精神沉鬱、虛弱、脫水、嘔吐、下痢（嚴重可能出現血痢或黑糞）、腹痛等。

原本就有高成分砷的岩石。大量使用含砷殺蟲劑很可能會導致上述情況遭人為複製。含砷殺蟲劑會汙染這類區域的土壤，然後雨水會把部分的砷帶進溪、河、水庫，以及廣闊的地下水體系。

我們再度得到提醒：在大自然，沒有東西是單獨存在的。要更清楚了解我們的世界正遭受哪些汙染，我們得看看地球的另一項基礎資源：土壤。

Realms of the Soil

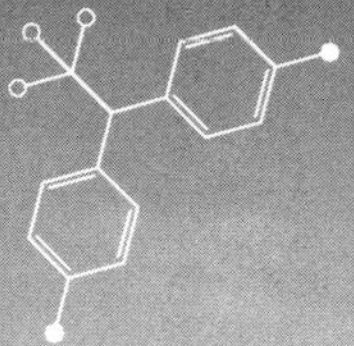

第5章

土壤的國度

生機盎然卻遭嚴重忽視的土壤王國

土壤生態學這一至關重要的主題，連科學家都嚴重忽視，
害蟲控制人員則完全沒放在心上。
我們繼續在使用農藥，
農藥殘餘卻幾乎無法消除，繼續在土壤裡積聚，
我幾乎可篤定地說我們是在自找麻煩。
人類幾個莽撞的舉動可能毀掉土壤生產力，
屆時節肢動物很可能會接管世界。

土壤王國：萬千世界盡藏其中

四處覆蓋著大陸表面的那層薄薄土壤，既宰制人類的生存，也宰制陸地上每種動物的生存。沒有土壤，陸上植物無法生長；植物和動物也無法生存。

以農業為基礎的人類生活倚賴土壤，土壤也同等地倚賴生命。土壤的起源和本質之維持都與動植物密切相關，因為有一部分的土壤是由生命創造，誕生自億萬年前生命與非生命的神奇相互作用。土壤的母材料會隨著火山猛烈噴發時往外噴送；水在流過大陸上裸岩時，再怎麼堅硬的物質（包括最硬的花崗岩）都會被磨蝕掉；霜、冰碎裂岩石時的切削作用，也會把母材料聚在一塊。然後，生物開始發揮它們的神奇創造力，這些惰性原料逐漸變成土壤。地衣，也就是最早覆蓋在岩石表面的東西，會用它們的酸性分泌物推進這一碎裂過程，為其他生命打造居所。蘚類植物則在充斥土壤的小塊區域裡落戶生根。土壤是由地衣碎塊、微小昆蟲的軀殼，和離開海洋、開始出現於陸地的動物殘骸形成。

生命不只形成土壤，土壤之中還包含了數量、種類多得不可思議的其他生物；若非如此，土壤將是沒有生氣、不長植物的東西。由於土壤裡存在著形形色色的有機體，由於它們的活動，土壤才得以支撐起地球的綠衣。

土壤不斷在改變，參與無始也無終的循環。新的原料不斷地加入土壤，這些原料來自碎裂的岩石、腐敗的有機物質，和從天上被雨水帶到地上的氮等氣體。在這同時，也有其他原料被帶走，被動物借去暫時使用。微妙且極重要的化學變化不斷在進行，把來自空氣、水的元素轉化為可供植物使用的形態。在這種種變化中，有機體是幫助達成作用的活性劑。

沒有多少研究比調查土壤黑暗國度裡擁擠的居群更引人好奇，同時更遭人漠視。對於連結土壤中諸多有機體、連結有機體與土壤世界及土壤上方世界的線索，我們知道得太少。

土壤中最基本的有機體，也或許是體型最小的有機體，是肉眼看不見的無數細菌、絲狀真菌。它們的數量之多令人咋舌，一茶匙的表土可能含有數十億細菌。它們身形微小，但在一英畝沃土最上層一英尺厚的土壤裡，所有細菌的總重可能高達一千磅。長成長絲狀的放線菌（ray fungi）數量稍少於細菌，但體型較大，因而在一定數量的土壤裡，它們的總重可能和細菌差不多。細菌、真菌，加上被稱作藻類的綠色小細胞，共同構成土壤裡肉眼看不見的植物圈。

細菌、真菌、藻類是腐化作用的主要推手，會把動植物殘餘還原為構成它們的礦物。碳、氮之類化學元素會透過土壤、空氣、活組織進行大規模的周期性循環，若沒有這些微植物存在，循環將無法進行。例如，如果沒有固氮菌，植物會因為缺氮而餓死，即使身處於含氮的空氣中也沒用。其他有機體會形成二氧化碳，而二氧化碳一如碳酸，能協助分解岩石。此外還有一些土壤微生物會執行幾種氧化、還原作用，這些作用會轉化鐵、錳、硫之類的礦物，讓礦物質能為植物所用。

同樣大量存在的，還有肉眼看不見的蟎和被稱作跳蟲（springtails）的原始無翅昆蟲。牠們身形細小，卻在分解植物殘餘上扮演重要角色，協助將森林地表的枯枝落葉慢慢轉化為土壤。有些這類小型動物的職能簡直專門化到令人無法置信的程度。例如，有數種蟎只有在落地的雲杉針葉裡才能展開生命。牠們棲身在雲杉針葉裡，消化掉針葉內的組織。這些蟎結束牠們的成長過程後，只會留存細胞的外層。土壤和森林地表某些小昆蟲的工作量非常大，要負責處理每年從樹上落下來的龐大植物性材料。牠們把葉子軟化分解、消化掉，協助把腐爛物與地表土壤混在一塊。

除了這一大群微小但不斷辛勤工作的動物，當然還有棲居於土壤中體型更大的動物，從細菌到哺乳動物包羅廣泛。有些動物是黑暗地表下土壤層的常住民；有些於地下洞穴裡冬眠，度過牠們生命周期的特定時段；有些在牠們的地洞與上方世界間自由來去。整體來講，這些動物棲居於土壤產生的作用是使土壤通氣，改善整個植物生長層的排水性和滲水性。

在較大型的土壤居民中，大概沒有比蚯蚓更為重要的生物了。超過七十五年前，查爾斯·達爾文（Charles Robert Darwin）出版了《腐殖土的產生與蚯蚓的作用》（*The Formation of Vegetable Mould, through the Action of Worms, with Observations on Their Habits*）一書，讓世人首度了解蚯蚓在搬運土壤、改變地質上的基本角色——蚯蚓會把細土從地下翻上來，細土將漸漸覆蓋地表石塊。在最有利於蚯蚓生存的區域，一年翻上來的土量達好幾噸。在這同時，樹葉與草葉裡含有的許多有機物質（半年裡一平方碼地會累積達二十磅），會被拉至蚯蚓建築的地道、併入土壤。達爾文的計算結果告訴我們，蚯蚓的辛勞可能在十年裡增加厚達一吋到一吋半的土壤。而牠們能做的絕非只有這件事：牠們的地道能使土壤通氣，保有良好的排水性，協助植物的根穿透土壤。蚯蚓的存在強化土壤細菌的硝化功能，減少土壤腐敗。有機物質通過蚯蚓的消化道分解，牠們的排泄物則使土壤變肥沃。

因此，這一土壤群落由彼此交織在一塊的諸多生物構成，每種生物都與他種生物保有某種關係：動物倚賴土壤，而且相對的，土壤也是陸地的重要元素之一，唯有如此，整個地球群落才能欣欣向榮。

土壤生態學：至關重要，但遭嚴重忽視的科學

與我們相關的汙染問題只得到少許的關注。化學物質如果不是被當成殺滅劑直接投入這個世界，就是藉由遭到致命汙染的雨水穿過森林樹冠層、果園、耕地而送到這個世界。當有毒化學物質被往下帶到土壤中有機體居住的世界，這些多得不可思議且至關緊要的土壤居民會受到什麼衝擊？我們認為能施用一種效果很廣的殺蟲劑，在某種危害作物的昆蟲處於挖地洞的幼蟲階段時就殺死牠，同時不會殺掉可能具有分解有機物質之基本功能的「好」昆蟲，這樣的想法合理嗎？或者我們能施用非專一性的殺真菌劑，卻不會殺掉棲息於許多樹根，有助樹從土壤裡吸取養分的真菌嗎？

事實擺在眼前，對於土壤生態學這一至關重要的主題，連科學家都嚴重忽視，害蟲控制人員則幾乎完全沒放在心上。以化學物控制昆蟲一事，似乎建立在土壤能承受且會承受人類施予任何數量的毒物，卻不會反擊這個假定上。土壤的原始本質遭到嚴重的忽視。

從少數已執行的幾項調查上，我們正慢慢了解農藥對土壤的衝擊。這些調查結果雖然並非處處一致，但也不足為奇，因為土壤種類差異極大，會傷害某種土壤的農藥，可能對其他種土壤無害。輕質多沙土壤受害程度遠甚於腐植質土壤。混用不同化學物所造成的傷害，似乎大於分別投放。結果雖有差異，但明確的傷害證據已多到令許多科學家不得不感到憂心。

在某些情況下，生命最核心的化學轉化、化學變化會受到影響，使大氣氮得以為植物使用的硝化作用就是一例，因為除草劑2,4-D會暫時打斷硝化作用。在晚近於佛羅里達州所做的實驗中，靈丹（lindane）、七氯、六氯化苯（BHC）在土壤裡才兩個星期就降低硝化作用；六氯化苯和DDT在噴灑過了一年後，危害作用仍很大。在其他實驗中，六氯化苯、阿特靈、靈丹、七氯、DDD都會阻止固氮菌在豆科植物上形成不可或缺的根瘤。真菌與高等植物根之間奇怪但有益的關係遭嚴重打亂。

有時，問題在於殺蟲劑會打亂大自然微妙的族群平衡，但大自然得靠著這種微妙的平衡來達成影響深遠的目標。某些土壤有機體的劇增，發生於其他種有機體被殺蟲劑削減、打亂掠食者與獵物之間的關係時。這類改變能輕易改變土壤的代謝活動，影響土壤的生產力。這類改變也可能意味著具有危害潛力但原本遭抑制的有機體，會擺脫大自然對它們的控制，晉身為害蟲。

◆永久性毒害：殺蟲劑造成的土壤汙染無法逆轉

關於土壤中的殺蟲劑，有一點要切記，那就是它們久久不消，不是數月不消，而是數年不消。

阿特靈施用過了四年仍沒有完全消失，不只會微量地殘留，還會轉化為地特靈更大量地存在。為殺掉白蟻而噴灑德克沙芬，十年後在沙土裡仍留存有不少德克沙芬。六氯化苯要至少十一年才會消失；七氯（更毒的一種衍生性化學物），至少要九年才會消失。施用氯丹過了十二年後，土壤中仍有它的蹤跡，數量為原始數量的百分之十五。

連續幾年施用看似少量的殺蟲劑，卻可能在土壤裡累積出驚人的數量。氯化烴久久不消，停留時間長，因此每次施用都只是在前一次施用的殘餘殺蟲劑之外，加上更多殺蟲劑。「一磅DDT對土地無害」這個老說法，如果在重複噴灑的情況下，就完全不成立。已有人發現馬鈴薯田土壤的DDT濃度高達每英畝十五磅，玉米田土壤則高達十九磅。有塊受調查的蔓越莓田，每英畝含有DDT達三十四．五磅。蘋果園的土壤似乎汙染最嚴重，DDT累積速率幾乎和它一年的施用速率一樣快。在單一季節裡，如果果園噴灑DDT四次或更多次，DDT殘餘最高可能達到三十至五十磅。由於經年累月一再噴灑，樹與樹間的土壤中DDT濃度為二十六至六十磅；樹下方的土壤，則高達一百一十三磅。

土壤一遭汙染即幾乎永遠無法回復乾淨一事，化學物質砷提供了典型的例子。自一九四〇年代中期起，菸農大多改用合成有機殺蟲劑噴灑生長中的菸草，不再用砷替菸草除蟲，但從一九三二至一九五二年，用美國所生產之菸草製造的香菸，砷含量卻增加了兩倍多。後來的調查揭露增加幅度高達五倍。砷毒理學權威之一的亨利．薩特利博士（Henry S. Satterlee）說，砷已大多被有機殺蟲劑取代，但菸草株繼續染上舊毒素，因為菸草田的土壤飽含砒酸鉛（arsenate of lead）這種較不易溶解之劇毒物的殘餘，它會繼續釋放以可溶解形態存在的砷。據薩特利的說法，大部分種植菸草的土地，土壤已受到「累積性且近乎永久性的毒害」。在東地中海諸國，種植菸草不用含砷殺蟲劑，那裡生產的菸草就沒有出現砷含量如此增加的情況。

◆隱形毒害：植物會吸收土壤中殘存的殺蟲劑

第二個問題向我們迎面撲來。**我們不只要關注土壤正遭遇的衝擊，還要了解植物從受汙染土壤中吸收了何種程度的殺蟲劑到組織裡。**這大大取決於土壤種類、作物、殺蟲劑的本質和濃度。有機物質成分高的土壤釋放出的毒素，少於其他土壤所釋放出的毒素。胡蘿蔔吸收的殺蟲劑，多於其他任何一種受調查的作物；如果使用的化學物正好是靈丹，胡蘿蔔累積的殺蟲劑濃度會高於土壤裡的濃度。未來我們在栽種某些糧食作物之前，或許必須先分析土壤裡的殺蟲劑濃度與成分。不然，就連未噴灑殺蟲劑的作物，光是從土壤吸收到的殺蟲劑，都可能多到使它們不適於上市販售。

這種汙染已為至少一家嬰兒食品製造大廠帶來無窮無盡的麻煩。這家廠商一直不願購買種植過程裡用過有毒殺蟲劑的水果或蔬菜。令這家廠商最為頭大的化學物是六氯化苯，六氯化苯會被植物的根和塊莖吸收，植物發霉的味道和氣味宣告了它的存在。噴灑過六氯化苯的加州農田，兩年後種出的甘薯仍含有殺蟲劑殘餘，該廠商不得不予以拒收。有一年，該廠商在南卡羅來納州簽約契作其所需的所有甘薯，結果許多甘薯田被發現已遭汙染，該廠商不得不在公開市場另行購買甘薯，因此蒙受可觀的金錢損失。有數年期間，該廠商被迫拒收數州生產的多種水果和蔬菜。最難解決的麻煩與花生有關。在南方數州，花生通常與棉花輪種，而種棉花時會大量使用六氯化苯。在種過棉花的田裡種出的花生，自然而然吸收到不少這種殺蟲劑。事實上，只要微量六氯化苯就足以使甘薯帶有發霉的氣味和味道，因而露出馬腳。這個化學物滲入花生仁，無法移除。加工處理未除去霉味，有時反倒使霉味更濃。打定主意要把六氯化苯殘餘拒於門外的廠商，只有一條路可走，那就是一律拒收噴灑過這種化學物的農產品，或生長在已遭它汙染的土壤裡的農產品。

有時，威脅的矛頭指向作物，只要土壤裡有殺蟲劑汙染，威脅就會繼續存在。有些殺蟲劑會影響豆科植物、小麥、大麥或喬麥之類敏感的植物，妨礙根部發展或抑制幼苗成長。華盛頓、愛達荷兩州啤酒花藤農的經驗，就是一例。一九五五年春，許多啤酒花藤農展開大規模的草莓根象甲（strawberry root weevil）控制計畫，因為啤酒花藤的根上已出現許多草莓根象甲的幼蟲。在農業專家和殺蟲劑製造商的建議下，他們選擇七氯作為控制劑。施用七氯後不到一年，噴灑過此藥的田裡，就有啤酒花藤枯萎、死去。未噴灑過此藥的田，則安然無事；傷害止於這兩種田的交界處。農民花費巨資在丘陵上重新栽種，但隔年，還是發現新長出來的啤酒花藤根死去。四年後土壤仍含有七氯，科學家無法預測它還會毒害多久，或推薦不出矯正辦法。聯邦政府農業部晚至一九五九年三月，仍反常地宣布七氯可作為土壤整治劑，用於啤酒花藤，遲遲才收回七氯的使用登記許可。在這同時，啤酒花藤農則上法院討回公道。

由於我們繼續在使用農藥，由於幾乎無法消除的殘餘繼續在土壤裡積聚，我幾乎可篤定地說我們在自找麻煩。以下是一九六〇年一群專家在雪城大學（Syracuse University）開會討論土壤生態學的共識，這些人扼要說明了使用化學物、輻射之類「人類了解不多又威力強大的工具」會有的危險：

> 人類幾個莽撞的舉動可能毀掉土壤生產力，屆時節肢動物很可能會接管世界。

Earth's Green Mantle

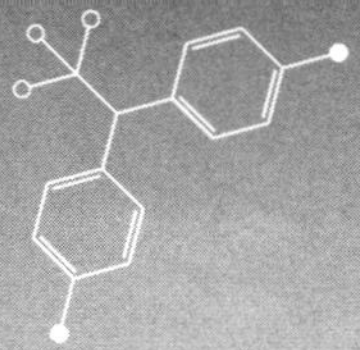

第 6 章

地球的綠衣

滿山綠意為何不再？

噴灑化學藥劑不只事前規畫不周，
還不時出現濫用藥劑的情事。
新英格蘭地區南部某城鎮，
有個承包商完成承包工程後還有化學藥劑未用完，
索性就沿著路邊林木一路排放掉。
這個城鎮因此失去秋天時一路藍色、金黃色的美景。

環環相扣的地球生命網絡

水、土壤、由植物構成的地球綠衣，構成了生養地球動物的世界。植物利用太陽能製造人類生存所需的基本食材，沒有植物，人類就無法生存，只是現在的人很少記得這點。**我們對待植物的態度特別現實。**看到某植物當下有用，就助長它；出於某個原因反感於某植物的存在，或純粹出於漠不關心，就立即判它死刑，消滅它。除了幾種會毒害人類，或會和人類的牲畜、糧食作物搶地搶資源的植物，許多植物被列為消滅對象僅僅是因為基於人類狹窄的觀點，它們生不逢時且生在不對的地方。還有許多植物被消滅的原因，只是因為它們剛好是人類眼中有害植物的夥伴。

地球上的植物是生命網的一部分，在那生命網裡，植物與地球間、不同種植物間、植物與動物間有密切且絕對必要的關係。有時我們別無選擇，必須擾亂那些關係，但這麼做時應深思熟慮，應清楚地體認到，我們的所作所為可能影響遙遠的未來和遙遠的異地。但今日蓬勃發展的「除草劑」產業中看不到這樣的謙卑，殺植物的化學物質銷售額劇增，使用者愈來愈多。

山艾消滅計畫：令人難以置信的環境破壞

我們貿然攻擊大地最悲慘例子之一，可在美國西部的山艾生長地見到。當地正大張旗鼓消滅山艾，改闢為草場。如果有哪個雄心勃勃的計畫，需要我們用自己從歷史中得到的體悟，與這片景觀的存在意義來提點，那就是這個掃滅山艾的計畫。因為在這裡，自然景觀有力地說明了諸多力量的相互作用，是如何創造出該景觀的。它攤開在我們的面前，像一本敞開的書，從中我們能了解這塊土地如何成為現在的模樣，我們又為何該保存它的完整性。但這本攤開的書無人問津。

山艾生長於高海拔西部平原和平原邊高聳山體的下層山坡。這塊地區誕生於數百萬年前洛磯山脈的大幅抬升，氣候極端嚴酷：漫長的冬季期間，大風雪從山上往下猛烈襲來，平原上積雪甚深；夏季時靠稀少的降雨紓解暑氣，土壤乾旱嚴重，乾燥的風會刮走莖、葉上的水氣。

在這塊大地演化期間，想必有過一段漫長的嘗試期（錯誤摸索期），諸多植物在這期間嘗試在這塊高海拔且大風狂襲的土地上安居落戶。想必有一種又一種的植物鎩羽而歸。最後，一群植物演化出來，它們具備了活命必需的諸多特質。山艾是長不高的灌木狀植物，能在這裡的山坡和平原上牢牢扎根，其灰色小葉能保住足夠的水分，不致讓乾風帶走全部的水分。西部大平原成為山艾的棲居地，絕非出於偶然，而是大自然漫長歲月的實驗所致。

除了植物，這裡也演化出能在苛刻的條件下安然生活的動物。經過一段歲月，這裡出現了兩種和山艾一樣完全適應棲地的動物。一種是哺乳動物，行動迅捷、優雅的叉角羚；另一種是鳥類，艾草榛雞，即梅里韋瑟・路易斯（Meriwether Lewis）和威廉・克拉克（William Clark）兩位探險家口中的「平原公雞」。

山艾和艾草榛雞似乎是非常完美的搭檔。艾草榛雞的原始分布範圍和山艾的分布範圍重疊，而由於山艾生長區面積縮減，艾草榛雞的居群也變小。對草原上這些鳥來說，山艾是最重要的東西。山麓丘陵上低矮的山艾為牠們的巢和幼鳥提供庇護；較濃密的山艾叢是閒晃、棲息的區域；山艾始終為艾草榛雞提供主食。兩者的關係是雙向的，公雞搶眼的求偶舞可以協助疏鬆山艾底下和周遭的土壤，從而有助於禾本科植物進入這塊土地，在山艾的庇護下生長。

叉角羚也配合山艾調整牠們的生活。牠們主要是平原動物，夏天在山上度過，然後在冬天降下初雪時往下遷到較低海拔處。在那裡，山艾提供食物，讓牠們得以度過冬天。當其他植物的葉子都掉光時，山艾仍一身青綠，灰綠色的葉子（苦澀、帶香氣、富含蛋白質、脂肪和叉角羚需要的礦物）仍牢牢固著在濃密、灌木狀山艾的莖上。雪愈積愈高，但山艾的頂部仍敞露在外，叉角羚的爪狀尖蹄可以掏到山艾。艾草榛雞也以山艾為食，牠們會在裸露、刮著大風的岩架上找到山艾，或跟著叉角羚走，在叉角羚扒掉雪的地方覓食。

其他生物也倚賴山艾。黑尾鹿常以它為食。對冬季放牧的牲畜來說，山艾可能是保命的關鍵。綿羊在許多幾乎只生長大山艾的冬季牧場覓食。有半年時間，大山艾是牠們的主要草料，它的能量價值連苜蓿草都比不上。

嚴酷的高地平原，連綿一大片的紫色山艾，野性、敏捷的叉角羚、艾草榛雞構成一完美平衡的自然體系。現在還是如此？不是，至少在那些遼闊的種植區並非如此，人類正在那裡試圖改造大自然的運作方式。為了進步，土地管理機關已著手滿足養牛場場主永無止盡的需求，場主想要更多的放牧地。他們所謂的放牧地是草場，只有青草沒有山艾的草場。於是，在大自然安排讓禾本科植物能在山艾庇護下與山艾一同生長的土地上，現在卻有人建議消除山艾，打造連綿不斷的純草場。似乎沒多少人問過在這地區建立草場是否是個長久、值得追求的目標。大自然給的答案肯定是這裡不適合。這裡很少下雨，一年的降水量不足以支撐起能形成草皮的禾本科植物；這裡的降水量其實較有利於在山艾庇護下生長的多年生叢生禾草。

但山艾根除計畫已執行了數年。幾個政府機關積極推動此事；產業界滿懷熱情聯合推動和鼓勵這項雄心勃勃的計畫，計畫不只為禾草籽，也為多種割草用、犁地用、播種用的機器創造廣大市場。這一武器庫裡最新增添的利器是化學噴劑。如今數百萬英畝的山艾生長地，每年都會噴灑化學劑。

結果呢？消滅山艾、播下草籽的最終效果大抵出於猜測。熟稔這塊地區情況的人說，在這裡，生長於山艾之間和山艾下方的禾草，比生長於純禾草地的禾草長得好。純禾草地失去了能留住水氣的山艾。

即使這個計畫如願達成短期目標，但整個緊密交織的生命體系已遭扯裂。叉角羚和艾草榛雞會跟著山艾一起消失，黑尾鹿也會受害，這塊土地會因為原本生長其上的野生生物遭摧殘而變得較貧瘠。就連人類原本預計會受益的牲畜也會受害；夏季時青草長得再豐茂，也救不了冬天暴風雪時，因為沒有山艾、北美苦刷草（bitterbrush）等平原上的野生植物可吃而挨餓的綿羊。

這些是最先出現且明顯可見的結果。接著出現的後果，始終與散彈打鳥式對待大自然的心態有關：對山艾噴灑除草劑，使許多植物受池魚之殃，跟著被消滅掉。法官威廉・道格拉斯（William

O. Douglas）在其晚近著作《我的荒野：卡塔丁之東》（*My Wilderness: East to Katahdin*）中，談到一樁駭人的生態破壞例子。兇手是美國林務局，地點是懷俄明州的布里傑國家森林（Bridger National Forest）。林務局屈服於養牛場場主增闢草場的壓力，對約一萬英畝的山艾地噴灑了除草劑。山艾如他們所願一命嗚呼，但綠色楊柳也遇害，楊柳原本沿著蜿蜒的溪岸生長，從草原的一頭綿延到另一頭，令草原生意盎然。在這些楊柳叢裡，原本有麋生活著，因為楊柳之於麋，就如同山艾之於叉角羚。河狸原也生活在那裡，以楊柳為食物，扯下楊柳枝，構築橫跨小溪的牢固堤壩。由於河狸的辛苦築壩，溪水受阻倒流成湖。山溪中的鱒魚，身長很少超過六吋；但在這湖裡，牠們成長迅速，有許多鱒魚可以長到五磅重。水禽也受吸引來到這座湖。光因為有楊柳和靠楊柳過活的河狸的存在，這個地區就成為熱門的休閒區，絕佳的釣魚、打獵地。

但由於林務局的「改善」之舉，楊柳步上和山艾一樣的命運，被不分青紅皂白亂殺的除草劑殺害。法官道格拉斯於一九五九年（噴灑除草劑那一年）造訪這區域時，看到枯萎、垂死的楊柳，驚駭不已於除草劑造成的「遼闊且不可置信的傷害」。麋會怎麼樣？河狸和牠們所打造的小世界會怎麼樣？一年後，他回到那裡，在殘破的大地裡尋找答案。麋了無蹤影，河狸亦然。牠們所構築的主壩由於少了高明建築師（河狸）的維護，已經垮掉，那座湖的湖水已流光。那些大型的鱒魚一隻不剩。尚存的小溪蜿蜒流過光禿禿、炎熱、已沒有樹蔭的大地，牠們在那些小溪裡活不了。生意盎然的世界已遭破毀。

植物整治行動：以控制為名，行全面破壞之實

除了每年四百多萬英畝的放牧地遭噴灑除草劑，還有面積非常遼闊的其他幾類土地，也可能受到化學除草劑的整治，或已真的遭受整治。例如有塊比整個新英格蘭地區還要大的區域（約五千萬英畝），歸公用事業公司管理，該區域大半地方時常受到以「灌木叢控制」為目的的整治。在美國西南部，數塊總面積估計達七千五百萬英畝的牧豆樹生長區需要管理，噴灑化學藥劑是最被大力鼓吹的管理方法。有批面積不詳但非常遼闊的木材生產地，如今被人從空中噴灑藥劑以「除掉」闊葉樹，這些闊葉樹與較能忍耐藥劑的針葉樹混生。一九四九年起的十年裡，受到除草劑整治的農地面積增加了一倍，一九五九年達到五千三百萬英畝。現今正接受除草劑整治的私家草地、公園、高爾夫球場的面積加總，肯定是天文數字。

化學除草劑是個嶄新的玩意兒。它們的效用令人嘆為觀止，讓運用它們的人不由得生起宰制大自然的飄飄然快感，至於其久久不退且較不易察覺的影響，很容易被斥為悲觀主義者毫無根據的想像，而遭到漠視。「農業工程師」以漫不經心的口吻談到「用化學犁地」，想要打造一個極力用農藥噴槍取代犁頭的世界。一千個城鎮的高級官員，滿懷熱情地傾聽化學物銷售員，和願在某個價碼下除去路邊「灌叢」的熱心承包商。他們一貫的話語是：施用除草劑比割草省錢。在官方整齊列出的帳目數據裡，或許看來是如此，但如果納入真實成本（除了現金，還有在不久後我們就要考慮到的許多同樣明確的支出），大規模散播化學物一事，花掉的錢不只是帳目數據，還會對大地

的長遠健康、對倚賴大地過活的種種相關利益者，帶來後果不堪設想的傷害。

例如，拿這個地區境內的每個商會非常看重的大宗商品——度假觀光客的口碑——來說。化學噴劑把一度美麗的路邊景觀弄得極為醜陋，引來愈來愈高漲的忿忿抗議。化學噴劑一出馬，蕨類和野花的美景消失，綴著花朵或漿果的原生灌木美景消失，換成一大片褐色、凋萎的植物。新英格蘭地區某婦女忿忿地向報紙投書道：

> 我們正把公路沿線弄得亂七八糟，弄得骯髒、枯黃、奄奄一息。我們花那麼多錢宣傳美景，這不是觀光客想看到的景象。

一九六〇年夏天，許多州的保育人士齊聚緬因州一個平靜的島上，參加該島島主米利森特・塔德・賓厄姆（Millicent Todd Bingham）將該島贈送給全美奧杜邦學會（National Audubon Society）的儀式。當天的焦點，是自然景觀的保存，和維護將微生物與人交織在一塊的綿密生命網絡。但造訪該島的外地人彼此交談時，都流露出一股憤慨，憤慨於他們行經之公路所遭到的掠奪。循著那些公路穿過始終翠綠的森林，原是賞心樂事，公路沿線原本長著賓州楊梅和香蕨木、榿木和黑果木。如今只見枯黃，一片荒涼。有位保育人士寫到八月赴緬因州該島之事：

> 我重遊此地……對緬因州路邊景觀遭蓄意傷害感到很憤怒。過去，那裡的公路兩旁長著野花和

迷人的灌木，如今一英里又一英里過去，淨是一片片死去的植物……那些景致曾贏來觀光客的口碑，從經濟的角度看，緬因州哪禁得起失去那些口碑的損失？

緬因州的路邊景觀只是一例，卻是令深愛該州美景的我們特別難過的一例，那具體而微地說明了，國內各地正在以控制路邊灌木為名，進行愚蠢的破壞。

植物學家在康乃狄克學院植物園（Connecticut Arboretum）宣布，消除美麗的原生灌木、野花一事，已到了引發「路邊景觀危機」的程度。杜鵑花、山月桂、藍莓、黑果木、莢蒾、多花狗木、賓州楊梅、香蕨木、矮唐棣、美洲冬青、北美沙果灌木、野李樹，在化學物的猛烈攻擊下奄奄一息。曾為大地增添光采與美感的雛菊、多毛金光菊、野胡蘿蔔、秋麒麟、秋紫苑亦然。

噴灑化學藥劑不只事前規畫不周，還不時出現下面這類濫用藥劑的情事。在新英格蘭地區南部某城鎮，有個承包商完成承包工程後還有化學藥劑未用完，索性把藥劑沿著未獲噴灑授權的路邊林木一路排放掉。這個城鎮因此失去秋天時一路藍色、金黃的美景，也失去紫苑、秋麒麟展現風姿的勝景，這些景觀原本都很值得遠道前去觀賞。在新英格蘭地區另一城鎮，有個承包商在公路部門不知情的情況下，擅自更改該州城鎮噴灑化學藥劑的規定，對路邊草木噴灑時，噴灑高度達到距地八英尺[1]，而非規定的最高四英尺，因此留下又長又寬的一大片面目全非的枯黃地帶。在麻塞諸塞州某城鎮，官員從一位熱情推銷的化學物業務員那兒買了一款除草劑，不知道除草劑有砷的成分，然後派人用此劑噴灑路邊綠化帶，導致十二頭乳牛死於砷中毒。

一九五七年，沃特福德鎮（Waterford）以化學除草劑噴灑路邊植物，重創康乃狄克學院植物園自然區裡的樹木。就連未遭直接噴灑的大樹都未能倖免。儘管時值春天生長季，橡樹葉卻開始捲曲枯黃。然後，新芽開始發出，以異常快的速度生長，使這些樹呈現枝葉垂生的外觀。兩季後，這些樹的大枝已死，其他樹枝則沒有葉子，整棵樹變形、垂枝化（weeping effect）的效應未消。

有一段路我很熟悉，大自然本身的造景作用，在那段路的沿途打造了由榿木、莢蒾、香蕨木、刺柏構成的景觀，隨著季節的不同，有不同的鮮豔花朵粉墨登場，秋天時還會垂下珍珠般成簇的果實。那條路來往車輛不多，會擋到駕駛人急轉彎口或交叉路口時視線的灌木也不多。但化學藥劑噴灑器以老大姿態堂皇登場，使得那段路一連數英里，成為得迅速通過的路段，我們只能乖乖忍受那景象，告訴自己不要想起我們的世界正被技術員打造得死氣沉沉且醜陋。官方的權威再再受到動搖，但是出於令人想不通的疏忽，這個講究嚴格管控的世界出現了漏網之魚——幾座美麗的綠洲僥倖逃脫。這些綠洲使得這條路大半遭蓄意傷害一事，更讓人無法忍受。在這些綠洲，我的心情因為看到飄飛著的白三葉草花朵，或成群的紫大巢菜，還有到處綻放的費城百合的火紅花朵，而為之大好。

只有那些以販售、施用化學物為業的人，才認為這些植物是「雜草」。雜草控制大會如今頻頻召開。而在某場這類會議的某卷《會議錄》中，我讀到一段很特別的話，陳述除草劑的哲學理念。該作者替殺害好植物一事辯護，說那「純粹是因為它們與壞植物為伍」。他說，那些抱怨路邊野花遭殺害的人，讓他想起反對活體解剖的人，他斥：「對反對活體解剖的人來說，如果用他們的作為來評斷，一條流浪狗的性命比諸多小孩的性命還要神聖。」

在此文的作者眼中，我們之中許多人肯定是可疑之徒，肯定具有某種嚴重反常性格，因為我們喜愛看到紫大巢菜、白三葉草、費城百合秀氣、短暫的美麗，更甚於看到如同被大火燒過般的路邊景觀、枯黃脆硬的灌木、原本昂首如蕾絲織片現在卻枯萎低垂的歐洲蕨。我們似乎是軟弱、可憐的人，才會容忍那些「雜草」[2]叢生的景象，才無法從根除它們中得到喜悅，才無法為人再度凌駕「卑劣」的大自然一事滿心狂喜。

法官道格拉斯講到他參加了一場聯邦外勤人員會議，會中他們討論了對山艾噴灑化學藥劑（見本章八十八頁）結果導致公民抗議一事。有個老太太以此計畫會殺死野花為由，反對該計畫，這些人認為她的主張太可笑。這位仁慈且有見識的法官問道：

她想要找到一株串葉松香草，或一株捲丹的權利，不是和牧場主想要找到青草的權利，或伐木工要求擁有樹的權利一樣不可剝奪？具有美學價值的荒野，就和我們山丘上的銅礦脈、金礦脈和高山上的森林一樣，都是我們承繼的遺產。

1 噴灑高度愈高，愈難控制除莠劑的噴灑準確度，可能會噴到雜草以外的植物。
2 瑞秋・卡森這裡是在自嘲，說自己亟欲保護的植物，卻是熱愛施用化學物之人口中的「雜草」。

自然植被保存與野生昆蟲保育息息相關

保存我們的路邊植被當然不只是出於審美考量。在大自然的經濟學中，自然植被有非常重要的一席之地。鄉間道路沿線和田野周邊的灌木樹籬，為鳥兒提供食物、掩護和築巢區，為許多小動物提供棲身之地。光是在東部諸州約七十種路邊常見的灌木和藤本植物中，就有約六十五種是野生動物的食物來源，這些植物對野生動物很重要。

這類植物也是野蜂等授粉昆蟲的棲地。人類倚賴這些野生授粉昆蟲的程度，超乎我們一般的理解。就連農民本人都很少了解野蜂的價值，所以農民往往會參與一些會使得自己失去蜜蜂服務的化學物施用措施。有些農作物和許多野生植物部分或全部倚賴原生授粉昆蟲的服務。數百種野蜂會參與非野生作物的授粉活動——光是苜蓿的花就有一百種野蜂造訪。沒有昆蟲授粉，非耕種區的固定土壤植物和使土壤肥沃的植物大部分會滅絕，從而對整個地區的生態帶來深遠影響。森林和放牧地的許多草本植物、灌木和樹木，靠原生昆蟲來繁殖；沒有這些植物，許多野生動物和牧場牲畜只能找到少許食物填肚子。如今，利用清耕法（clean cultivation）和以化學物質消滅灌木樹籬與雜草之舉，正在消除這些授粉昆蟲的最後庇護所，正在打斷將不同生物繫在一塊的線。

這些昆蟲對我們的農業，甚至我們熟悉的景觀如此重要，我們理當更加善待，而非愚蠢地破壞牠們的棲地。蜜蜂和野蜂非常倚賴秋麒麟、芥菜、蒲公英之類的「雜草」來取得花粉，藉以餵食幼蟲。苜蓿開花之前，巢菜為蜜蜂提供不可或缺的春季食物，使牠們得以度過早春，以便來日為苜蓿授粉。秋天時，牠們沒其他食物可取得，就要倚賴秋麒麟來儲存過冬食物。透過大自然本身嚴謹、巧妙的時間拿捏，某種野蜂的出現時間，就剛剛好會在楊柳開始開花那一天。社會上不乏了解這些事的人，但那些下令用化學藥劑大規模浸透大地的人卻不了解。

那些照理應該了解保存適切的棲地攸關野生動物之保存的人在哪裡？你會發現有太多這樣的人在替除草劑辯護，說它們對野生動物「無害」，因為它們被認為沒有殺蟲劑那麼毒。因此，據說除草劑沒有造成環境傷害。但除草劑如雨般落在森林和原野上，落在沼澤和放牧地上，會顯著改變野生動物棲地，甚至永久破壞牠們的棲地。長遠來看，摧毀野生動物的家園和食物，或許比直接殺掉牠們還要惡劣。

選擇性噴灑藥劑法：一舉兩得的最佳整治方法

用化學物不遺餘力攻擊路邊植被、鐵公路用地，和輸電線用地一事，有兩點讓人倍感諷刺。它沒有如願導正原先欲導正的問題，反倒使那問題繼續存在，因為，就如經驗所清楚表明的，全面性噴灑除草劑其實並沒有永久控制路邊「灌木」，而且必須年復一年一再噴灑。另一個讓人覺得諷刺之處，是我們明知有種十足可靠的選擇性噴灑辦法，可以達成長遠的植物控制，並使大部分種類的植物免遭一再噴灑，但我們卻還是繼續使用會波及無辜的全面性噴灑辦法。

控制公路沿線、鐵公路或輸電線用地沿線的灌木，目的不是除光該地所有植物、只留青草，而應是清除掉高度足以擋住駕駛人視線，或會干擾輸電線用地之電線的植物。大體來講，這意味著凡是樹都在掃除之列。大部分的灌木較低矮，所以不致構成危險；蕨類和野花當然也不會。

選擇性噴灑法是法蘭克・艾格勒（Frank Egler）博士發想出來的，當時他正擔任美國自然史博物館「鐵公路或輸電線用地灌木控制方法建議委員會」的主委。這一做法善用大自然本身擁有的穩定性，並建立在大部分灌木群落足以抵抗樹木入侵這個事實上。相對灌木群落，草地很容易遭樹苗入侵。選擇性噴灑的目的，不是讓路邊植被、鐵公路和輸電線用地變成草地，而是直接去除高大的木本植物，並保住其他各種植物。一次投藥整治可能就足夠，接下來可能對極頑強的樹種再進一步的噴灑；然後，灌木就能穩穩稱雄，樹木不會再生長。**最有效且最低成本的植物控制手段，不是使用化學物，而是利用其他植物來對抗灌木。**

這個方法已在美國東部幾個研究區測試過，結果顯示只要整治得當，施行過選擇性噴灑法的區域就會穩定下來，**至少二十年不需要再噴灑藥劑**。噴灑往往可由人徒步執行，執行者使用背包式噴灑器，能完全控制噴灑量和噴灑區。有時壓縮泵和藥劑也可裝在卡車底盤，但卡車不會不分青紅皂白地全面噴灑藥劑，只會針對樹木，和長得特別高所以必須去除的灌木。透過選擇性噴灑法，環境的整體性因此得到保存，野生動物棲地的龐大價值完好無損，灌木、蕨類、野花造就的美景不會被犧牲掉。

以選擇性噴灑管理植物的辦法，如今已到處有人採行。但大體上來講，積習難改，不分青紅皂白的全面性噴灑仍大行其道，不只每年花掉許多納稅人的錢，還傷害環環相扣的生態網。這種噴灑方式大行其道，無疑只因為納稅人還不清楚狀況。當納稅人知道城鎮道路噴灑作業的費用應二十年撥一次，而非每年撥一次，肯定會起身要求改絃易轍。

選擇性噴灑的好處之一，是可以把投放到大地的化學物數量降到最低。不大面積噴灑藥劑，而是針對樹的基部集中噴灑。對野生動物的潛在傷害，因此壓在最低。

致命誘惑：吸引動物攝食的有毒植株

使用最廣的除草劑是 2,4-D、2,4,5-T[3] 和相關的化合物。這些除草劑到底有沒有毒，還沒有定論。用 2,4-D 噴灑自家草坪且沾了噴劑的人，偶爾會出現嚴重神經炎，乃至癱瘓。這類情事似乎不常發生，但醫學當局建議使用這類化合物時小心謹慎。使用 2,4-D 也可能招來其他較不易察覺的危險。實驗室研究已表明，它會擾亂基本的細胞呼吸作用，導致類似照射 X 光對染色體帶來的傷害。晚近的研究指出這幾種和其他某些除草劑，在不足以致死的極低濃度下，可能傷害鳥的生殖能力。

3 2,4,5-T（2,4,5-Trichlorophenoxyacetic acid），中文名稱是「2,4,5- 三氯苯氧乙酸」，白色無臭晶體，可用作植物的生長調節劑、除草劑。

除了直接的毒害效應，還有一些奇怪的間接後果伴隨某些除草劑的使用發生。已有人發現，動物（包括野生草食動物和家畜）有時會異常地被某種噴灑過除草劑的植物吸引，但那種植物不在牠們的天然食物之列。如果噴灑的是高毒性的除草劑，比如砷，這個欲接觸枯萎植物的強烈念頭肯定會帶來嚴重後果。如果這個植物本身正好有毒，或者剛好有刺或刺果，毒性較低的除草劑也可能帶來致命後果。例如牲畜會突然對噴灑過除草劑、有毒的牧場雜草感興趣，然後牠們把這違反常理的食物大快朵頤後一命嗚呼。獸醫學文獻裡充斥許多類似的案例：吃了噴灑過除草劑的蒼耳然後生了重病的豬；吃了噴灑過除草劑的薊的小羊；飛到芥菜花上採花粉然後中毒的蜂（因為芥菜開花後被人灑了除草劑）；葉子被人噴灑過 2,4-D 後，含有劇毒的歐洲甜櫻桃對牛隻產生致命的吸引力。因為噴藥（或修剪）後而枯萎的植物，似乎對動物具有吸引力。豬草（ragwort）則是另一個例子，牲畜平常不碰這種植物，只有在晚冬和早春找不到其他草料時，才勉為其難拿它當食物。但這種植物的葉子在噴灑過 2,4-D 後，牲畜卻突然熱中於拿它填飽肚子。

造成這一奇怪行為的原因，有時似乎是因為除草劑會改變植物本身的代謝作用。糖的成分一時顯著增加，使許多動物對該植物較感興趣。

2,4-D 的另一個奇特效應會對牲畜、野生動物產生重要影響，對人似乎亦然。約十年前所做的實驗顯示，用這種化學物整治作物後，玉米和甜菜的硝酸鹽成分會暴增。在高粱、向日葵、紫露草、藜、莧、蕁麻上，據說也出現同樣效應。其中某些植物平常不受牛隻青睞，但噴灑過 2,4-D 後，牛吃得津津有味。據某些農業專家的說法，有些牛隻的死亡案例經過追查後，發現原因出在噴灑過化學藥劑的雜草。造成危險的原因是硝酸鹽成分增加，因為反芻動物獨特的生理機會立即使這個情況成為嚴重的麻煩。大部分反芻動物具有特別複雜的消化系統，包括分割成四個腔室的胃。纖維素的消化是透過其中某個腔室裡的微生物（瘤胃菌）的活動完成。反芻動物攝食含有異常高濃度硝酸鹽的植物時，瘤胃裡的微生物會把硝酸鹽改造為高毒性的硝酸鹽。然後是致命的一連串活動：硝酸鹽會使血色素形成一種深褐色的物質，氧被牢牢固著於該物質裡，無法參與呼吸作用，於是氧沒辦法從肺轉移到組織。由於缺氧，動物在幾小時內就會死亡。牲畜啃食了噴灑過2,4-D的某些種雜草後死亡的數起案例，因此有了合理的解釋。野生反芻動物例如鹿、羚羊、綿羊、山羊，也面臨同樣的危險。

雖然有幾種因素（例如格外乾燥的天氣）會造成植物的硝酸鹽成分上升，但銷售和施用2,4-D劇增帶來的影響不容忽視。威斯康辛大學農業實驗站認為情況很嚴峻，他們不得不於一九五七年警告，「遭2,4-D殺死的植物可能含有大量硝酸鹽」。人類和動物都可能遭遇這危險，而且這危險或許有助於解釋晚近喪命於圓筒倉[4]裡的事例離奇變多的現象：含有大量硝酸鹽的玉米、燕麥或高粱放進圓筒倉裡貯存時，會釋放出有毒的一氧化氮氣體，凡是進入圓筒倉的人都有喪命的危險。只要吸進幾口這種氣體，就能導致瀰漫性化學肺炎。明尼蘇達大學醫學院研究過的一連串這類案例，只有一例保住性命，其餘都以死亡收場。

4 圓筒倉（silo）是用來存放散裝糧食的設施，在農業上多用來貯存穀物或飼料。

雜草：遭到汙名化的天然植物群落

「我們再次如同瓷器擺設櫃裡的大象瓷器，在大自然裡行走。」見識不凡的荷蘭科學家布里耶爾（C. J. Briejèr），以這句話總結我們使用除草劑一事。「在我看來，太多事被視為理所當然，而沒有得到應有的深入研究。我們不知道與作物一同生長的雜草是否都有害？或其實其中有些雜草是有益的？」布里耶爾博士說。

雜草與土壤間有何關係？這個問題鮮少有人問起。或許，即使從我們狹隘的切身私利角度看，雜草與土壤的關係都是有益的。如同前面已提過的，土壤和生活其中、其上的生物，以互賴、互利的關係存在。雜草很可能從土壤拿取了東西，說不定也貢獻了東西給土壤。晚近，荷蘭某市的公園就提供了一個實例，那裡的玫瑰長得很不好，土壤樣本顯示土壤裡有大量微小的線蟲。荷蘭植物保護局的科學家沒有建議噴灑化學物或整治土壤，反倒建議將萬壽菊與玫瑰混種。這種植物如果長在玫瑰花壇裡，肯定被純粹派視為雜草，但它會從根部釋放出某種分泌物，能殺死土裡的線蟲。這一建議得到採納；有些玫瑰花壇裡種了萬壽菊；有些則沒種，作為對照組。結果令人驚豔。有了萬壽菊的協助，玫瑰長得很漂亮；對照組花壇裡，玫瑰則一身病態、萎垂。如今，許多地方用萬壽菊打擊線蟲。

我們無情根除的其他植物，可能正以同樣的方式，而且說不定是以我們所不知的方式，發揮維持土壤健康所不可或缺的功能。天然植物群落（如今被普遍汙名化為「雜草」）有個很有益的功能，那就是充當土壤健康狀況的指標。當人們施以化學除草劑，這一有益的功能當然消失無蹤。

那些用噴灑化學物解決所有問題的人，也忽略了一個極重要的問題——人類需要保存某些天然植物群落。我們需要雜草作為衡量標準，測量人類活動造成的自然改變。我們需要雜草作為野生棲地，讓原生的昆蟲居群和其他有機體居群能得到守護，因為一如第十六章（三一三頁）會解釋的，對殺蟲劑產生抗藥性一事正改變昆蟲的遺傳因子，且可能也改變了其他有機體的遺傳因子。

有位科學家甚至建議設立某種「動物園」，好在昆蟲、蟎之類動物的遺傳組成被進一步改變之前保存下牠們。有些專家示警道，由於除草劑使用日增，自然界會發生不易察覺但範圍廣闊的植物轉移。化學物 2,4-D 殺死闊葉植物後，會使得禾本科植物得以在較少競爭的情況下蓬勃生長——但如今有些禾本科植物本身已成為「雜草」，帶來控制上的新難題，引發另一輪的循環。這一奇怪的情況在晚近某期專門探討作物問題的刊物中得到承認：

> 為了控制闊葉雜草而全面使用 2,4-D，使得（特別是）禾本科雜草對玉米田和大豆田的威脅日益嚴重。

雜草防治：應採用自然防治法而非化學防治法

◆豬草防治

豬草——造成枯草熱的凶手，為人類控制大自然卻有時遭到反噬一事，提供了有趣的例子。為了控制豬草，人們在公路沿線施放數千加侖的化學藥劑。但令人遺憾的，不分青紅皂白的噴灑反倒使豬草變多而非變少。豬草是一年生植物；它的幼苗每年都需要在沒有被其他植物占據的土壤上生根立足。因此，防治這種植物的最佳辦法，就是維持濃密的灌木、蕨類和其他多年生植物。頻頻噴灑化學藥劑，會毀掉這些防護性植被，創造出荒蕪、沒有被占據的地區，讓豬草得以迅速進占。此外，大氣中的花粉含量很可能與路邊豬草無關，而與城市空地和休耕地的豬草有關。

◆馬唐草防治

專除馬唐草（crabgrass）的化學除草劑大賣一事，同樣讓人見識到不周全的整治辦法多麼容易就大行其道。比起年復一年使用化學物來剷除馬唐草，還有其他成本更低、更有效的辦法，那就是使馬唐草陷入某種一定會讓它喪命的生存競爭中，使它與其他禾本科植物競爭。馬唐草只存在於不健康的草坪裡。它是疾病的徵兆，而非疾病本身。藉由提供沃土，藉由讓我們中意的禾本科植物一開始就占據有利位置，來打造出讓馬唐草無法生長的環境並非不可能，因為馬唐草需要沒有被其他植物占據的地方，以便年復一年從種子開始一生。

郊區居民沒有著手根治，反倒聽信苗木培養工的意見（苗木培養工則採納化學品製造商的建議），每年繼續將數量驚人的馬唐草滅除劑噴灑在自家草坪上。這些調製劑掛著品牌名稱在市面販售，但有許多產品未交代它們本身的特性，即產品裡面含有汞、砷、氯丹之類毒物。按照廠商建議的比例施用，會在草坪上留下大量化學物。例如，某種產品的使用者如果遵照使用說明噴灑，會把六十磅的工業級氯丹撒在土地上。如果使用另一種上市產品，會把一百七十五磅的金屬砷撒在土地上。如同第八章（一五三頁）會看到，鳥屍之多令人憂心。這些草坪對人類的致命程度還不清楚。

選擇性噴灑法用在路邊植物、鐵公路或輸電線用地的植物上成效卓著，不由得讓人對發展出同樣健全的生態學防治方法生起希望，我們能在農場、森林、牧場利用這種生態學防治方法，來對其他植物執行控制計畫。這些生態學防治方法的目標是把植物當成活群落來管理，而非消滅某特定物種。

其他重大的防治成就讓人了解到我們的防治措施能做得多成功。生物性控制法已在抑制人類不想要的植物上，取得極了不起的成就。大自然曾經碰上許多如今困擾著我們的問題，她通常用自己有效的辦法予以解決。人類若能看出大自然的做法並效仿她，往往能如願解決問題。

◆克拉馬思草防治

在處理加州克拉馬思草（Klamath-weed）的問題時，這個案例在雜草控制領域立下一個傑出的榜樣。克拉馬思草又稱山羊草（goatweed），是歐洲的原生植物（當地稱作聖約翰草／St John's wort），在美國隨著人類的西遷往西傳播。一七九三年它首度出現於美國，地點是賓州附近的蘭開斯特（Lancaster）。到了一九〇〇年，它已抵達加州的克拉馬拉思河附近，因此被當地人取名克拉馬思草。一九二九年它已占據約十萬英畝的放牧地，到了一九五二年，它入侵的範圍已廣達約兩百五十萬英畝。

克拉馬思草與山艾之類美國原生植物大不相同的，在該地區的生態裡未占一席之地，沒有哪種動物或其他植物需要它。更糟的是，只要有它出現的地方，就會有牲畜因為吃了這個有毒植物而「長疥癬、長口瘡、瘦弱」。土地價值隨之下跌，因為克拉馬思草被認為保有對土地的第一抵押權。

在歐洲，克拉馬思草（即聖約翰草）從來沒有構成困擾，因為那裡有多種昆蟲和克拉馬思草一起演化出來；這些昆蟲到處啃食它，使它猖獗不起來。尤其是法國南部的兩種帶金屬般顏色、豌豆大小的甲蟲，整個生活非常適應這種雜草的存在，只以它為食，且只在它身上繁殖。

一九四四年第一批這兩種甲蟲被運到美國一事，是極富歷史意義的大事，因為那是北美洲境內第一次嘗試用以植物為食的昆蟲控制植物。到了一九四八年，兩種甲蟲都已牢牢立足，不需再從歐洲進口。人類從甲蟲的原始集群收集甲蟲，然後以一年數百萬隻的速率重新分散出去，達成擴散甲蟲的目標。在範圍較小的區域裡，這些甲蟲會自行四處擴散，如果克拉馬思草死了，牠們就轉往他地，並能精準地找到新的克拉馬思草叢。隨著甲蟲削減了克拉馬思草的數量，人們中意但遭克拉馬思草擠走的放牧地植物得以返回故土。

一九五九年完成的一項十年調查顯示，對克拉馬思草的控制「成效之大，連熱心推動此事者都大感意外」，這種雜草的數量減少到只剩過去猖獗時的百分之一。如此少量的存在不但無害，而且還有必要，因為這樣才能維繫住甲蟲居群，以防這種雜草日後坐大。

◆仙人掌防治

另一個特別成功且符合經濟效益的雜草控制例子，或許可在澳洲找到。當年開拓殖民地者通常喜歡帶植物或動物進入新地域，船長亞瑟・菲利浦[5]也不例外，他在約一八七八年帶了數種仙人掌進入澳洲，打算用來培育胭脂蟲，再用胭脂蟲製作染料。有些仙人掌（即仙人果）逃離他的

5 亞瑟・菲利浦（Arthur Phillip,1738 – 1814），英國海軍上將。一七八八年一月銜命前往目前的澳洲新南威爾斯省建立罪犯流放地，並在雪梨殖民，成為新南威爾斯省的第一任總督。

園圃，一九二五年時已可找到約二十種在野地生長。它們在新地盤裡沒有天敵壓制，大量擴散，最後占據了約六千萬英畝的地。其中至少一半的地，因仙人掌分布得太稠密，變成無用之地。

一九二〇年，澳洲昆蟲學家被派去南北美洲，調查仙人果在原生棲地的昆蟲天敵。試用幾種昆蟲後，一九三〇年澳洲釋放了三十億顆某種阿根廷蛾的卵。七年後，最後一塊稠密的仙人掌生長區遭剷除，一度不適居住的區域重新開放定居和放牧。整個作業的成本，每英畝不到一分錢。相對的，更早幾年人類曾經嘗試以化學物控制仙人掌，但成果不如人意，且每英畝花掉了約十英鎊。

這兩個例子表明，**人類如果能把更多心思放在以植物為食的昆蟲能發揮的作用上，或許能極有效地控制多種雜草**。牧場管理學大大忽視了這一可能性，但這些昆蟲卻說不定是最厲害的食草者，人類可以輕易利用牠們高度挑食的習性，造福自己。

Needless Havoc

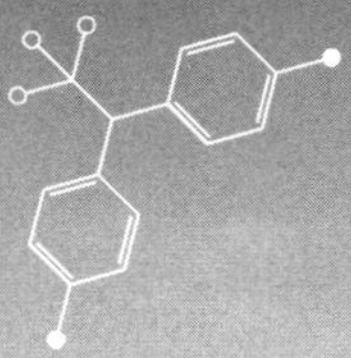

第 7 章

無謂的破壞

化學除蟲根本沒必要！

草地鷚瀕臨死亡，
牠的肌肉失去協調，飛不起來也站不起來，
但側躺著時仍拍打著翅膀，
吃力地呼吸著。
身為人類，
默許這種會讓動物承受如此龐大折磨的行徑，能不汗顏？

誰在說謊？野生動物生物學家還是昆蟲控制機關？

人類宣布要征服大自然，並朝著這個目標邁進，寫下一頁令人沮喪的破壞紀錄，破壞的矛頭不只指向人類棲居的土地，還指向與其共住一地的生物。晚近幾百年的歷史有著不光彩的紀錄——屠殺西部平原上的水牛、營利性獵人大舉射殺濱鳥、為取得白鷺羽毛將白鷺撲殺殆盡。如今，在這些紀錄和其他類似紀錄之外，我們還正在增添新的一章（新的破壞）——不分青紅皂白地將化學殺蟲劑噴灑在土地上，直接殺掉鳥、哺乳動物、魚，甚至幾乎每種野生動物。

現今似乎有套哲學在為我們的未來命運帶路，在這套哲學的指導下，拿著殺蟲劑噴槍者肯定所向披靡，無人能擋。在他掃滅昆蟲的戰役中倒下的無辜亡魂，不被當一回事；如果知更鳥、雉雞、浣熊、貓，甚至牲畜正好與他要撲殺的昆蟲棲息在同一塊土地上，因而被如雨般落下的殺蟲劑打中，肯定沒人會抗議。

想要為損失野生動物一事做出持平論斷的人，如今面臨兩難。一方面，保育人士和許多野生動物生物學家信誓旦旦地說，損失野生動物的情況很嚴重，在某些例子裡，情況甚至更慘重；另一方面，昆蟲控制機關卻常常直接且斷然地否認野生動物有遭受如此嚴重的損失，或者說即使真的有這回事，那也無關緊要。我們該接受哪種觀點？

證人的可信度最重要。親臨現場的職業野生動物生物學家，無疑最有資格發掘、解讀野生動物的損失情況。專精昆蟲學的昆蟲學家，沒那麼有資格解讀損失情況，而且從心理上來說，他也不想探尋自己執行的控制計畫所導致的不討喜副作用。但堅決否認生物學家報告之實情的人，正是州政府、聯邦政府底下的昆蟲控制人員，當然還有化學物製造商，他們宣稱沒看到多少有關野生動物受害的證據。一如聖經故事裡的祭司和利未人，他們選擇從旁經過，視而不見眼前發生的事。即使我們好意將他們的否認，解釋為專家和利害關係者的短視所致，也不表示我們必須承認他們是合格的證人。

要拿定自己對此事的看法，最佳的做法是檢視某些大型控制計畫，並從熟悉野生動物習性且不偏頗化學物的觀察家那兒，了解從天上往野生動物世界噴灑毒物後所發生的事。對賞鳥人士、喜愛觀賞自家庭園中鳥兒的郊區居民、獵人、漁民或原始自然地區的探險者來說，凡是會滅掉一個區域內野生動物的東西，即使只讓野生動物絕跡一年，都剝奪了他合法的享樂權利。這些人的觀點站得住腳。即使有些鳥、哺乳動物、魚能在噴灑一次毒物後重新立足——有時的確如此——但終究已造成嚴重且真實的傷害。

但重新立足這種事不大可能發生。化學物往往會重複噴灑，野生動物居群接觸化學物一次之後或許有機會恢復原貌，但只噴灑一次毒物的機率根本微乎其微。結果通常是造就出受汙染的環境、形成致命的陷阱，而且身陷其中的生物不只包括原本就存在的居群，還有從他地移入的居群。噴灑的區域愈大，傷害愈嚴重，因為安全的綠洲蕩然無存。如今，在以昆蟲控制計畫為特色，以數千英畝、甚至數百萬英畝為單位來噴灑化學物的十年裡，在私人噴灑行為和城鎮整體噴灑情事穩定增加的十年裡，美國環境破壞和野生動物死亡的現象有增無減。以下，我們就來看看幾個昆蟲防治計畫，看看現實中已出現了哪些情況。

日本麗金龜消滅計畫：致命且駭人

◆密西根州的日本麗金龜消滅計畫

一九五九年秋天，大量顆粒狀的阿特靈（最危險的氯化烴之一），從空中向密西根州東南部撒下，噴灑範圍包括底特律市的多個郊區市鎮，覆蓋面積約兩萬七千英畝。這一計畫由密西根州農業局執行，美國聯邦政府農業部為協力單位；主事者宣布他們的目的是要控制日本麗金龜。

我實在看不出任何實行如此斷然且危險之舉措的必要。沃爾特．尼克爾（Walter P. Nickell）是密西根州最知名且最了解情況的自然學家，他花了許多時間關注這領域，每年夏天都在密西根州南部待上很長一段時間。他宣布：

三十多年來，就我的親身了解，日本麗金龜在底特律市的數量一直不多。在這整個期間，數量也沒有明顯的增加。除了（一九五九年）政府在底特律設下的陷阱中捕捉到的幾隻，我從來沒有看到其他的日本麗金龜……政府把每個資料都當做機密、不向外透露，因此我還未能取得表明牠們已變多的任何資料。

州政府機關發布的官方消息中，只宣布這種甲蟲已在指定要針對牠展開空中攻擊的區域「現蹤」。這項計畫雖然缺乏正當的理由，卻還是展開了，由州政府提供人力和督導作業，聯邦政府提供設備和增援人力，地方城鎮出錢購買殺蟲劑。

日本麗金龜是無意間被引進美國的，一九一六年在紐澤西州被人發現。當時里佛頓（Riverton）附近的一處苗圃出現一些帶有光澤的金屬綠色甲蟲時，還沒有人認出這是何種昆蟲，後來鑑定出這種甲蟲棲息於日本幾座主島上，似乎是一九一二年限制苗木進口前，跟著進口的苗木一起進入美國。

日本麗金龜從最初的進入地點往外擴散，如今分布範圍已廣及密西西比河以東的許多州，那些州的氣溫和降雨條件很適合此種昆蟲棲居。通常，它每年都會從既有的分布範圍向外遷移。日本麗金龜最早安居落戶在美國東部區域，有人嘗試過以天然控制法對付，讓日本麗金龜的數量被壓在相對較低的水平，有許多紀錄可茲證明。

明明東部諸州在控制上已有差強人意的成效，但如今位在日本麗金龜分布範圍邊陲的中西部諸州，卻如臨大敵一般，以對付最致命敵人的規格，大陣仗對付只帶來輕度破壞的昆蟲，並用讓許多人、家畜和所有野生動物都會受波及的噴灑方式，將最危險的化學物用在這種甲蟲上。於是，**這些日本麗金龜控制計畫使動物受到令人驚駭的摧殘，也使人陷入無所遁逃的險境。**為了控制甲蟲，化學物如雨般落在密西根州、肯塔基州、愛荷華州、印第安那州、伊利諾州、密蘇里州的局部地區。

密西根的噴灑作業是從空中大規模攻擊日本麗金龜的最早期行動之一。**選擇使用阿特靈這種毒性極強的化學物，不是因為它特別適合用來控制日本麗金龜，而是單純為了省錢，阿特靈是市面上最便宜的化合物。**該州發布的官方新聞稿承認阿特靈是「毒物」，卻暗示在人口稠密地區施用該化學物不會傷害到人（有人問：「我該有什麼防護措施？」官方答以：「對你來說，什麼都不用。」）。後來，當地報紙引用了聯邦航空署某官員的話，說「這項作業很安全」，底特律公園與遊憩局的代表則加上他的保證，說：「殺蟲藥粉對人無害，不會傷害植物或寵物。」可想而知，這些官員都未查閱過美國公共衛生局、魚類與野生動物局所發布且不難取得的報告，也未查過證明阿特靈具極強毒性的其他資料。

密西根州害蟲控制法讓該州政府可以在未知會個別地主，或未取得地主的許可下，肆意地噴灑化學物，於是，根據此法，低飛的飛機開始飛臨底特律區域上空。該市當局和聯邦航空署立即接到無數不放心的市民來電關切。據底特律《新聞報》（News）的報導，警方在僅僅一小時裡就接到將近八百通來電之後，懇請電台、電視台、報紙「告訴觀眾他們看到的是什麼東西，告訴他們那很安全」。聯邦航空署的安全事務官員向民眾保證，「這些飛機受到嚴密監督」，「獲准低飛」。為了平息恐懼，他還說這些飛機有緊急閥，可以瞬間將所載的藥粉全部倒掉，但這一說反倒更增恐慌。所幸這種事未發生，但隨著飛機開始作業，顆粒狀的殺蟲劑既落在甲蟲身上，也落在人身上，「無害」的毒物如雨般大量落在購物或上班的人們身上，和從學校回家吃午餐的孩童身上。家庭主婦掃掉門廊和人行道上「看似雪」的藥粉。如同後來密西根奧杜邦學會指出的：

阿特靈和黏土構成的白色小顆粒只有針頭般大，數百萬顆顆粒落腳在屋頂木瓦之間、簷槽裡、樹皮與細枝上的裂縫裡……下雪和下雨時，每個水坑都成為可能致死的藥水。

噴灑藥粉幾天後，底特律奧杜邦學會就開始接到來電，內容與鳥有關。據該學會祕書安・博伊斯太太（Ann Boyes）所述：

星期天早上某位女士打來一通電話，首度表明人們開始不放心這種藥劑。她說她從教堂回到家，看到已死和垂死的鳥，數量驚人。該地的噴灑作業已於週四執行。她說那個區域沒有鳥在空中飛，她在自家後院找到至少十二具（鳥屍），鄰居則找到死掉的松鼠。

博伊斯太太那一天接到的其他來電，都說：「有許多鳥屍，沒有看到活的……」設了鳥類餵食架的人也說完全沒有鳥光臨他們的餵食架。被人撿起的垂死鳥兒露出殺蟲劑中毒的典型症狀——顫抖、飛不起來、癱瘓、抽搐。

立即受害的生物不只鳥。當地一名獸醫說，他的診所擠滿帶著突然生病的貓狗前來就診的客人。會細心梳理自己皮毛和舔自己爪子的貓，似乎受害最嚴重。牠們的症狀是嚴重腹瀉、嘔吐、抽搐。獸醫能給客人的建議，就只是如果非必要，請勿讓寵物外出，或者如果外出，要立即清洗爪子（但是氯化烴是清洗不掉的，即使附在水果或蔬菜上也是如此，因此這一做法的保護作用不大）。

市郡衛生專員咬定鳥兒死於「某種其他的藥物噴灑」，堅稱接觸阿特靈後出現的喉嚨、胸部疼痛肯定是「其他東西」所致，但當地衛生局還是不斷接到民眾抱怨。底特律一著名的內科醫師接到四名病患，四人都是在觀看飛機作業而接觸殺蟲劑後，不到一小時就醫。四人都有類似症狀：作嘔、嘔吐、發冷、發燒、極度疲勞、咳嗽。

隨著要求用化學物對付日本麗金龜的壓力升高，其他許多城鎮也出現底特律發生的情事。在伊利諾州的布盧島（Blue Island），人們拾起數百隻已死和垂死的鳥。在此島上從事鳥類繫放作業者所蒐集的資料表明，八成的鳴禽受害。一九五九年，伊利諾州的喬利埃特（Joliet）有約三千英畝地被噴灑七氯。據當地某個漁獵人士俱樂部的報告，在噴灑過七氯的區域裡，鳥被「撲殺殆盡」。島上也發現許多兔子、麝鼠、負鼠、魚的屍體，當地某校把收集被殺蟲劑毒害的鳥列為學生的科學專題。

◆伊利諾州的日本麗金龜消滅計畫

為了打造無甲蟲世界而受害最深的村鎮，或許非伊利諾州東部易洛魁郡（Iroquois County）的謝爾登（Sheldon）和其相鄰區域莫屬。一九五四年，美國農業部與伊利諾州農業局開始一項計畫，要循著日本麗金龜侵入伊利諾州的路線一路消滅該甲蟲，並表示希望（甚至保證）這一密集噴灑作業能摧毀入侵伊利諾州的日本麗金龜居群。第一次的「消滅」作業於一九五四年展開，從空中向一千四百英畝地噴灑了地特靈。一九五五年，另外兩千六百英畝地受到類似的整治，主事者大概認為整個計畫就此完成。結果後來又一再有人要求以化學物整治甲蟲，到了一九六一年已有約十三萬一千英畝地噴灑了殺蟲劑。執行此計畫的頭幾年，伊利諾州似乎就出現野生動物、家畜大量死亡的情形。但化學物整治行動仍沒有停止，且整治行動沒有向美國聯邦政府魚類與野生動物局、伊利諾州野生動物管理科徵詢意見（但聯邦政府農業部的官員在一九六〇年春天出席國會一委員會時，發言反對這類要求事前徵詢的法案。他們滿不在乎地表示這項法案沒有必要，因為合作與徵詢「平時就在做」。這些官員根本忘記了「華府層級」從來沒有在合作。在同樣那幾場公聽會上，他們清楚表明自己不願向州政府的漁獵部門徵詢意見）。

政府源源不斷地撥發化學物控制作業的經費，但試圖估算野生動物所受傷害的伊利諾自然史調查局生物學家，卻只能依靠少許資金作業。一九五四年，他們只有一千一百美元的經費供聘用一名田野助理，一九五五年更沒有得到特別經費。儘管碰到這些困難，這些生物學家還是蒐集到實際情況，藉此描繪出幾乎是空前絕後的野生動物受摧殘慘狀，也是這項計畫一上路即清楚呈現的慘狀。

人類刻意打造了讓食蟲鳥類中毒的環境，人類用的毒物和施放那些毒物引發的活動都具有這樣的效應。在謝爾登執行的初期計畫，每英畝地噴灑地特靈的比例為三磅。想了解它對鳥的作用，只需想想科學家對鶉所做的實驗中，已表明地特靈的毒性是DDT的約五十倍。因此，撒在謝爾登土地上的毒物，約相當於每英畝一百五十磅的DDT！而這還是最低數值，因為在田地交界處和角落裡，似乎有藥劑重疊的情形。

地特靈滲入土壤後，中毒的甲蟲幼蟲爬出地表，在地上待了一段時間後死亡，屍體引來吃昆蟲的鳥。噴灑殺蟲劑後有約兩個星期，很容易就見到已死、垂死的不同種類昆蟲。地特靈對鳥類的影響本就不難預見，棕鶇、椋鳥、草地鷚、美洲黑羽椋鳥、雉雞被剷除殆盡。據前述生物學家的報告，知更鳥「幾乎被殺光」。一場小雨後，蚯蚓屍體大量出現；知更鳥很可能吃了這些中毒的蚯蚓。對其他鳥來說，原本對所有生物有益的雨，因為那些進入鳥世界裡的邪惡毒物，而搖身一變為摧殘生命的毒物。噴灑殺蟲劑幾天後下了雨，地上出現水坑，凡是在水坑喝過水、洗過澡的鳥都劫數難逃。

倖存的鳥可能已失去生育能力。在噴灑過殺蟲劑的區域有發現一些鳥巢，有些巢裡有蛋，但沒有一個鳥巢裡有雛鳥。

就哺乳動物來說，地松鼠幾乎被殺光；牠們的死狀具有中毒猝死的典型特徵。在噴灑過殺蟲劑的區域發現了麝鼠屍，在原野裡也發現了兔屍。黑松鼠原是該城鎮裡較常見的動物；噴灑過殺蟲劑後，牠不見蹤影。

在謝爾登，消滅甲蟲戰開打後，農場中的貓也變得很罕見。第一個噴灑季期間，農場有九成的貓喪命於地特靈。這可以說是預料中的事，因為其他地方早有這些毒物危害貓的前例。貓對所有殺蟲劑都很過敏，而且似乎對地特靈特別過敏。世界衛生組織在西爪哇執行抗瘧疾計畫期間，據說該地死了許多貓。在中爪哇，貓死了太多，致使貓價漲了一倍多。同樣的，據說由於世界衛生組織在委內瑞拉噴灑殺蟲劑，使得貓淪為稀有動物。

在謝爾登，不只野生動物和寵物在消滅昆蟲的戰役中受到池魚之殃。有人還觀察了數群綿羊和一群肉牛，發現牲畜也受到中毒、死亡的威脅。自然史調查局的報告如此描述其中一樁事：

綿羊……被趕到一塊面積不大、沒有用殺蟲劑整治過的六月禾牧草地吃草，砂礫路的對面是一塊已在五月六日噴灑過地特靈的田野。顯然有些藥劑飄過馬路，飄進那塊牧草地，因為綿羊幾乎立即就開始出現中毒症狀……牠們沒了胃口，顯得極為躁動不安，沿著牧草地圍籬一直兜圈子，似乎想找到出路……牠們不聽使喚，幾乎不斷地咩咩叫，低頭站著；最後牠們被帶離牧草地……顯出極口渴的模樣。兩隻綿羊被發現死在穿過牧草地的溪中，剩下的綿羊一再被趕出溪，有幾隻是被硬拖出溪。最後有三隻綿羊喪命；剩下的綿羊，從外表看來則已康復。

這是一九五五年底的情況。接下來幾年間，化學戰繼續打，但本就稀少的研究經費完全斷炊。**調查野生動物和殺蟲劑關聯的研究經費申請，雖然有納入自然史調查局向伊利諾州議會提出的年度預算裡，但始終是最早被刪除的項目之一**。直到一九六〇年，才找到錢支應田野助理的聘僱費

——做本來很可能要四個人做的事。

生物學家重啟一九五五年中止的調查時，野生動物喪命的悲慘情況改變不多。在這同時，化學物已改用毒性更強的阿特靈。根據以鶉為對象的測試，阿特靈的毒性是DDT的一百至三百倍。到了一九六〇年，每種已知棲息於該區域的野生哺乳動物都有喪命情事。鳥類更慘。在唐納文（Donovan）這個小鎮，知更鳥已經絕跡，美洲黑羽椋鳥、椋鳥、棕鶇亦然。在其他地方，這幾種鳥和其他許多種鳥則劇減。雉雞獵人更深切感受到甲蟲戰役的效應。在噴灑過殺蟲劑的地方，每一窩裡孵出的雛鳥數目減少約五成，年幼雛鳥的數目也減少了。前些年，在這些區域，獵雉雞收穫頗豐，如今卻獵不到多少隻，所以幾乎沒人從事這活動。

為了撲殺日本麗金龜帶來了嚴重破壞，但在易洛魁郡十萬多英畝地噴灑殺蟲劑八年，卻似乎只短暫壓制住這種昆蟲，牠西遷的趨勢沒有停止。這大致上徒勞無功的計畫造成多少死傷，可能永遠不得而知，因為伊利諾生物學家的測量結果只是最低數據。如果研究計畫有充分的資金挹注，得以將所有噴灑地區納入調查，被揭露出來的破壞情況會更嚇人。但這項計畫八年執行期間，政府只撥了約六千美元給生物學田野調查。在這同時，聯邦政府花了約三十七萬五千美元在日本麗金龜的控制上，伊利諾州政府也撥了數千美元在這上面。因此，花在研究上的錢，只及這項化學計畫之支出的百分之一。

兩種無毒、無害的甲蟲防治辦法：利用昆蟲壓制昆蟲

美國中西部的這些計畫是在危機意識下執行，彷彿日本麗金龜的進逼是極嚴重的禍害，為對付它可不擇手段。這當然不符事實，如果那些被噴灑了殺蟲劑的村鎮的居民，熟悉日本麗金龜先前在美國的歷史，肯定不會這麼靜靜接受這一切。

美國東部諸州有幸在合成殺蟲劑問世之前承受住這種甲蟲的入侵，不只捱過牠的入侵，還以不致威脅到其他生物的方法將牠控制住。東部從未像底特律或謝爾登那樣大規模噴灑殺蟲劑。東部用的有效辦法，是讓自然的控制力量盡情發揮，既收到長久成效，也確保環境安全。

日本麗金龜進入美國的頭十二年，數量暴增，因為牠在原生地有約束性要素抑制其數量成長，但在美國，這些要素付諸闕如。但到了一九四五年，在牠入侵的大半地區，牠已成為次要的害蟲。麗金龜衰落的主要原因，是因為人類從遠東引入寄生昆蟲，和能要牠命的致病有機體進入美國牢牢立足。

◆利用寄生性土蜂消滅日本麗金龜

一九二〇至一九三三年間，人們在日本麗金龜的整個原生地區鍥而不捨的搜尋，並從東方引入約三十四種掠食性或寄生性昆蟲，以實現對甲蟲的自然控制。其中五種在美國東部牢牢立足。

最有效且最廣為配發的昆蟲是來自朝鮮半島和中國的一種寄生性土蜂（Tiphia vernalis）。這種寄生性土蜂的雌蜂會在土裡找到日本麗金龜幼蟲，把癱瘓性液體注入其體內，並把一顆卵固定在麗金龜幼蟲身體下側。土蜂幼蟲從卵中孵出，以癱瘓的日本麗金龜幼蟲為食，將牠消滅掉。在約二十五年裡，在州、聯邦機構的合作下，這種寄生性土蜂群體被有計畫地引入東部十四個州。這種土蜂在這一區域許多地方立足，被昆蟲學家譽為控制日本麗金龜的大功臣。

◆利用「乳白病」致病細菌消滅日本麗金龜

有種致病細菌，貢獻更大。這種細菌會侵襲金龜子科甲蟲，而日本麗金龜即是金龜子科一員。它是高度專化的有機體，不會攻擊其他類昆蟲，對蚯蚓、溫血動物、植物無害。這種細菌的孢子存在於土壤中，被覓食的金龜子幼蟲攝入體內後，在幼蟲的血液裡大量繁殖，使幼蟲變成反常的白色。這種病的俗名「乳白病」（milky disease）即由此而來。

乳白病於一九三三年在紐澤西州現蹤。到了一九三八年，它已普遍見於較早有日本麗金龜大量出沒的那些區域。一九三九年啟動了一項控制計畫，以加速這種病的擴散。針對如何以人工媒材繁殖這種致病細菌，沒有人找到辦法，但有個令人滿意的替代辦法問世：把受感染的日本麗金龜幼蟲磨碎、脫水，混入白堊。以標準程序混合受感染的麗金龜幼蟲和白堊後，一公克的粉末裡會含有一億個孢子。一九三九至一九五三年間，東部十四州約九萬四千英畝地，在聯邦、州的合作計畫裡得到整治；屬於聯邦政府的其他土地也受到整治；還有面積不詳但廣闊的一塊區受到民間組織或個人的整治。到了一九四五年，乳白孢子病已在康乃狄克州、紐約州、紐澤西州、德拉瓦州、馬里蘭州的日本麗金龜居群裡大發雌威。在某些測試區，日本麗金龜幼蟲的感染率高達九成四。官方主持的分發計畫於一九五三年中止，生產作業由一民間實驗室接手，該實驗室繼續供應含孢子的粉末給個人、園藝會、公民協會，和其他所有對甲蟲控制有興趣的人。

執行過這一計畫的東部區域，如今在控制日本麗金龜上得到大自然的大力協助。這種致病細菌能在土壤裡存活數年，因此幾乎可說是能永久立足於土中，從而提升效用，並不斷被自然力量擴散。

這些辦法在東部成效如此卓著，為何正在和日本麗金龜如火如荼地打化學戰的伊利諾等中西部州不如法炮製？

有人告訴我們，將乳白孢子菌移入土壤「成本太高」，儘管一九四〇年代在東部十四州無人這麼覺得。「成本太高」是怎麼算出來的？那種算法肯定未評估過在謝爾登噴灑殺蟲劑之類的計畫，所導致的整個破壞的真實成本。「成本太高」這一評斷也忽略了一點，即孢子只須移入土壤一次即可；第一次的成本就是唯一的成本。

也有人告訴我們，乳白孢子菌無法用在日本麗金龜分布區的邊陲，因為這種細菌只在土壤裡已有許多日本麗金龜幼蟲的地方才能穩穩立足。一如其他許多支持噴灑殺蟲劑的說法，這一說法得接受質疑。調查發現，會導致麗金龜感染乳白孢子病的細菌，也會感染另外至少四十種甲蟲，而這些甲蟲若視為一個群體，分布很廣，因而即使在日本麗金龜居群很小或根本不存在的地方，也很有可能有助於這種病的立足。此外，由於孢子能在土壤中存活甚久，所以即使在完全沒有這種甲蟲幼蟲的地方，例如既有的日本麗金龜分布區邊陲，也可以導入孢子，讓它們在土裡等候日後來犯的日本麗金龜幼蟲。

不計代價只想立即看到消滅甲蟲成效的人，無疑會繼續用化學物對付這種甲蟲。那些贊成有計畫地汰舊商品（這是現代的趨勢）的人亦然，因為化學物控制法一動用就停不了，需要砸錢且頻繁地重複施行。

另一方面，那些願意耐心多等個一兩季，以求徹底根治的人，則會求助於乳白孢子菌，而且他們會得到長久的控制效果，得到會隨著時日推移而更加有效，而非較無效的除蟲效果。

有項大型研究計畫正在伊利諾州皮奧里亞（Peoria）的美國農業部實驗室進行，以找出在人工媒材上培養會導致乳白病之有機體的辦法。這將大幅降低生產成本，且應該可以鼓勵更多地方使用它。經過幾年的努力，如今已傳出某些成果。當這項「突破」完全得到人們的接受，我們對付日本麗金龜的做法或許會恢復些許明智和合理。畢竟，即使在日本麗金龜受害最烈時，美國中西部某些計畫矯枉過正、貽害無窮的做法也站不住腳。

伊利諾州東部噴灑殺蟲劑之類情事，引發了一個不只關乎科學、也關乎道德的疑問：**是否不管哪個文明都能對生命發動無窮無盡的戰爭，但不毀掉文明自身、不致失去文明的資格？**

這些殺蟲劑不會挑對象；它們不會專門針對我們想除掉的特定物種起作用。使用每種殺蟲劑的理由，都是因為它是致命的毒物。因此，凡是與它接觸的生命，都逃不過它的毒害：家裡的愛貓、農民的牛、野地裡的兔子、空中的角百靈[1]。這些動物對人類完全無害。事實上，牠們和同類物種的存在，能使人類過得更為愜意。但人類卻以倔促、可怕的死亡回報牠們。在謝爾登的科學觀察者描述了一隻草地鷚的中毒症狀，牠被發現時已瀕臨死亡：

牠的肌肉失去協調，飛不起來也站不起來，但側躺著時仍繼續拍打翅膀，用趾頭抓東西，牠的喙合不起來，吃力地呼吸著。

更令人同情的，乃是地松鼠屍體的無聲證詞，牠們——

呈現典型的死亡姿勢，弓著背，前肢緊靠胸口，前肢的趾頭緊握……頭與頸使勁伸展，嘴裡往往有土壤，間接表明牠們垂死時一直在往地上咬。

身為人類，默許這種會讓動物承受如此龐大折磨的行徑，能不汗顏？

1 角百靈（horned lark）是一種鳥類，體型小至中型，有白或黃色的臉頰，具黑面罩，頭的兩側有角 (horns)，胸口有一條胸帶 (breastband)。棲息於高山、荒漠、草地、草原或岩石上。

And No Birds Sing

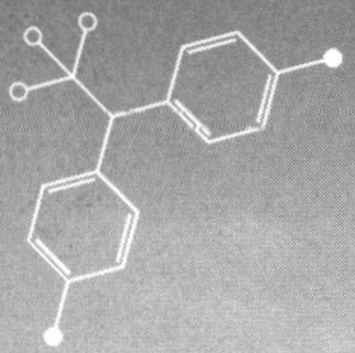

第 8 章

不聞鳥鳴

鳥類在充斥著毒物的大自然中癱瘓、死亡、絕跡……

隨著人類的殺戮習性日益盛行，
我們愈來愈常使用「根除」手段，
來對付可能令人類苦惱或不便的動物，
鳥類也愈來愈身不由己地成為殺蟲劑的直接毒殺目標，
而非意外受波及的受害者。

鳥鳴突然沉寂

如今，美國有愈來愈多地方的春天，不再有鳥兒重返、預示春天的到來，那些原本有悅耳鳥鳴聲此起彼落的地方，如今在清晨卻異常寂靜。鳥鳴突然沉寂，牠們帶給世界的色彩、美麗、趣味突然消失，去得快且悄然，住在那些尚未受衝擊的城鎮中的居民，無法察覺到鳥鳴的消失。有位家庭主婦從伊利諾州辛斯戴爾鎮（Hinsdale）寫信給世界頂尖鳥類學家——美國自然史博物館鳥類部門的榮譽主任羅伯特・庫什曼・墨菲（Robert Cushman Murphy），語氣絕望：

> 我們村子往榆樹噴藥已噴了幾年（她寫於一九五八年）。六年前我搬到這裡時，村子裡的鳥很多；我架起一座餵食架，整個冬天一直有紅衣鳳頭鳥、山雀、絨啄木、鳾前來光顧，夏天則有紅衣鳳頭鳥和山雀帶著幼鳥前來。DDT噴灑了幾年後，這個城鎮已幾乎沒有知更鳥和椋鳥；山雀已有兩年沒光臨我的餵食架，今年，紅衣鳳頭鳥也不見蹤影；在城鎮居住區築巢的鳥似乎只有一對鴿子，可能還有一家子的北美貓鳥。
>
> 孩子在學校裡學到鳥類受聯邦法保護，不得殺害或捕捉，因此我很難跟孩子解釋為何鳥兒被殺光。「牠們還會回來嗎？」孩子問，我答不出來。榆樹仍然奄奄一息，鳥兒也是。有人在做任何補救嗎？人們還能做任何補救嗎？我能做什麼呢？

聯邦政府對火蟻發動大規模噴藥計畫一年後，有個阿拉巴馬州的婦女寫道：

半個多世紀以來，我們這個地方一直是當之無愧的鳥類庇護所。去年七月我們個個都說，「鳥比以往還多」。然後，突然間，牠們在八月的第二個星期全部不見了。我習慣早起照顧心愛的母馬，母馬身邊有隻小母馬。但早起時卻聽不到一聲鳥鳴。這很詭異，很嚇人。人類對這個完美、美麗的世界做了什麼？在五個月後，終於有一隻冠藍鴉和一隻鷦鷯現身。

她提到的秋天那幾個月，美國南方腹地也發出同樣令人憂鬱的報告。全美奧杜邦學會和美國魚類與野生動物局每季發表的《野外紀錄》（*Field Notes*）中，提到密西西比州、路易斯安那州、阿拉巴馬州一個引人注目的現象：「**三州都詭異地出現了幾乎所有鳥類都絕跡的空地**」。《野外紀錄》集老練觀察家所寫的數篇報告而成，那些人在特定區域從事實地野外觀察已有多年，對該地平日鳥類動態的熟悉無人能及。

其中，有位觀察家說那年秋天開車在密西西比州南部四處跑時，她「好長一段路沒看到一隻陸鳥」。另一位在巴頓魯治（Baton Rouge）的觀察家說，她擺在鳥類餵食架上的飼料，「一連數個星期」沒被動過，她院子裡結果的灌木，上面的漿果通常到了秋天會被啄光，但如今樹上仍果實纍纍。還有一個觀察家說，她的觀景窗「以往呈現的景致，往往是四十或五十隻紅衣鳳頭鳥潑灑出的斑斕紅彩，還有密密麻麻的其他幾種鳥類，如今，一次要見到一或兩隻鳥的情形都很少。」

阿帕拉契地區的鳥類權威——西維吉尼亞大學教授莫里斯．布魯克斯（Maurice Brooks），說西維吉尼亞的鳥群已出現「不可思議的萎縮」。

鳥類悲慘命運的推手：榆樹殺蟲劑防治計畫

◆陷入險境的知更鳥

有個故事或許可作為鳥類不幸遭遇的悲慘象徵（已經有某些鳥類遭遇到以下的事情，且所有鳥類都可能有這樣的遭遇）。故事的主角是知更鳥（robin），一種大家都認識的鳥。對數百萬的美國人來說，第一隻知更鳥的現蹤，代表大地脫離冬天的魔掌，春天就要來臨。它的降臨會被當成大事刊登於報紙上，在餐桌上被人熱切地提起。隨著候鳥愈來愈多，隨著林地裡首次出現迷濛的綠意，數千人會聆聽到活躍於晨光中的知更鳥，開始第一場破曉時分的大合唱。但如今一切都變了，就連這些鳥兒的重返都不被視為理所當然。

知更鳥的存活，甚至其他許多種鳥類的存活，似乎與美國榆樹的命運息息相關。美國榆樹是從大西洋到洛磯山脈這範圍中，數千個城鎮之歷史的一部分，榆樹以氣派的綠色拱道美化了城鎮街道、村中廣場、大學校園。如今，榆樹得了一種病，這種病席捲了榆樹所有的分布地，威力大到許多專家認為再怎麼挽救榆樹都是徒勞。失去榆樹何其悲慘，但如果在終歸徒勞的榆樹挽救行動中，使無數鳥兒陷入滅絕的黑夜，那會更加悲慘。而這正好就是可能會發生的情況。

人稱荷蘭榆樹病的疾病，在約一九三〇年時隨著供鑲板業使用的榆樹樹瘤木，從歐洲進口美國。這種病由真菌所致；真菌會入侵榆樹的導水管，靠隨著樹汁流動的孢子傳播，藉由它有毒的分泌物和機械性堵塞，使大枝枯萎，使榆樹死掉。榆樹樹皮甲蟲把這種病從染病樹傳到健康樹。榆樹樹皮甲蟲在死樹樹皮底下挖出的蟲道，被感染了入侵榆樹的真菌孢子，孢子附在榆樹樹皮甲蟲身上，所以榆樹樹皮甲蟲飛到哪，就把孢子帶到哪。為控制榆樹真菌病所做的努力，大多以控制帶菌榆樹樹皮甲蟲為目標。密集噴灑殺蟲劑成為一個又一個城鎮的例行程序，特別是以美國榆樹為主要樹種的中西部和新英格蘭地區城鎮。

這一噴灑作業會對鳥類，特別是對知更鳥帶來什麼影響？密西根州立大學兩位鳥類學家的著作，首度予以闡明。這兩人一位是喬治．華勒斯（George Wallace）教授，另一位是他的研究生約翰．梅納（John Mehner）。梅納先生於一九五四年開始攻讀博士學位時，選擇了一個與知更鳥居群有關的研究計畫。這實是無心之舉，因為那時沒有人認為知更鳥會陷入險境。但就在他投入研究時，發生了一件將會改變研究性質的事情，使得他失去研究的材料。

一九五四年，防治荷蘭榆樹病的噴灑作業，從密西根州立大學的校園小規模開始。隔年，該大學所在的東蘭辛市（East Lansing）開始實施同樣性質的噴灑，校園的噴灑作業範圍擴大，當地也展開了舞毒蛾、蚊子的控制計畫，如果拿下雨作比喻，化學物的噴灑就是從小雨升級為傾盆大雨。

一九五四年間，即頭一次輕量噴灑殺蟲劑的那一年，一切似乎都還正常。隔年春天，遷徙的知更鳥開始一如往常回到校園。就像湯林森（Tomlinson）那篇令人難忘的文章〈失去的樹林〉（The Lost Wood）裡的圓葉風鈴草，牠們再度入住牠們所熟悉的地方，「認為一切會很順遂」。但不久大家就看出不對勁。校園裡開始出現已死和垂死的知更鳥。只看到幾隻知更鳥在做平日的覓食活動，或聚集在牠們常居住的棲木上。知更鳥結巢不多，出現的雛鳥也不多。接下來幾個春天，這一模式極為規律地重現。噴灑過殺蟲劑的區域已成為致命陷阱，每一波遷徙的知更鳥一旦落入那陷阱，約一個星期就會遭徹底消滅。然後會有新的知更鳥飛來，卻只使校園裡出現更多臨死前痛苦顫抖的知更鳥。

「對大部分想要在春天時找個棲身處的知更鳥來說，校園如同墓園，」華勒斯博士說。但為何會這樣？最初他懷疑是某種神經系統疾病所致，不久就看出——

> 儘管噴灑殺蟲劑的人信誓旦旦地說他們的藥劑「對鳥無害」，但知更鳥的確是被殺蟲劑毒死的，牠們表現出眾所皆知的中毒症狀——失去平衡；然後顫抖、抽搐、死亡。

幾個事實間接表明知更鳥正受毒害，而且中毒的主因不是直接接觸殺蟲劑，而是透過吃了蚯蚓間接造成。校園裡的蚯蚓在某項研究計畫中被人無意中拿去餵食淡水螯蝦，吃了蚯蚓的螯蝦不久後全都死亡。養在實驗室籠子裡的一條蛇，被人餵食了校園蚯蚓後劇烈顫抖。而蚯蚓是知更鳥的春季主食。

不久，厄巴納（Urbana）的伊利諾自然史調查局的羅伊・巴克（Roy Barker）博士，為知更鳥喪命謎團提供了一條關鍵線索。巴克博士在他一九五八年出版的著作中，探索了有關榆樹如何藉由蚯蚓來與知更鳥的命運相連結，這一系列錯綜複雜的關聯。榆樹會在春天時噴灑殺蟲劑（通常是以每五十英尺樹二至五磅DDT的比例噴灑，在榆樹林立的地方，這樣的噴灑比例可能相當於每英畝地二十三磅DDT），且往往會在七月時再噴灑一次，濃度則減少約一半。強力噴灑器對著最高樹的全身不斷噴出毒液，不只直接殺死目標有機體——榆樹樹皮甲蟲，還直接殺死其他昆蟲，包括授粉昆蟲和掠食性蜘蛛、甲蟲。這種毒物在樹葉、樹皮表面形成一層久久不消的薄膜。雨水沖不掉它。秋天葉落，葉子會在地面層層堆積，開始與土壤合而為一的緩慢過程。在這過程中，蚯蚓的辛勤勞動幫了落葉一個忙。蚯蚓在落葉層裡攝食，因為榆樹葉是牠們最愛的食物之一。蚯蚓吃進樹葉，隨之吞下殺蟲劑，殺蟲劑在牠們體內累積、集中。巴克博士在蚯蚓的消化道、血管、神經、體壁各處都找到DDT沉積物。有些蚯蚓肯定因此喪命，但有些蚯蚓活了下來，成為這項毒物的「生物性擴大器」。春天，知更鳥返回，成為這整個循環中的另一個環節。只要十一隻大型蚯蚓，就能將劑量足以致命的DDT轉移給知更鳥。對能在十至十二分鐘裡吃進十至十二隻蚯蚓的鳥來說，十一隻蚯蚓只占一天所需攝食量的一小部分。

並非所有知更鳥都攝入了致命的殺蟲劑劑量，但還有一個後果可能會和吃進致命毒素一樣，導致牠們絕跡。不育的陰影籠罩著各項鳥類調查，甚至籠罩所有位在殺蟲劑可能影響範圍裡的所有生物。如今每年春天，在密西根州立大學廣達一百八十五英畝的校園裡，只能找到二十幾或三十幾隻知更鳥，相對的，在噴灑殺蟲劑之前，保守估計在這區域可找到三百七十隻成鳥。一九五四年，梅納觀察的知更鳥鳥巢中，個個都有雛鳥誕生。一九五七年六月底，照噴灑殺蟲劑之前的情況推估，應該至少會有三百七十隻幼鳥（以成鳥數量的正常替換量計算）在校園裡攝食，但梅納只能找到一隻知更鳥幼鳥。一年後華勒斯博士報告：

整個（一九五八年的）春天或夏天期間，我在主校園的任何地方，都沒有看到剛長出羽毛的知更鳥，目前為止我也沒找到哪個人曾經在主校園裡看過剛長羽毛的知更鳥。

成對的知更鳥在走完築巢周期之前就會有一或兩隻死亡，這當然是知更鳥無法生出雛鳥的原因之一，但華勒斯所留下的重要紀錄，指出有更可怕的因素存在——知更鳥生殖能力遭摧毀。例如，他紀錄：

有些知更鳥和其他鳥築了巢但未下蛋，還有些鳥下了蛋、孵了蛋，但蛋沒有孵化。我們紀錄了一隻知更鳥，牠盡責地坐在蛋上二十一天，蛋卻一直沒有動靜。正常的孵化期是十三天……我們分析後發現繁殖鳥的睪丸和卵巢有高濃度的DDT（華勒斯於一九六〇年將此事告訴國會某個委員會）。有十隻雄鳥的睪丸含有30～109ppm濃度的DDT，兩隻雌鳥卵巢裡的卵泡，濃度分別為151ppm和

211ppm。

不久後，在其他區域所做的調查，得出同樣令人憂心的發現。威斯康辛大學約瑟夫·希基（Joseph Hickey）教授和其學生，對殺蟲劑噴灑區和非噴灑區做過仔細的比較調查後表示，知更鳥死亡率至少達八成六至八成八。密西根州布盧姆菲爾德希爾斯（Bloomfield Hills）的克蘭布魯克科學研究所（Cranbrook Institute of Science），致力於評估向榆樹噴灑殺蟲劑所造成的鳥類傷亡程度，一九五六年該所呼籲民眾，將凡是認為受到DDT中毒的鳥都送到研究所檢查。這一呼籲招來超乎預料的熱烈回應。才幾個星期，該所的冷凍設施就被鳥屍塞爆，不得不拒收其他樣本。到了一九五九年，單單一個城鎮就送來或回報了一千隻中毒的鳥。知更鳥是主要受害者（有位女士打電話給該所，說就在她講電話時，她家草坪上躺著十二具知更鳥屍體），該所檢查過的鳥屍樣本，還包含其他六十三種鳥。

◆無盡的受毒害名單：鷸、鵪、鷹、鴞、燕、雀……

榆樹殺蟲劑造成了一連串的傷害，知更鳥只是一部分的受害者，而且還有其他無數個把毒物撒在土地上的殺蟲劑噴灑計畫，榆樹殺蟲計畫只是其中之一。大約有九十種鳥出現了極高的死亡率，其中包括郊區居民和業餘自然學家非常熟悉的鳥種。在某些噴灑過殺蟲劑的城鎮，築巢鳥的數量大致上少了高達九成。如同後面會提到的，各種鳥類無一倖免，包括地面覓食鳥、樹頂覓食鳥、樹皮覓食鳥和猛禽。

我們可以非常合理的推測，所有極倚賴蚯蚓或其他土中有機體來填飽肚子的鳥類和哺乳動物，都可能走上和知更鳥一樣的命運。大約有四十五種鳥以蚯蚓為日常食物之一，北美山鷸名列其中，這種鳥會在最近大量噴灑過七氯的美國南方區域過冬。如今，我們已得出兩項關於北美山鷸的重大發現。在新伯倫瑞克（New Brunswick）的北美山鷸繁殖地，新生幼鳥明確減少，抓來分析過的成鳥都含有大量ＤＤＴ、七氯殘餘。

如今已有令人不安的紀錄顯示，還有另外二十多種以已遭到汙染的食物（蚯蚓、蟻、昆蟲幼蟲或其他土中有機體）為食的地面覓食鳥，死亡率甚高。其中包括三種鳴聲極為悅耳的鶇（thrush）：橄欖色背鶇、黃褐森鶇、隱居鶇。而在林地下層林木間輕快飛行，且會在落葉間窸窣作響覓食的雀——歌帶鵐和白喉帶鵐——也被人發現死於榆樹滅蟲作業。

哺乳動物也很可能直接或間接成為這一系列滅蟲作業的受害者之一。蚯蚓是浣熊的重要食物，春秋季時蚯蚓也是負鼠的食物。鼩鼱、鼹鼠之類會在地下挖洞的動物，會大量捕食蚯蚓，因此可能把毒素傳到長耳鴞、倉鴞之類的猛禽體內。

春季威斯康辛州降下大雨後，有人在該州撿到數隻垂死的長耳鴞，牠們可能是因為捕食蚯蚓而中毒。還有人發現抽搐的鷹和鴞——大鵰鴞、長耳鴞、赤肩鵟、歌帶鵐、灰澤鵟。這些可能是二手中毒案例，鷹和鴞可能是因為吃了鳥或鼠而中毒，這些鳥和鼠的肝或其他器官裡已累積了殺蟲劑。

因為人類朝榆樹葉噴灑殺蟲劑而陷入險境的生物，不只有在地上覓食的動物，或以那些動物為獵物的動物。在重度噴灑區，所有樹頂覓食鳥（即啄食樹葉上之昆蟲的鳥），都已消失無蹤，包括如林地中的小精靈一般的戴菊鳥（包含紅玉冠戴菊鳥和金冠戴菊鳥兩種）、體形嬌小的蚋鶯、許多林鶯。春天時，遷徙的林鶯成群飛過林間，林中頓時繽紛多彩，生氣盎然。一九五六年，遲來的春天推遲了噴灑作業，導致噴灑殺蟲劑時正好有特別大量的林鶯遷徙潮到來。接下來的大批亡魂，幾乎涵蓋了該區存在的各種林鶯。在威斯康辛州的白魚灣（Whitefish Bay），前幾年可以看到至少一千隻遷徙的桃金娘森鶯（myrtle warbler）；一九五八年，在對榆樹噴灑過殺蟲劑後，觀察者只能找到兩隻。加上來自其他城鎮的資料之後，受害名單更長；死於殺蟲劑的林鶯，包括令所有認識牠們的人都大為著迷、喜愛的林鶯種類：黑白苔鶯、北美黃林鶯、黑紋胸林鶯、栗頰林鶯，還有叫聲迴蕩於五月林間的橙頂灶鶯，以及翅膀帶有色斑的橙胸林鶯，和栗肋林鶯、加拿大林鶯、黑喉綠林鶯。這些在樹頂覓食的鳥，如果不是因為吃了中毒的昆蟲而直接受害，就是因為食物短缺而間接受害。

食物減少也重創了悠然飛行於天上的燕子。燕子邊飛邊捕食飛蟲，就像鯡魚邊游邊濾食海中的浮游生物。有位威斯康辛州自然學家說：

> 燕子受到重創。每個人都埋怨說相比四或五年前，少了許多燕子。四年前，我們的天空還有許

多燕子，如今卻很少看到……這可能是因為噴灑殺蟲劑導致缺乏昆蟲所致，或是燕子吃了中毒的昆蟲所致。

這位觀察者也提到其他鳥，他寫道：

另一種顯著減少的鳥是菲比霸鶲。鶲在各地都很稀少，早期可以很常見到生性大膽的菲比霸鶲，但現在已不容易見到。我今年春天見過一隻，去年春天也只見過一隻。威斯康辛境內的其他賞鳥者也有同樣的埋怨。過去我能看過五或六對紅衣鳳頭鳥，如今卻連一對也沒有。過去，每年都有鷦鷯、知更鳥、北美貓鳥、長耳鴞到我的庭園裡築巢，如今卻一隻都沒有。夏天的早上沒有鳥歌唱，只剩討人厭的鳥、鴿子、椋鳥、家麻雀。真慘，我無法忍受。

秋天時噴在榆樹上的預防性藥劑，把毒素送進樹皮上的每個小裂隙，藥劑很可能是使得奇卡迪山雀（chickadee）、鳾、小山雀（titmouse）、啄木鳥、褐色旋木雀劇烈減少的兇手。一九五七到一九五八年那個冬天，華勒斯博士在自家院子架設的餵食架始終沒有奇卡迪山雀或鳾光顧，這是多年來的頭一遭。後來他找到的三隻鳾，讓他見識到令人心痛的中毒三部曲：一隻鳾在榆樹上覓食，另一隻奄奄一息，呈現典型的ＤＤＴ中毒症狀，還有一隻已經死亡。那隻垂死鳾的組織裡，後來被發現含有226ppm的ＤＤＴ。

這些鳥的覓食習性不只使牠們特別易受到殺蟲劑傷害，也會減少牠們的數量，從經濟面和較無形面的理由來看，這令人無法接受。例如，白胸鳾和褐色旋木雀的夏季食物，包括許多對樹木有害的昆蟲的卵、幼蟲和成蟲。奇卡迪山雀的食物，約四分之三是動物，包括處於生命周期各個階段的許多昆蟲。本特[1]在他以北美鳥類為題的巨著《生命史》（*Life Histories*）中，有描述到奇卡迪山雀的覓食方法：

> 這種鳥成群移動時，每隻鳥會沿途仔細檢查樹皮、小枝、大枝，尋找小塊的食物（如蜘蛛的卵、繭或其他休眠中的昆蟲）。

數項科學調查已證明鳥類是控制昆蟲的關鍵角色。啄木鳥是恩氏雲杉樹皮甲蟲的主要控制者，能減少四成五至九成八的甲蟲；在控制蘋果蠹蛾上，啄木鳥也很重要。奇卡迪山雀和其他在冬季駐留的鳥類能保護果園，使果園不受尺蠖危害。

但在今日到處噴灑化學物的世界裡，上述的自然現象不會再出現，因為噴撒化學物不只會殺掉昆蟲，還會殺掉牠們的主要敵人——鳥，使得昆蟲在噴灑殺蟲劑後恢復往日的數量時——這

1 亞瑟．克里夫蘭．本特（Arthur Cleveland Bent），美國知名鳥類學家，著有共二十一冊、百科全書式的《生命史》（Life Histories），這套書是二十世紀最全面且完整的北美鳥類生態資料庫。

幾乎是噴灑殺蟲劑後必然會發生的現象——已沒有鳥來抑制昆蟲的數量。如同密爾瓦基公立博物館鳥類部門主任歐文．格羅姆（Owen J. Gromme），在給密爾瓦基《新聞報》（*Journal*）的投書中寫道：

昆蟲最大的敵人是其他掠食性昆蟲、鳥和某些小型哺乳動物，但DDT不分青紅皂白通殺，對象包括自然界自己的守衛或警員……為了進步而採用糟糕透頂的昆蟲控制法，雖然取得一時的安適，結果卻讓自己反受其害，而且最終消滅不了昆蟲，我們還要這樣做嗎？在大自然的守衛（鳥類）已遭毒物撲殺淨盡時，我們要用什麼辦法來控制會在榆樹消失後攻擊剩下樹種的新害蟲？

格羅姆先生說，自威斯康辛州開始噴灑殺蟲劑之後的幾年裡，通報已死或垂死鳥兒的來電、信件一直有增無減。詢問之後都發現，有鳥兒垂死的區域，先前都噴灑過殺蟲劑。

美國中西部大部分研究機構的鳥類學家和保育人士（例如密西根州的克蘭布魯克研究所、伊利諾自然史調查局、威斯康辛大學），和格羅姆先生有一樣的經驗。幾乎在任何正在噴灑殺蟲劑的地方，只要看一眼該地報紙的讀者投書欄，都會清楚看出一點，那就是公民不只漸漸認知到殺蟲劑的問題、感到義憤填膺，而且往往比下令噴灑殺蟲劑的官員，更深切了解此舉的危險和自相矛盾。

我擔心，許多美麗鳥兒在我們後院奄奄一息的日子很快就會到來（密爾瓦基某婦女寫道）。這讓人覺得可憐且心痛……而且令人沮喪、氣惱，因為這顯然不符這場屠殺所要實現的目標……仔細想想，你們能救樹，卻無法同時救鳥？在自然體系裡，它們不是互救嗎？協助維持自然的平衡，同時不摧毀自然，這難道做不到？

其他的讀者投書則表示了以下的想法：榆樹是雄偉的遮陽樹，但不是神聖不可侵犯的「聖牛」，所以它沒有重要到讓人可以為了保住它，理直氣壯地對其他種種生物發動「沒有限度」的摧毀行動。「我始終非常愛我們的榆樹，榆樹似乎就像是我們大地上的商標，」密爾瓦基另一位婦女寫道。「但樹有很多種……我們也必須救我們的鳥。想想還有什麼事和沒有知更鳥歌聲的早晨一樣悲慘可怕？」

對大眾來說，這似乎很可能是單純的二擇一選擇：要保住鳥，還是保住榆樹？但事情沒那麼單純，**如果我們繼續現在這條已經走了很遠的路，我們最終很可能落入化學控制領域中屢見不鮮、讓人倍覺諷刺的下場：兩頭都落空**。噴灑殺蟲劑會殺掉鳥，也保不住榆樹。把拯救榆樹的希望寄託在噴灑器的噴嘴末端很危險，且注定一場空，只會使一個又一個城鎮白白花了大錢，卻收不到長久效果。康乃狄克州的格林威治（Greenwich）定期噴灑殺蟲劑長達十年。然後，一個早年給榆樹樹皮甲蟲帶來了特別有利的環境，使得榆樹死亡率增加九倍。在伊利諾州的厄巴納，即伊利諾大學的所在地，荷蘭榆樹病於一九五一年首度出現。一九五三年噴灑了殺蟲劑。到了一九五九年，儘管人類已經噴灑了六年的殺蟲劑，該大學校園還是失去了八成六的榆樹，其中一半死於荷蘭榆樹病。在俄亥俄州的托利多（Toledo）市，類似的經驗促使林務局長約瑟夫．史維尼（Joseph A. Sweeney）從現實的角度檢視噴灑結果。該市於一九五三年開始噴灑殺蟲劑，此後直持續到一九五九年底。但在這期間史維尼先生注意到，照「書籍和當局」的建議噴藥之後，楓棉介殼蟲（Cottony maple scale）侵擾全市的程度，比噴藥前還嚴重。他決定親自審查針對荷蘭榆樹病噴灑殺蟲劑的成效，調查結果令他大驚失色。在托利多市，他發現：

> 荷蘭榆樹病唯一得到控制的地方，是我們立即著手除去受蟲害樹木的區域。在倚賴殺蟲劑的地方，這種病則會失控。而在毫無作為的地方，這種病的擴散速度也沒有比倚賴殺蟲劑的城市快。這表示噴灑殺蟲劑消滅了害蟲的天敵。
>
> 我們不能再用噴藥來治荷蘭榆樹病。這使我與那些支持美國農業部建議做法的人起了衝突，但我有事實在手，且會抓住它們不放。

美國中西部這些城鎮，相當晚近才有榆樹病傳至境內，為何以如此深信不疑的心態展開規模浩大且所費不貲的殺蟲劑噴灑計畫，且似乎無意去了解其他更長久地認識到這個問題之區域的經驗，著實令人費解。

美國東部出色的榆樹病處理計畫：成本最低、效果最佳

紐約州與荷蘭榆樹打交道的經驗無疑最久，因為生病的榆木被認為是在約一九三〇年時經由紐約港進入美國。如今紐約州在抑制、消滅這病上擁有極傲人的成績。但該州未倚賴殺蟲劑。事實上，該州的農業推廣部門沒有建議用噴灑殺蟲劑來控制城鎮蟲害。

那麼，紐約州如何取得如此出色的成績？從早年對抗榆樹病到今天，該州一直倚賴嚴格的環境衛生處理，也就是立即除去、消滅所有患病或受感染的樹木。一開始，有些成果令人洩氣，但那是因為主事者最初不知道不只有生病的樹要除掉，所有可能有榆樹樹皮甲蟲在其中繁殖的榆木也都得除掉。受感染的榆木經過砍劈、當成木柴貯存之後，如果沒有在春天到來前燒掉，就會釋放出一批帶有真菌的榆樹樹皮甲蟲。傳播荷蘭榆樹病的生物，就是四月下旬和五月時脫離休眠時期出來覓食的成年榆樹樹皮甲蟲。紐約昆蟲學家從經驗中得知哪種會孕育榆樹樹皮甲蟲的木材真正攸關此病的傳播。他們將心力全擺在這一危險的木材上，不只能取得令人滿意的結果，還能把衛生處理計畫的成本一直壓在合理範圍內。到了一九五〇年，紐約市荷蘭榆樹病的發生率已降到該市五萬五千棵榆樹的百分之一。

一九四二年，韋斯特切斯特郡（Westchester）開始施行衛生處理計畫。接下來的十四年間，每年榆樹死亡率平均只有百分之一。擁有十八萬五千棵榆樹的水牛城，用衛生處理法抑制榆樹病，成效卓著，使得榆樹最近的年死亡率只有百分之一。換句話說，照這樣的死亡率，得花約三百年

才能除掉水牛城的所有榆樹。

雪城（Syracuse）發生的變化，特別令人讚嘆。一九五七年前，那裡沒有有效的控制計畫。一九五一至一九五六年，雪城失去了將近三千棵榆樹。後來，在紐約州立大學林學院霍華德・米勒（Howard C. Miller）的指導下，該市大力清除所有生病的榆樹和所有可能成為榆樹樹皮甲蟲繁殖來源的榆木。如今，榆樹一年的死亡率遠低於百分之一。

紐約的荷蘭榆樹病控制專家，強調了衛生處理法的划算：

> 大部分的情況下，衛生處理法的實際支出跟它可能省下的錢比起來是很小的（紐約州農學院的J. G. 馬提塞說）。如果是大枝幹壞死或斷裂，我們就必須移除大枝幹，以防財產毀損或人身受傷。如果只是柴堆，則可以在春天來臨前用掉木頭、剝掉木頭的皮，或者可以把木頭存放在乾燥的地方。就垂死或已死的榆樹來說，立即移除樹木以防荷蘭榆樹病擴散的成本，通常和後來不得不移除時的成本一樣多，因為在都市區，大部分的死樹最後都得移除。

因此，就荷蘭榆樹病來說，只要採取有根據且明智的措施，情況不盡然無望。這種病用目前所知的任何方法都無法根除，但它於城鎮立足後，可用衛生處理法將它壓制在合理的範圍內，不必用上不只徒勞無功且會令鳥類大批喪命的方法。森林遺傳學領域也存在著可能可行的辦法。該領域的實驗讓人對培育出能對抗荷蘭榆樹病的混種榆樹生起希望。歐洲榆樹的抗病性強，已有許多歐洲榆樹被栽種於華府。在該市的榆樹爆發高感染率的期間，也未發現歐洲榆樹得了荷蘭榆樹病。

有人大力催促正發生大批榆樹死亡的城鎮重新栽種植物，並以立即施行樹苗培育和林業計畫來達成此目標。重新栽種植物很重要，這類計畫雖然多半會將能抗病的歐洲榆樹納入規畫，卻也應該著眼於栽種多樣化的樹種，以免日後一場流行病就使城鎮裡的樹死光。要建立健康的植物或動物群落，關鍵在英國生態學家查爾斯・艾爾頓（Charles Elton）所謂的「多樣化保存」（the conservation of variety）。如今的情況，大部分是過去幾代的生物單一化所致。晚至一代以前，都還沒人知道在大片區域遍植單一樹種會招來大禍，於是整個城鎮都以榆樹為行道樹和公園樹，如今榆樹死了，鳥也死了。

白頭海鵰：面臨與知更鳥如出一轍的毒物威脅

另一種美國鳥，一如知更鳥，似乎瀕臨滅絕。牠是美國的象徵——白頭海鵰（eagle）。過去十年，鵰減少的程度令人心驚。事實表明鵰的環境裡有某種已幾乎摧毀其生殖能力的東西在作怪。那是什麼東西，目前還不確知，但有證據顯示殺蟲劑是兇手。

北美洲境內得到人類最深入調查的鵰，是在佛羅里達西海岸從坦帕（Tampa）到邁爾斯堡（Fort

Myers）那段海岸沿線築巢的鵰。在那裡，來自溫尼伯（Winnipeg）的退休銀行家查爾斯・布羅利（Charles Broley），於一九三九至一九四九年替一千多隻幼白頭海鵰繫了環套，因而在鳥類學界聲名大噪（此前的整個鳥類繫放環套歷史，也只替一百六十六隻鵰繫環而已）。布羅利先生在冬天的幾個月期間，趁幼鵰尚未離巢時，替幼鵰繫環。後來有人找回繫了環的鵰，發現這些在佛羅里達州出生的鵰，牠們的活動範圍會沿著海岸往北延伸，直到加拿大境內，最北到達愛德華王子島，打破了人類先前以為牠們不是候鳥的認知。牠們會在秋天回到南方，人們會在一些最適合觀察鵰的著名景點，例如賓州東部的鷹山（Hawk Mountain），觀察牠們的遷徙活動。

布羅利先生替鵰繫環的頭幾年，在他選定要進行調查的那段海岸上，一年常找到一百二十五座有蛋或有雛鳥的巢。被繫環的幼鵰，每年約有一百五十隻。一九四七年，幼鵰出生數量開始減少。有些巢沒有蛋，有些巢雖然有蛋，但蛋沒有孵化。一九五二至一九五七年，約八成的巢沒有孵出雛鳥。這段期間的最後一年，只剩四十三座巢有鵰進駐。其中七座有雛鳥誕生（八隻幼鵰）；二十三座巢的蛋沒有孵化；另外十三座巢則單純被鵰當成進食站，巢裡沒有蛋。一九五八年，布羅利先生在海岸上跋涉了一百多英里，才找到一隻幼鵰，替牠繫上環。一九五七年他還曾在四十三座巢裡見到成鵰，到了一九五八年卻只在十座巢裡見到成鵰。

布羅利先生一九五九年去世，這一連串不間斷且極有價值的觀察就此停擺，但根據佛羅里達州奧杜邦學會的報告，還有來自紐澤西州、賓州的報告，證實了這股很可能會迫使我們另尋國家象徵的趨勢。鷹山保護區主管莫里斯・布隆（Maurice Broun）的報告，意義特別重大。鷹山風景優美，位於賓州東部，阿帕拉契山最東邊的山脊在此形成對西風的最後一道屏障，然後往海岸平原陡降而去。風觸及山體後轉向，向上吹拂，因此秋天時有許多日子，這裡會有連續不斷的上升氣流，展翼甚寬的鷹和鵰乘著上升氣流輕鬆飛行，往南遷徙時一天會飛行好幾英里。數道山脊在鷹山會合，空中的飛行軌道也在鷹山聚合。因此，從北方遼闊地域飛來的鳥，都會穿過這一狹長的交通要道。

莫里斯．布隆守護鷹山保護區二十多年，觀察過和列表造冊過的鷹與鵰之多，是其他美國人所不能及。白頭海鵰遷徙的高峰是八月下旬和九月上旬。白頭海鵰被認為是佛羅里達州的鳥，牠們會在北方度過夏天後回到佛羅里達（接著在秋天和初冬時會有一些更大型的鵰飛過鷹山保護區，牠們被認為是北方的品種，要前往我們不知道的地方過冬）。鷹山保護區設立後的頭幾年（一九三五至一九三九年），受到觀察的鵰有四成是出生後一年多的鵰（由牠們全身淺黑色的羽毛可輕鬆認出年紀）。但最近幾年，這些尚未成年的鵰變得很罕見。一九五五至一九五九年，牠們只占保護區內白頭海鵰總數的兩成，有一年（一九五七）幼鵰與成鵰的比例，更低到一比三十二。

在鷹山的觀察結果，與其他地方的調查結果一致，其中有份調查報告來自伊利諾州自然資源委員會的官員艾爾頓．佛克斯（Elton Fawks）。鵰（很可能是一種北方築巢鳥）會在密西西比河和伊利諾河沿岸過冬。一九五八年，佛克斯先生報告說晚近所發現的五十九隻鵰中，只有一隻幼鵰。世界上唯一專為鵰設立的保護區——薩斯奎漢納河（Susquehanna River）中的強森山島（Mount Johnson Island），也出現鵰即將絕種的類似跡象。這座島距離下游的科諾溫戈水壩（Conowingo Dam）只有八英里，距河岸上的蘭開斯特郡也約八英里，但仍保有原始的蠻荒面貌。自一九三四年起，蘭開斯特郡的鳥類學家暨該保護區主管赫伯特．貝克（Herbert H. Beck）教授一直在觀察強森山島上唯一的鶚巢。一九三五至一九四七年，這個巢定期有鶚使用，且每次都有雛鳥孵出。但從一九四七年起，這個唯一的巢雖有成鶚進駐，且有證據顯示成鶚下了蛋，然而蛋卻沒有孵出雛鳥。

如今，在強森山島和佛羅里達州，同樣的情況依舊到處存在——有些巢有成鶚進駐，有些鶚下了蛋，但孵出來的雛鳥很少，或者根本沒有孵出雛鳥。有人尋找原因，發現似乎只有一個因素符合各項事實。那就是鶚的生殖能力被某種環境用藥大幅拉低，因而現在每年幾乎沒有新生幼鳥誕生，以維繫鶚族群的存續。

幾位實驗家，特別是美國魚類與野生動物局的詹姆斯．德威特（James DeWitt）博士，已在其他鳥類身上用人為實驗製造出同種情況。德威特博士針對多種殺蟲劑對鶉、雉雞產生的作用，做了幾項重要的實驗，證明接觸ＤＤＴ或相關的化學物質會嚴重傷害鳥類的生殖能力，即使這一接觸沒有對親代產生可以察覺得到的傷害。化學物質對生殖系統和雛鳥產生作用的方式或許不盡相同，但結果始終一樣。例如，在整個繁殖季期間往鶉的食物裡放進ＤＤＴ，結果這些吸收了ＤＤＴ的鶉活了下來，甚至產下數量一如以往的受精蛋，但只有少量的蛋有小生命破殼而出。「許多胚胎在孵化期初期似乎發育正常，卻會在破殼期死亡」，德威特博士說。那些破殼而出的雛鳥，一半以上會在五天內死亡。在把雉雞和鶉同列為實驗對象的其他測試中，凡是在一整年裡被餵食了受到殺蟲劑汙染之食物的成鳥，都沒有產下蛋。加州大學羅伯特．拉德（Robert Rudd）

博士和理查・傑內利（Richard Genelly）博士的報告中，也有類似的調查結果：雉雞從日常飲食裡攝入地特靈後，「下蛋量顯著變少，雛鳥存活率也很低」。據這兩位博士的說法，地特靈在卵黃裡累積之後，很遲才會在雛鳥身上發作，但作用的效果會致命。雛鳥在孵化期間和破殼而出後，會從卵黃漸漸吸收地特靈。

這一說法得到華勒斯博士和研究生理查・伯納德（Richard F. Bernard）晚近所做調查的有力支持。他們兩人在密西根州立大學校園裡的知更鳥體內，找到高濃度的ＤＤＴ，且在所有受檢查的雄知更鳥的睪丸裡、在發育中的卵泡裡、在雌知更鳥的卵巢裡、在已成形但未產下的蛋裡、在輸卵管裡、在蛋的胚胎裡、在孵出不久後死亡的雛鳥裡，和從遭遺棄的鳥巢中取來但沒有孵出雛鳥的蛋裡，都找到這一毒物。

這些重要的調查確立了一點，即鳥兒接觸了殺蟲劑之後，殺蟲劑毒素會影響該鳥的下一代。毒素會儲存在蛋裡，和替發育中的胚胎提供養分的卵黃裡，形同對雛鳥下了死刑執行令，德威特博士實驗室裡的鳥為何有那麼多死於蛋裡，或在孵出幾天後死亡，原因就在此。

要將這些實驗室調查法用在鵰身上，會有幾乎無法克服的困難，但如今在佛羅里達、紐澤西和其他地方，已有人在做田野調查，冀望取得明確的證據，揪出令許多鵰看來不育的兇手。在這同時，目前能取得的證據則間接指出兇手是殺蟲劑。在魚類數量繁多的地方，魚是鵰的主食（在阿拉斯加，魚占了鵰日常食物的六成五；在乞沙比克灣區〔Chesapeake Bay〕則占了約五成二）。布羅利先生長久以來調查過的鵰絕大部分是食魚鵰，這幾乎是毋庸置疑的。自一九四五年起，這塊沿海區域就一再被噴灑溶在燃料油裡的ＤＤＴ。空中噴藥的主要對付目標是鹽沼蚊（salt-marsh mosquito）。這種蚊子棲息於沼澤和沿海區域，而那些地方正是鷗一貫的覓食區。魚蟹大批喪命。有人在實驗室分析過牠們的組織，發現體內含有高濃度ＤＤＴ，高達46ppm。就像因為吃了湖魚而累積高濃度殺蟲劑殘餘的清澈湖鸊鷉，鷗的身體組織裡八九不離十已貯存了ＤＤＴ，而且還在繼續積累。一如鸊鷉、雉雞、鶉、知更鳥，鷗愈來愈生不出雛鳥，愈來愈難以延續整個鷗族的存續。

鳥類絕跡的現象遍布全球

鳥類在現今世界裡陷入險境的呼聲，從世界各地傳來。那些報告在細節上不盡相同，但都傳達同一個主旨：噴灑殺蟲劑後，野生動物走向死亡。比如法國境內葡萄樹殘株被噴灑過含砷的除草劑後，數百隻小鳥和鷓鴣死亡；比利時境內原以鷓鴣數量眾多著稱的鷓鴣射獵區，在附近農田噴灑過化學物後，區內鷓鴣竟然也是一隻都不剩。

◆英格蘭的鳥類中毒死亡事件

英格蘭面對到的主要難題似乎只發生在當地，且與愈來愈常用殺蟲劑處理過種子再播種有關。種子處理不是今日才有，但早些年，用來處理種子的化學物是殺真菌劑。目前為止，人類似乎未發現殺真菌劑對鳥有什麼影響。然後在約一九五六年，人們開始改採雙重目的式的種子處理法；除了殺真菌劑，還加上地特靈、阿特靈或七氯，以對付土壤裡的昆蟲。情況隨之變糟。

一九六〇年春天，英國的野生動物機構包括英國鳥類學信託基金會、皇家護鳥會、獵禽協會，都收到許多死鳥通報。諾福克郡某位地主寫道：

這裡就像戰場。我的獵場管理人找到無數的動物屍體，包括許多小鳥——蒼頭燕雀、金翅雀、朱胸朱頂雀、林岩鷚，還有家麻雀……野生動物遭到摧毀實在令人感到可悲。

有位獵場管理人寫道：

我的鷓鴣已被人用噴了農藥的穀物殺光，還有一些雉雞和其他各個種類的鳥，有數百隻鳥已經喪命……我當了一輩子的獵場管理人，這讓我非常心痛。看到成對的鷓鴣一塊死掉，很不舒服。

英國鳥類學信託基金會和皇家護鳥會在某份聯合報告中，描述了約六十七隻遇害的鳥——這只占一九六〇年春天無數遇害鳥兒的一小部分。這六十七隻鳥中，有五十九隻死於種子處理劑，八隻死於有毒噴劑。

隔年英國爆發新一波中毒死亡事件。有人向上議院通報了諾福克郡某大片私有地死了六百隻鳥，埃塞克斯郡北部某農場則死了一百隻雉雞。不久後，情況顯示有更多的郡（三十四個郡）發生中毒死亡事件，比一九六〇年（二十三個郡）還要多。以農業為主要產業的林肯郡似乎受創最重，死鳥通報達一萬隻。英格蘭所有的農業區，從北部的安格斯郡（Angus）到南部的康沃爾郡（Cornwall），從西部的安格爾西島（Anglesey）到東部的諾福克郡，都未能倖免。

一九六一年春天，由於各界憂慮加深，下議院底下一個特殊委員會開始調查此事，聽取農民、地主、農業部代表，與數個關心野生動物的政府、非政府機構代表的證言。

「死鴿子突然從天下掉下來」，某位證人說。「在倫敦外開車開個一兩百英里，都見不到一隻紅隼」，另一位證人道。「在本世紀，或者就我所知的任何時候，從來沒有過類似的情況，（這是）我國野生動物與獵物遭遇過最大的危險」，自然保育局官員證稱。

從事受毒害動物化學分析的機構無法勝任毒物檢測工作，英國國內只有兩名化學家會做檢測（一位是政府化學家，另一位任職於皇家護鳥會）。證人描述了鳥屍堆在一塊燒毀的情景。有人收集屍骸做檢測，所有經過分析的鳥屍，只有一隻體內沒有殺蟲劑殘餘。那隻鳥是鷸，而鷸是不吃種子的鳥。

除了鳥，狐狸可能也受害，牠很可能是因為吃了中毒的鼠或鳥而間接受害。苦於兔子數量太多的英格蘭，亟需狐狸這種掠食性動物。但一九五九年十一月至一九六〇年四月，至少有一千隻狐狸死亡。狐狸死亡數最多的郡，正好也是雀鷹、紅隼和其他猛禽幾乎完全絕跡的郡。這間接表明毒素會透過食物鏈擴散，從食種子動物擴散到肉食的毛皮動物和鳥身上。無精打采的狐狸，表現出和受到氯化烴殺蟲劑毒害的動物一樣的行為：漫無目地繞圈子、恍惚、半盲，然後在抽搐中死亡。

這些聽證會使該委員會相信，野生動物受到的威脅「極令人憂心」；該委員會因此向下議院建議道：

> 農業部和蘇格蘭事務大臣應設法立即禁止使用含有地特靈、阿特靈或七氯的化合物，或具有類似毒性的化學物，來作為種子處理劑。

該委員會也建議要採取更充分的管制措施，確保化學物上市前有在實驗室條件下和野外條件下經過充分測試。值得特別強調的是，殺蟲劑研究一直都缺乏進行野外測試，而且舉世皆然。製造商會用常見的實驗動物（鼠、狗、天竺鼠）來測試產品，但不包括野生動物、魚和絕大部分的鳥，而且殺蟲劑都是在受控制的人為環境下進行測試。人們從來沒有對把殺蟲劑用在野生動物身上這件事，做過嚴格的測試。

鳥類已不只是殺蟲劑的間接受害者，還是直接毒殺目標！

世界上不是只有英國面臨如何保護鳥、使鳥不受處理過之種子危害的問題。在美國，這一問題在加州和南部的種稻區最令人頭疼。多年來，加州稻農一直用DDT預先處理種子，以防有時會傷害稻苗的鱟蟲、水龜蟲危害。加州獵鳥人士在稻田獵鳥獵得很過癮，因為稻田是水鳥和雉雞的集中地。但過去十年，種稻郡一再傳出鳥類減少的情事，特別是雉雞、鴨、烏鶇數量減少。「雉雞病」成為眾所皆知的現象：有位觀察者說，鳥會「找水喝、癱瘓，被人發現在渠岸和稻田裡顫抖。」這種「病」發生於春天，即稻田播種之時。處理種子所用的DDT，濃度是足以殺死一隻成年雉雞的好多倍。

幾年過去，更毒的殺蟲劑問世，加劇經處理之種子帶來的危險。對雉雞來說，阿特靈的毒性是DDT的一百倍，如今阿特靈被普遍用作種子敷劑。在德州東部的稻田，這一做法已大幅減少著名樹鴨（墨西哥灣沿岸形似鵝的黃褐色鴨）的數量。事實上，我們有理由認為，稻農已經發現殺蟲劑可以減少烏鶇的數量，也正用這種方法來達成的雙重目的（處理種子和減少烏鶇），因而使得數種在稻田活動的鳥大大遭殃。

隨著人類的殺戮習性日益盛行，我們愈來愈常用「根除」手段對付可能令人類苦惱或不便的動物，鳥類也愈來愈身不由己地成為殺蟲劑的直接毒殺目標，而非意外受波及的受害者。從空中噴灑巴拉松之類的致命毒物，來「控制」農民眼中的害鳥分布密度之情形，愈來愈盛行。魚類與野生動物局認為有必要對此一趨勢表達嚴重關切，指出「噴灑過巴拉松的區域，對人、家畜、野生動物構成潛在危害」。例如，在印第安那州南部，一群農民於一九五九年夏天合僱了一架噴灑機，對某塊河床區噴灑巴拉松。數千隻烏鶇會在河床附近的玉米田覓食，這塊區域是牠們喜愛的棲息區。如果想要減少烏鶇的數量，只要稍稍改變農事行為、改種某些品種的玉米——能將玉米穗深包在裡頭使得鳥類無法取食的玉米品種——就能輕鬆解決這問題，但農民聽信以殺蟲劑撲殺鳥類的好處，於是派飛機執行撲殺任務。

結果大概令農民很滿意，因為受害者包括約六萬五千隻的紅翅烏鶇和椋鳥。還有哪些野生動物在無人注意和紀錄下死去，則不得而知。巴拉松不只會要烏鶇的命：它是通殺型的毒物。兔子、浣熊或負鼠也可能在那些河床地走動，而且可能從未到農民的玉米田覓食，卻被既不知牠們存在也不管牠們死活的法官和陪審團判了死刑。

至於人呢？在噴灑過巴拉松的加州果園裡，摸過一個月前噴灑過此藥之葉子的工人，他們倒下、休克，後來經過高明的醫療照護才得以保住性命。印第安那州境內仍有男孩在林中或原野裡漫遊，甚至在河流邊緣探索嗎？如果有，誰來看好受汙染區，以防男孩在尋找未受人類破壞之自然祕境時不小心走進去？誰來留心警戒、告訴不知情的漫遊者，他要進入的原野會要人命，且原野中所有植物表面都覆上一層薄薄的致命物？風險如此大，農民仍一心對烏鶇發起無謂的戰爭。

在上述的每一個情況裡，人類不免要思索以下的疑問：**是誰決定要投放毒藥，啟動了一連串**

的中毒事件，啟動了範圍愈來愈廣的致命水波，就像把石子投入平靜的池塘後形成的漣漪？是誰在一邊的天秤盤裡放上可能已被甲蟲咬過的葉子，然後在另一邊的秤盤放上成堆色彩繽紛的可憐鳥兒，放上在殺蟲劑不分青紅皂白的濫殺下倒地、一動也不動的鳥兒遺體？是誰替無數未被徵詢過意見的人們決定——又是誰有權替這些人決定——沒有昆蟲的世界是最值得人類追求的目標，就算那是個沒有飛鳥的羽翼來美化，因而死氣沉沉的世界？是人民暫時授予權力的當權者，下了這些決定。在數百萬人的眼中，美麗、井然有序的自然世界具有深厚、重要的意義，但當權者卻在數百萬人稍不注意的一刻，決定對環境下毒。

Rivers of Death

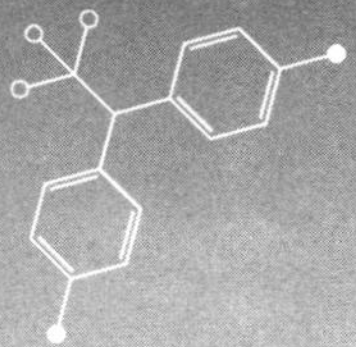

第9章

死亡之河

進入水域的化學物質已嚴重威脅漁業

農場和森林逕流裡所含的殺蟲劑，
如今正跟著許多大河流入海裡。
溪流、池塘裡數千隻魚的暴斃事件，
展現了蟲害防治行動直接且具體可見的效應，
情景駭人且令人驚愕。

不再潔淨的返鄉之路：滲入鮭魚洄游路線的殺蟲劑

◆加拿大的鮭魚中毒案例

在大西洋近岸綠色的深水中，有許多條可以通回海岸的「小徑」。這些小徑是魚洄游的路線；雖然見不到且觸摸不到，但它們與注入大海的沿岸河流相連。上千萬年來，鮭魚已熟知這些由淡水組成的小徑，並會循著這些小徑洄游到河川中，回到牠們誕生後幾個月或幾年曾經住過的那條支流。一九五三年夏天及秋天兩季，新伯倫瑞克的米拉米奇河（Miramichi）鮭魚，就是這樣從遙遠大西洋裡的覓食地洄游，逆流游上牠們土生土長的河川。米拉米奇河的上游有許多由幽暗小溪匯聚而成的溪流，鮭魚會在秋天，於這些水流湍急且寒冷的礫石溪床上產下魚卵。這些流域遍布著雲杉林、膠冷杉林、鐵杉林與松林，提供了鮭魚一個孵育子代時，維持生存所不可或缺的產卵場。

這些活動所沿襲的洄游模式非常悠久，使得米拉米奇河成為北美洲最佳的鮭魚溪之一。但那一年，這個古老的模式被打破。

那年秋冬，母鮭魚會在溪床上布滿礫石的產卵區挖出凹槽，把包有厚外殼且體形碩大的鮭魚卵下在裡頭。寒冬中，牠們一如以往慢慢發育，直到春天終於帶來雪融、釋放冰凍的林中溪流時，幼魚才會孵化出來。一開始，牠們會藏身在溪床的卵石間（小鮭魚身長約半吋），不覓食、只靠卵黃囊維持生命，直到牠們耗盡卵黃囊，才會開始在溪流裡尋找小昆蟲。

一九五四年春天，米拉米奇河裡除了剛孵出的幼鮭，還有先前孵出來的一或兩歲大的小鮭魚，牠們全身明亮，魚身覆有條紋、鮮豔的紅斑。這些小鮭魚找到溪流裡奇奇怪怪、種類各異的昆蟲，拚命地吃。

隨著夏日逼近，一切都變了。前一年，加拿大政府展開一項大型噴灑計畫，要撲滅雲杉捲葉蛾，以拯救森林，一九五四年，米拉米奇河的西北流域被納入噴灑計畫。雲杉捲葉蛾是當地的原生昆蟲，會侵襲數種常綠樹。在加拿大東部，這種昆蟲似乎每隔三十五年就會特別繁盛。一九五〇年代初期，雲杉捲葉蛾的數量似乎再次暴增。為了對付牠，當局開始噴灑ＤＤＴ，一開始只是小規模的噴灑，到了一九五三年卻突然加快噴灑速度。為了拯救作為紙漿、造紙業支柱的膠冷杉（balsam），被噴灑殺蟲劑的森林面積不只是以往的數千英畝，而是數百萬英畝。

於是，一九五四年六月，數架飛機飛臨米拉米奇河西北邊的森林，以十字交叉的飛行模式，製造出令人不安的白色雲霧。藥劑以每英畝地投放半磅ＤＤＴ（油性溶液）的比例，從膠冷杉森林的頂層往下撒落，最後有一部分的藥劑落到地面和溪流裡。飛機駕駛一心只想完成指派的任務，完全沒有費心避開溪流，或在飛近溪流時關掉噴嘴；但即使他們有關掉噴嘴，也可能不會有太大的差別，因為只要有一丁點的空氣攪動，藥劑就會飄飛到很遠的地方。

噴灑完不久後，河流就出現情況明顯不妙的跡象。不到兩天，米拉米奇河西北邊的沿岸出現死魚和垂死的魚，其中包括許多小鮭魚。死魚當中也有河鱒。道路沿線和森林裡的鳥兒奄奄一息。

這條溪裡全部的生命，都一動也不動。進行噴灑作業前，河流裡有形形色色、非常豐富的水中生物，石蠶（石蛾幼蟲）、石蠅若蟲、蜉幼蟲構成了鮭魚和鱒魚的食物。石蠶以唾液為黏著劑，將葉、莖或礫石組成寬鬆、適合活動的保護室，並居住其中。石蠅若蟲緊抓住急流裡的岩石。蜉幼蟲則形似蚯蚓，會在淺灘下或噴濺著溪水的陡斜的岩石處，貼著石頭緩緩移動。但現在，溪中昆蟲都死於DDT之手，幼鮭沒食物可吃了。

在河流中遍地屍體、到處受破壞的情況下，幼鮭大概劫數難逃，事實也的確如此。那年春天從礫石溪床孵出的幼鮭，到了八月已一隻不剩。一整年的魚卵，一切成空。年紀較大的幼鮭，以及孵出一年或更早的鮭魚，情況也只有稍好一點。一九五三年孵化的那批鮭魚（牠們在飛機逼近河川時在溪中攝食），只有六分之一存活下來。一九五二年孵化的那一批鮭魚，已經幾乎準備好要奔往大海，數量卻少掉三分之一。

這些事之所以為人所知，是因為加拿大漁業研究局自一九五〇年起，一直在米拉米奇河的西北區調查鮭魚。該局每年都會調查生活在這條河裡的魚類數量。生物學家的紀錄涵蓋洄游產卵的成鮭數量、河裡每個年齡群之幼鮭的數量、棲息在該河的鮭魚和其他多種魚類的正常數量。這份在噴灑作業前完成的完整生物情況紀錄資料，讓我們能夠在評估噴灑作業造成的傷害時，達到別的地方很少比得上的精確程度。

調查顯示除了幼魚減少，溪、河本身也出現令人憂心的改變。一再噴灑化學物已徹底改變現在的溪、河環境，作為鮭魚、鱒魚食物的水生昆蟲都遭到殺害。要使大部分的昆蟲數量，恢復到足夠供養正常鮭魚群體的規模，需要很長的時間——以年計，而非以月計——即使只噴灑過一次也是如此。

體型較小的昆蟲，例如蠓、蚋，很快就能恢復原來的數量。牠們是適合體型最小的鮭魚（幾個月大的鮭魚）攝食的食物。但兩歲多或三歲多的鮭魚，倚賴的食物是體型較大的昆蟲（石蛾、石蠅、蜉蝣的幼蟲），這些昆蟲的數量就沒有恢復得這麼快。就算在DDT流入溪、河後的第二年，覓食的幼鮭除了能偶爾找到一隻小石蠅，也還是不容易找到別的昆蟲。大型的石蠅、蜉蝣、石蛾蕩然無存。為供應魚類這種天然的昆蟲食物，加拿大人試圖將石蠶和其他昆蟲移入了無生氣的米拉米奇河流域。但可想而知，這些移入的昆蟲，又碰上殺蟲劑噴灑作業，遭到撲殺殆盡。

事實呈現雲杉捲葉蛾沒有如預期中的減少，反倒變得更頑強，從一九五五至一九五七年，人們再次在新伯倫瑞克、魁北克的幾個地方噴灑殺蟲劑，有些地方更噴灑了三次。到了一九五七年，已有將近一千五百萬英畝的地被噴灑殺蟲劑。然後，噴灑作業暫時中止，捲葉蛾卻突然死灰復燃，導致噴灑作業在一九六〇、一九六一年重新啟動。**事實上，不管在哪個地方，證據都顯示以噴灑化學物來控制捲葉蛾只能發揮暫時的效果**（噴灑的目的是要防止雲杉因連續數年落葉而死亡），因此，隨著噴灑作業的持續進行，令人遺憾的副作用就會繼續發威。為了把魚類的受害程度降到最低，加拿大林務官員已按照漁業研究局的建議，把DDT的投放比例從先前的每英畝半磅，減為四分之一磅（但美國的標準噴灑作業仍盛行在每英畝地施放高致命性的藥劑磅數）。如今，加拿大人觀察了幾年來的噴灑成效，發現利弊參半，但只要繼續噴灑殺蟲劑，就很難令熱愛釣鮭的人安心。

但目前為止，由於難得一見的因緣巧合，米拉米奇河西北區的洄游魚類躲過了原本預期中的覆滅命運。以下所述的偶發事件再次湊在一塊的情況，可能本世紀裡都無緣再現。了解米拉米奇河西北區發生的事情，和事情發生的原因，非常重要。

如同前面提過的，米拉米奇河的西北支流流域在一九五四年被噴灑了大量殺蟲劑。後來，除了這條流域的一個狹長地帶在一九五六年又被噴灑了殺蟲劑以外，支流的整個上游流域就都被排除在噴灑計畫之外。一九五四年秋天，一場熱帶性風暴左右了米拉米奇河鮭魚的命運。強烈颶風埃德娜朝北方前進，並在往北走的路線終點，為新英格蘭和加拿大海岸帶來滂沱大雨。山洪因此暴發，把淡水源源不斷地送入海裡，引來特別多的鮭魚洄游產卵。那些被鮭魚相中的礫石溪床產卵場，出現了特別多的魚卵。一九五五年春天在米拉米奇河西北區孵化的幼鮭，竟然擁有了非常有利於牠們存活的環境。DDT在前一年殺光了溪中所有的昆蟲，但體型最小的昆蟲（蠓和蚋）的數量，這時已恢復不少。牠們是孵化不久後的幼鮭的正常食物。那年孵出的幼鮭不只有豐富的食物可吃，與牠們爭食的生物也不多，因為年紀較大的幼鮭已於一九五四年被殺蟲劑殺光，這樁事實相當令人心寒。因此，一九五五年孵出的幼鮭長得很快，存活數特別高。牠們很快就完成在溪裡的成長階段，早早奔向大海。其中許多鮭魚在一九五九年從大海回到出生地，使原生溪流出現許多第一次溯河產卵的幼鮭。

如果西北米拉米奇河裡的洄游鮭魚狀況仍相對較好，那是因為那裡只有某一年被噴灑過殺蟲劑。在該流域的其他溪流裡，重複噴灑的後果清楚可見——鮭魚數量正驚人減少。

凡是噴灑過殺蟲劑的溪流，各種大小的幼鮭都很稀少。生物學家報告道，最幼小的鮭魚往往遭「撲殺殆盡」。米拉米奇河西南區的主流在一九五六、一九五七年被噴灑過殺蟲劑，而一九五九年的漁獲量，是十年來數量最低的。漁民談到他們發現第一次溯回出生地產卵的年輕鮭魚（grilse）極為稀少。一九五九年，米拉米奇河河口的採樣陷阱捕獲到第一次溯河產卵鮭魚的數量，只有前一年的四分之一。同年，整個米拉米奇河流域也只生出約六十萬條初離淡水、進入海中生活的幼鮭。這個數量還不到前三年溯河洄游鮭魚的三分之一。

在這樣的情形下，新伯倫瑞克鮭魚業的未來很可能要放棄用ＤＤＴ噴灑森林，改為仰賴別的辦法來控制森林蟲害。

◆美國其他州鮭魚與其他魚類的中毒案例

加拿大東部除了森林噴藥的程度與其他地方不同，和已蒐集到的資料豐富度可說是獨一無二的以外，這裡面臨的情況不是唯一的。緬因州也有雲杉、膠冷杉森林，同樣也有控制森林蟲害的問題。緬因州的洄游鮭魚群（往日龐大洄游鮭魚群的剩餘群體），是靠著生物學家和保育人士的努力才得以倖存，他們幫鮭魚在充斥著工業汙染和堵塞著原木的溪流裡保住棲地。這裡嘗試過用殺蟲劑來對付無所不在的雲杉捲葉蛾，但受殺蟲劑影響的面積相對其他地方來講較小，且目前為止沒有重要的鮭魚產卵溪受害。但緬因州內陸漁獵部觀察到了某區域的溪魚的遭遇，或許是不祥之兆。該部報告：

一九五八年噴灑殺蟲劑後，有人立即在大高達溪（Big Goddard Brook）觀察到大批垂死的亞口魚（sucker）。這些魚呈現DDT中毒的典型症狀；漫無目的地亂游，露出水面猛吸氣，顫抖與痙攣。噴藥後的頭五天，從兩道攔阻網收集到六百六十八隻死亞口魚。在小高達溪、開利溪、艾爾德溪、布雷克溪，也有許多米諾魚、亞口魚喪命。河中常見到虛弱、奄奄一息的魚，身不由己地隨著溪水往下漂流。噴藥一個多星期後，有人好幾次發現瞎眼垂死的鱒魚，隨著溪水不由自主往下漂流。

（DDT會使魚瞎掉一事，得到數項調查的證實。加拿大某生物學家觀察一九五七年溫哥華島北部的噴灑作業後說，他可以用手從溪裡直接抓起割喉鱒魚〔cut-throat trout〕，因為魚的行動遲緩，完全沒想跑掉。檢查發現牠們的眼睛表面覆有不透明的白色薄膜，表示牠們的視力已受損或完全失明。加拿大漁業部的實驗室調查顯示，接觸過低濃度DDT〔3ppm〕但沒有喪命的魚〔銀鮭〕，幾乎每條都出現眼盲症狀，眼球晶狀體很顯著的混濁。）

只要是有遼闊森林的地方，棲息在林間溪流的魚都受到現代昆蟲控制法威脅。一九五五年，美國境內發生一起極知名的魚類大批喪命事件，兇手是噴灑在黃石國家公園裡和公園附近的殺蟲劑。到了該年秋天，黃石河裡發現的死魚之多，已到了讓釣魚人士和蒙大拿州漁獵部官員心驚的程度。該河有約九十英里的河段受到毒害。在某段三百碼長的河岸，就發現了六百隻死魚，包括褐鱒、白鮭、亞口魚。而棲息在溪裡的昆蟲——鱒魚的天然食物，已消失無蹤。

林務局官員宣稱，他們是按照每英畝地一磅DDT「安全無虞」的建議進行噴灑作業。但噴藥的結果應該已經足以讓任何人相信，這項建議根本不可靠。一九五六年，蒙大拿州漁獵部和另外兩個聯邦機構——魚類與野生動物局、林務局，聯手展開調查。那一年在蒙大拿州，有九十萬英畝地噴灑了殺蟲劑；一九五七年也有八十萬英畝地噴灑了殺蟲劑。因此，生物學家很容易就找到可供調查的區域。

奪命模式始終如一：森林上空散發著DDT的氣味、水面浮著油膜、溪岸沿線出現鱒魚的屍體。所有經過分析的魚，不管抓來時是死是活，組織裡都貯存有DDT。一如在加拿大東部所見，噴灑殺蟲劑最嚴重的後果之一，就是作為食物的有機體大幅減少。在許多調查區域，水生昆蟲和其他棲息於溪床的動物，減少到牠們正常總數的十分之一。這些攸關鱒魚存亡的昆蟲，牠們的居群若遭摧毀，得花頗長時間才能恢復原樣。即使到了噴灑後的第二個夏天結束時，也只有極少量的水生昆蟲再次繁衍，而某條原本有棲息著大量溪底動物的溪水裡，更幾乎找不到水生昆蟲，供捕釣的魚也少了八成。

魚未必會立即喪命。事實上，魚群過了一段時間才喪命的情形可能比立即喪命更常見，而且蒙大拿州的生物學家發現這種情形是發生在釣魚季之後，所以可能沒有人會發現並通報。在那些受調查的溪裡，魚（包括褐鱒、河鱒、白鮭）在秋季產卵後死了不少。這不足為奇，因為有機體（不管是魚還是人）的生理機能在遭遇到壓迫時，都會利用先前貯存的脂肪來取得能量，使得貯存在組織裡的DDT有機會向有機體施展全面、致命的威力。

事實擺在眼前，以每英畝地一磅DDT的比例噴灑殺蟲劑，對森林中的溪魚構成嚴重威脅。此外，也沒有達到控制雲杉捲葉蛾的目的，但許多區域仍然排定要再次噴灑殺蟲劑。蒙大拿州漁獵部極力反對，說該部門**「不願為了必要性有待商榷，且成效可疑的計畫，損害垂釣漁業資源」**。但該部門也宣布，他們會繼續和聯邦林務局合作，以找到辦法「將負面效果降到最低」。

但這樣的合作真的能挽救魚的性命？加拿大英屬哥倫比亞省的經驗給了清楚的答案。黑頭捲葉蛾已經肆虐該地數年，林務局的官員擔心再一個季節的落葉會導致許多林木死亡，因此在一九五七年決定展開控制行動。林務部門多次向該省漁獵部徵詢意見，漁獵部官員擔心洄游鮭魚群受害。森林生物科則同意在不削弱噴灑作業的成效之下，盡可能修改噴灑計畫，降低魚可能受到的危害。

儘管有這些預防措施，儘管主事者似乎真心要降低噴灑殺蟲劑對魚的傷害，但至少在四大溪流裡，鮭魚仍舊幾乎全數喪命。

這四大溪流中的某條溪，有由四萬隻成年銀鮭組成的洄游魚群，其中的年輕鮭魚幾乎全遭殺害。數千隻年輕的虹鱒和其他幾種鱒魚也遭到同樣的命運。銀鮭的生命週期為三年，洄游魚群幾乎全由單一年齡群的魚組成。一如其他種鮭魚，銀鮭有強烈的返回出生溪流的本能。此外，別的溪流的魚群不會移居到這條溪流，這表示，在透過人工繁殖或其他辦法的精心管理，使這種具有重要商業價值的洄游魚群能重建以前，三年一期洄游進入此溪的鮭魚群，會幾乎完全滅絕。

我們有辦法在保住森林的同時，拯救這些魚。如果我們認定除了把水道打造成死亡之河外別無他法，就等於是在走自暴自棄、失敗主義的路子。我們必須擴大運用目前已知的替代辦法，必須把我們的聰明才智和資源用在研擬其他辦法上。**有紀錄顯示利用寄生性的天敵來控制雲杉捲葉蛾，比噴灑殺蟲劑有效。我們必須把這種天然控制法運用到極致。**使用毒性較弱的殺蟲劑，或採用更理想的辦法——引入會讓雲杉捲葉蛾生病同時不會傷害整個森林生命網的微生物，並非不可能。後面我們會談到某些替代辦法和它們所預示的未來。在這同時，我們必須體認到用噴灑化學物對付森林昆蟲，既不是唯一的辦法，也不是最佳的辦法。

毒物循環永無止境：悠遊於陸地、海洋的氯化烴殺蟲劑

殺蟲劑對魚的威脅或許可分為三個部分。第一個部分，如同先前已提過的，與北方森林中溪流裡的魚，和森林噴灑殺蟲劑的問題有關；這部分的威脅幾乎全肇因於ＤＤＴ的作用。另一個威脅的範圍則較廣闊、會漫無節制地擴散、不會集中於特定區域，與許多種魚有關，包括鱸魚、翻車魚、刺蓋太陽魚、亞口魚，和棲息在美國許多地區、多種水域（包括靜止和流動的水域）的其他魚。幾乎所有的農用殺蟲劑都跟這項威脅有關，有些主要的危害物質我們可以輕易地就認出來，例如茵特靈、德克沙芬、地特靈、七氯。至於另外要考慮的一個問題是，如今我們必須以邏輯思維假設未來會發生的事，因為會揭露事實的調查，如今才剛開始進行。這與鹽沼、海灣、河

口的魚有關。

全面使用新問世的有機殺蟲劑，必然會嚴重傷害魚類。現代大部分的殺蟲劑是由氯化烴構成，而魚對氯化烴的敏感程度幾乎令人難以置信。當人類把數百萬噸的有毒化學物投放到陸地表面，其中有些毒物最終一定會進到水裡，跟著水在陸地、海洋間無止境地來回移動。

悲鳴四起：水生動物的喪命報告從美國境內四處傳來

魚喪命的報告如今從各處傳來，在某些例子中，魚屍遍布、災情慘重，美國公共衛生局因此設立一部門，專門蒐集這類來自各州的報告，作為水質汙染的指標。

這是個與許多人離不開關係的問題。約兩千五百萬美國人把釣魚當成主要的休閒活動，另外還有一千五百萬人至少興致來時就會去釣魚玩玩。為了取得釣魚許可、釣具、小船、露營裝備、汽油和山中住所，這些人每年花掉三十億美元。凡是剝奪掉他們釣魚樂趣的東西，也會進一步傷害許多經濟利益。商業性漁業是這種經濟利益的代表產業，而且更重要的是商業性漁業提供了我們不可或缺的食物來源。內陸、沿海漁業（不含近海漁業）的漁獲量，一年據估計可達三十億磅。但如同後面會提到的，殺蟲劑將入侵溪、池、河、海灣，對休閒性漁業和商業性漁業都構成威脅。

對農作物噴灑液狀、粉狀農藥致使魚群大批死亡的例子，到處可找到。例如在加州，有人噴灑地特靈以控制稻小潛葉蠅，然後就有約六萬隻供捕釣的魚死亡，其中大部分是藍鰓太陽魚和其他種類的太陽魚。在路易斯安那州，由於甘蔗田使用茵特靈，單單一年裡（一九六〇年）就有三十起或更多起魚大量死亡的事例。在賓州，果園用茵特靈來對付老鼠，然後魚大批死於茵特靈之手。西部高海拔平原上為了控制蚱蜢而施用氯丹，接著就出現許多溪魚死亡的情事。

說到農業計畫，美國南部為了控制火蟻，而對數百萬英畝地噴灑殺蟲劑一事，大概是計畫中規模最大的。這項作業主要使用的化學物——七氯，對魚來說，毒性只稍遜於DDT。另一項對付火蟻的化學物——地特靈，對所有水生動物，危害都極大，且有許多的前例可以證明。然而，茵特靈和德克沙芬對魚威脅又更大。

凡是位在火蟻控制區裡的地方，不管有沒有噴灑七氯或地特靈，都傳出水生動物大批受害的報告。摘取其中某些段落，能有助於概略了解調查這場損害的生物學家，寫下的報告內容：來自德州的報告顯示，「儘管努力保護溝渠，還是有水生動物大量死亡」，「凡是噴灑過殺蟲劑的水域，都有……死魚浮現」，「魚死了很多且情況持續超過三個星期」。來自阿拉巴馬州的報告則表示，「（在威爾科克斯郡）大部分成魚於噴藥後幾天內喪命」，「間歇性水域和小支流裡的魚似乎已被殺光」。

在路易斯安那州，農民抱怨農場池塘裡的魚死亡。在離某條溝渠不到四分之一英里的渠段，就看到五百多條死魚漂浮在水面上或躺在渠岸上。在另一個堂區，死太陽魚和尚存活之太陽魚的比例是一五〇比四。另外五種魚似乎已徹底滅絕。

在佛羅里達州，有人在噴灑過殺蟲劑之區域的池塘魚體內，找到七氯和環氧七氯（從七氯衍生出來的化學物）殘餘。這些受害魚包括太陽魚和鱸魚，而這兩種魚正是釣客的最愛，通常最後會成為釣客家的盤中飧。但牠們體內的化學物，卻是聯邦政府食品藥物管理局認定太危險而不宜被人攝取的化學物之一（即使微量攝取都太危險）。

由於魚、蛙等水生動物喪命的報告從國內四處傳來，美國魚類學家與爬行動物學家協會（American Society of Ichthyologists and Herpetologists）——一個致力於調查魚類、爬蟲類、兩棲動物且受人尊敬的科學組織——在一九五八年通過一項決議，要求聯邦農業部和相關的州政府機構停止「在空中撒布七氯、地特靈和同性質的毒物，以免造成無法彌補的傷害」。該協會呼籲大家關注棲息於美國東南部的多種魚和其他生物，包括未見於世上其他地方的物種。該協會示警道，「其中許多動物的棲居地極小，很容易被殺光。」

◆阿拉巴馬州的魚群死亡事件

南部諸州的魚也受到用於防治棉花蟲害的殺蟲劑的嚴重毒害。一九五〇年夏天，阿拉巴馬州北部的棉花種植區損失慘重。那年以前，棉農只少量使用有機殺蟲劑來控制棉鈴象甲。但一九五〇年由於一連好幾年都是暖冬，使得棉鈴象甲大肆滋生，在郡級農業技術指導員鼓勵下，估計八成至九成五的棉農轉而使用殺蟲劑。棉農最愛的殺蟲劑是德克沙芬，對魚類殺傷力最強的殺蟲劑之一。

那年夏天雨下得頻繁且大。雨水把化學物沖進溪流裡，為了補充流失的殺蟲劑，棉農噴灑更多殺蟲劑。那一年，每一英畝棉花田平均接收到六十三磅的德克沙芬。有些農民的用量更高達每英畝兩百磅；有個農民，特別來勁，對每英畝地撒了超過兩百五十公斤的德克沙芬。

結果可想而知。佛林特溪（Flint Creek）流經阿拉巴馬棉鄉五十英里後，注入惠勒水庫（Wheeler Reservoir），從該溪的遭遇我們可了解該地區的一般情況。八月一日，佛林特溪流域降下滂沱大雨。陸地上的水，從涓涓細流化為小溪，再化為洪水，注入溪流。佛林特溪水位上升十五公分。到了隔天早上，顯而易見的，又有更多的雨水流入這條溪。魚在接近水面處漫無目的地繞圈游，有時會有一條魚跳出水面，落在岸上。這些魚很容易抓；有個農民抓起幾條，放進以泉水為水源的池子裡。在那池子裡，水質純淨，這少數幾條魚自行康復。但溪裡整天有死魚往下游漂。這只是更怵目驚心的死亡畫面的序曲，因為每場雨都把更多殺蟲劑沖進這條溪裡，奪走更多條魚的性命。八月十日的雨導致整條溪的魚死亡無數，致使八月十五日又一波毒物被沖進這條溪裡時，已沒多少魚可死。有人把圈在籠子裡的金魚放進佛林特溪測試，證明溪裡有致命化學物存在，因為牠們不到一天就一命嗚呼。

佛林特溪裡慘死的魚，包括許多白刺蓋太陽魚，這是釣客最愛的魚之一。該溪會注入惠勒水庫，水庫裡發現非常多鱸魚、太陽魚的浮屍。這些水域裡所有無實用價值的魚也未能倖免，包括鯉魚、牛魚、石首魚、美洲真鰶、鯰魚。這些魚都沒有顯露出得病的徵兆——只看到垂死魚的胡亂游動，和鰓部的奇怪深紅色。

在農場池塘這些封閉的暖水域中，如果附近有施用殺蟲劑，池裡的魚很可能保不住性命。如同許多例子所顯示，毒物被雨水和來自周遭土地的逕流帶進來。有時，這些池塘不只有已受汙染的逕流注入，還因為噴灑殺蟲劑的飛機駕駛在飛過池塘上空時忘了關掉噴灑器，而被直接注入殺蟲劑。即使沒有這些麻煩，正常的農藥使用也使魚身陷險境，因為池裡的化學物濃度比殺掉牠們所需的濃度高上許多。換句話說，顯著減少殺蟲劑用量幾乎改變不了致命的情況，因為每英畝地〇．一磅多的用量，都被認為對池塘是有危害的。而毒物一旦引入就難以去除。有個池塘為了除掉不想要的銀色小魚而噴灑了DDT，事後雖然一再抽乾、沖洗，但毒性仍很強，使得後來放進去的太陽魚，有九成四喪命。這一化學物似乎仍存在於池底爛泥裡。

現在的情況顯然和現代殺蟲劑首度被人使用時一樣糟。奧克拉荷馬州野生動物保育局於一九六一年表示，農場池塘和小湖泊裡魚類死亡的報告，以每星期至少一樁的頻率回報，而且那樣的報告有增無減。在奧克拉荷馬州，造成魚類死亡的一般因素，是多年來一再重現而為人所熟悉的因素：對農作物噴灑殺蟲劑，毒物隨著大雨被沖進池塘裡。

◆非洲、東南亞的食用魚死亡事件

在世上某些地方，池塘養殖魚是不可缺少的食物來源。在這些地方，不顧對魚的影響使用殺蟲劑，會帶來立即的危害。例如，在羅德西亞[1]，吳郭魚這種重要食用魚的幼魚，在淺水池塘裡只接觸到0.04ppm的DDT就喪命。其他許多種毒性更強的殺蟲劑，只需要更小的劑量就會讓魚喪命。這些魚棲息的淺水是有利於蚊子滋生的地方。欲控制蚊子，同時保住中非洲重要的食用魚，這個難題顯然還未得到滿意的解決。

菲律賓、中國、越南、泰國、印尼、印度等地養殖的虱目魚，面臨類似難題。虱目魚養殖於這些國家沿海地區的淺水池裡。成群的幼虱目魚突然出現於沿海水域（牠們來自何處無人知曉），被漁民撈起，放進圈養池裡養到大。這種魚是東南亞、印度數百萬米食人民重要的動物蛋白質攝食來源之一，因此，太平洋科學大會（Pacific Science Congress）建議國際社會努力找出牠們尚不為人知的產卵場，以大規模發展虱目魚養殖業。但實行殺蟲劑噴灑作業使既有的圈養池損失慘重。在菲律賓，為控制蚊子而進行的空中噴藥，讓養殖池主人蒙受巨大損失。有個養了十二萬條虱目魚的池子，有一半以上的魚死於某架噴藥機飛過之後，養殖池主人拚命灌水進池以稀釋毒性，仍然沒有幫助。

1 羅德西亞（Rhodesia）為辛巴威的舊稱，位於南部非洲，曾經是英國的殖民地。

◆德州奧斯汀市的魚群死亡事件

最近幾年最引人注目的魚類大量死亡事件之一，發生在一九六一年德州奧斯汀市以下的科羅拉多河段。一月十五日週日早上天亮後不久，奧斯汀市新創建的人工湖「市區湖」（Town Lake）和從該湖往下延伸約五英里的科羅拉多河段浮現死魚。前一天水面上完全未見死魚。星期一，有人報告下游五十英里處有死魚。這時，情況已很清楚，該河裡有一波有毒物質正往下游移動。到了一月二十一日，下游一百英里處的拉格蘭奇鎮（La Grange）附近有魚遇害。一個星期後，化學物質已在奧斯汀下游兩百英里處發威。一月最後一個星期期間，近岸內航道（Intracoastal Waterway）上的閘門關閉，免得毒水流入馬塔戈爾達灣（Matagorda Bay），並將水改道注入墨西哥灣。

在這同時，奧斯汀市的調查人員注意到水中散發出與氯丹、德克沙芬這兩種殺蟲劑有密切關係的氣味。某條汙水下水道所排出的水，氣味尤其濃烈。這條汙水下水道過去就與工業廢水引發的困擾有過牽連，而當德州漁獵委員會的官員從市區湖循著該汙水下水道往回查時，就注意到汙水下水道所有注入口都有類似六氯化苯的氣味，離湖最遠且有此氣味的注入口，是從某化學工廠拉出的一條支道的注入口。這座工廠的主要產品，包括DDT、六氯化苯、氯丹、德克沙芬，以及產量較少的其他幾種殺蟲劑。該廠經理坦承，最近有許多粉狀殺蟲劑被沖進汙水下水道裡，更重要的是，他承認他們過去十年來都是這樣處理散落地面的殺蟲劑和殘餘。

進一步搜尋後，漁獵事務官員找到另外幾家會讓雨水或一般清掃水把殺蟲劑送進汙水下水道的工廠。（科羅拉多河的魚群死亡事件，和汙水道散發出的難聞味道究竟有什麼關聯？）最後串聯起這道因果鏈的證據，卻是以下的發現：在湖水和河水毒死魚的數天前，有人用高壓水柱噴出數百萬加侖的水，沖刷整個汙水下水道系統，以清除管道中的垃圾。這一沖洗無疑把礫石、沙子、瓦礫堆裡經年累月累積的殺蟲劑沖出來，送進湖裡，進而送進科羅拉多河裡。後來的檢測證實該河裡有殺蟲劑成分。

這些致命毒物順著科羅拉多河往下漂流，一路毒殺魚群。從該湖往下游一百四十英里的河段，河中的魚想必都遭到誅殺殆盡，因為後來用圍網查明是否有魚逃過毒手，結果一無所獲。觀察發現死魚有二十七種，每一英里的河岸就有總共約一千磅的死魚。鉗魚（斑點叉尾鮰）是該河最主要供捕釣的魚種，也名列其中。還有藍鯰魚（長鰭真鮰）、鑵鮰、大頭鯰、四種太陽魚、銀色小魚、代斯魚、大鱗彎嘴鰷、大口黑鱸、鯉、鯔魚、亞口魚，以及鰻魚、雀鱔、鯉形亞口魚、美洲真鰶、牛魚。其中還包括該河的一些長老——即根據體型判斷想必已有不少年歲的魚。許多鑵鮰重逾二十五磅，據說該河沿岸的居民曾捕過六十磅重的鑵鮰，有條巨藍鯰，據官方記載，更重達八十四磅。

漁獵委員會預判，即使該河未再遭汙染，數年之內魚群的分布模式也無法恢復原樣。有些種類的魚（存在於牠們天然分布區邊緣的魚），可能永遠無法恢復原來的數目，其他種魚則只有在州政府大規模放養的協助下，才可能恢復原來的數目。奧斯汀市這場魚類浩劫，已為這麼多人所知，但災難幾乎可以肯定不會就此結束。有毒的河水在往下奔流兩百多英里後，仍具有致死的威力。

此河水被認為太危險，不能讓它流入有牡蠣、小蝦養殖場的馬塔戈爾達灣，於是有毒河水整個被轉移注入遼闊的墨西哥灣。它會在墨西哥灣產生什麼影響？至於其他含有可能同樣致命之汙染物的數十條河的河水呢？

目前，對於這些疑問，我們大體上只能揣測，但人們愈來愈憂心殺蟲劑汙染會在河口、鹽沼、海灣和其他沿海水域產生的影響。這些區域不只接收了已遭汙染的河水，通常還會被直接噴灑殺蟲劑以控制蚊子或其他昆蟲。

◆佛羅里達州的魚群和招潮蟹死亡事件

殺蟲劑對鹽沼、河口和所有平靜小海灣之生物的影響，在佛羅里達州東海岸的印第安河（Indian River）地區，得到最清楚的說明。一九五五年春天，該地區的聖露西郡有約兩千英畝的鹽沼被噴灑了地特靈，以撲滅白蛉幼蟲。殺蟲劑投放比例為每英畝地一磅的活性成分。結果，水中生物慘遭浩劫。該州衛生局昆蟲學研究中心的科學家，調查噴藥後魚類死亡的情況，報告說魚「徹底」滅絕。每個地方都有魚屍散布海岸。從空中可看到鯊魚受到水中垂死無力魚類的吸引，游入該水域。沒有哪種魚倖免。死魚包括鯔魚、鋸蓋魚、銀鱸、食蚊魚。

整個沼澤區中（不含印第安河岸線），立即喪命的魚至少有二十至三十噸，也就是約一百一十七萬五千隻、至少三十種魚喪命（該調查小組的R．W．小哈靈頓〔R. W. Harrington, Jr.〕和W．L．畢德林邁爾〔W. L. Bidlingmayor〕報告道）。

軟體動物似乎未受地特靈傷害。這整個區域的甲殼綱動物則幾乎遭滅絕。水生蟹居群似乎整個遭消滅，招潮蟹也幾乎遭全殲，只在明顯未遭毒彈擊中的局部沼澤地，有招潮蟹暫時苟活。

較大型、供捕釣的魚和食用魚最快受害……螃蟹抓住奄奄一息的魚然後吃掉，隔天也死掉了。蝸牛繼續大啖魚屍。兩個星期後，散落各處的死魚消失無蹤。

已故的赫伯特．米爾斯（Herbert R. Mills）博士，根據其在佛羅里達州西海岸坦帕灣（Tampa Bay）的觀察，敘述了同樣讓人難過的情景。全美奧杜邦學會在該地（包含威士忌樹樁島〔Whiskey Stump Key〕）在內的一個區域，經營一個海鳥保護區。諷刺的是，在當地衛生當局執行鹽沼伊蚊撲滅行動後，這座保護區空有保護之名，卻無保護之實。魚和蟹再度成為主要受害者。嬌小可愛的招潮蟹，像放牧的牛群在潮泥灘或沙灘上成群移動。面對殺蟲劑噴灑器，牠們毫無招架之力。經過夏秋期間連續幾次噴灑（有些區域噴灑多達十六次），招潮蟹的處境，就如米爾斯總結的：

招潮蟹愈來愈稀少的情況，這時已明顯可見。在當天（十月十二日）的潮汐、天候條件下，原本應有十萬隻左右招潮蟹的海灘上，能見到的招潮蟹卻不到百隻，而且這些招潮蟹不是已死就是有病，渾身顫抖、抽動、跌跌撞撞，幾乎爬不動；但在未噴灑殺蟲劑的相鄰區域，還是有很多的招潮蟹。

生物通殺：幾乎所有水生動物都受到殺蟲劑的影響

◆蟹類的案例

招潮蟹在世界的生態裡，占有不可或缺的地位，其他動物無法輕易填補牠的地位。牠是許多動物的重要食物來源。沿海浣熊以牠們為食，棲息於沼澤地的鳥，例如長嘴秧雞、濱鳥，甚至身為過客的海鳥也一樣。在噴灑過DDT的紐澤西州鹽沼，笑鷗的正常數量在幾個星期裡減少了八成五，這很可能是因為噴灑殺蟲劑後牠們找不到足夠的食物。沼澤招潮蟹在其他方面也很重要，牠是有益的食腐動物，而且可以藉由在沼泥裡四處挖地道使沼泥通氣。牠們也為漁民提供了大量誘餌。

在受到殺蟲劑威脅的潮沼、河口，招潮蟹並非唯一的動物；對人明顯更為重要的其他動物正身陷險境。乞沙比克灣和其他大西洋岸區域著名的藍蟹就是一例。這些蟹對殺蟲劑的防禦力極低，每次在潮沼裡的小溪、水道、池子噴灑殺蟲劑，都使生活在那裡的大部分藍蟹喪命。不只本地的蟹喪命，從海上移入噴灑區域的其他蟹也死於殘留不去的毒素。有時，受害者是間接中毒，例如在印第安河附近的沼澤，食腐蟹會咬垂死的魚，不久後自己中毒身亡。殺蟲劑對龍蝦的危害則較不清楚。但龍蝦和藍蟹同屬節足動物，生理結構基本上一樣，很可能會受到同樣的危害。對石蟹和其他作為人類食物而具有直接經濟重要性的甲殼綱動物來說，殺蟲劑也會傷害牠們。

◆沿海水域魚類的案例

近岸水域（海灣、長灣、河口、潮沼），構成無比重要的生態單位。它們與許多魚、軟體動物、甲殼綱動物的生活有非常密切且不可分割的關係，如果它們變得不適棲居，我們將無緣享用這些海鮮。

即使是在沿海水域分布極廣的魚，都有許多魚會把受到保護的近岸水域當作幼魚的養育場和覓食場。在佛羅里達州西海岸南方三分之一段的地方，有兩旁林立著紅樹林且縱橫交錯如迷宮的溪流、水道，許多大西洋大海鰱的幼魚棲息其中。在大西洋岸，有多座人稱「外灘」（bank）的島，如同一道保護鏈，坐落於紐約南邊大段海岸外，而海鱒、大西洋黃魚、平口鰏、石首魚就在那些島之間的水灣外沙洲上產卵。幼魚破卵而出後，會被潮水帶著穿過島間水灣，到達海灣和長灣（如柯里塔克灣〔Currituck〕、帕姆利科灣〔Pamlico〕、博格灣〔Bogue〕和其他許多海灣），牠們在這裡找到許多食物，快速成長。沒有這些溫暖、受保護、食物豐富的育苗水域，這些魚和其他許多種魚無法維繫其居群。但我們卻允許殺蟲劑經由河川進入這些水域，允許在相鄰沼澤地直接噴灑殺蟲劑，讓殺蟲劑進入這些水域。而比起成魚，這些位於生命初期階段的魚尤其容易遭受直接的化學中毒。

◆蝦的案例

蝦也倚賴近岸海域作為幼蝦的覓食場。有種數量眾多且分布甚廣的蝦，支撐南部大西洋岸、墨西哥灣岸諸州的整個商業性漁場。蝦雖在海裡產卵，但幼蝦長到數星期大時進入河口和海灣，以進行一連串脫殼、變形。牠們從五或六月開始待在那裡，一直待到秋天，以水底死去的粒狀有機物質為食。在近岸海域生活的整個期間，蝦子居群的榮枯與牠們所支持之產業的興衰，都取決於河口環境的有利與否。

殺蟲劑是否代表捕蝦業和市場蝦子供給將受到威脅？答案或許在商業性漁業局（Bureau of Commercial Fisheries）晚近所做的實驗裡。實驗發現，剛度過幼蟲階段的商業性幼蝦對殺蟲劑的容忍度極低——測量單位是以 ppb（十億分率），而非以較常用的 ppm（百萬分率）來計算。例如，在某次實驗中，一半的蝦子死於濃度只有 15ppb 的地特靈。其他化學物更毒。茵特靈，始終是最致命的殺蟲劑之一，只要〇．五 ppb 的濃度，就使一半蝦子喪命。

◆牡蠣和蛤的案例

對牡蠣與蛤來說，殺蟲劑構成多重的威脅。同樣的，牡蠣和蛤在幼年階段時，抗殺蟲劑能力最弱。這些有殼水生動物棲息於不受暴風雨侵襲之水域的底部，分布範圍從新英格蘭地區到德州的海灣、長灣、感潮河（tidal rivers）的底部和大西洋岸。牠們成年後會固定附著於一地，但卵會排入海中，牠們的幼體會在海中四處漂蕩數星期。夏季時，由小船拖行的細目拖網，會把身形極小、脆弱如玻璃的牡蠣、蛤的幼體，連同構成浮游生物的其他漂流性動植物一起撈起。這些透明的幼體，身形和塵粒一樣小，在水面四處游，以浮游生物裡肉眼看不見的植物為食。如果這些細小的海洋植物未能順利生長，有殼水生動物的幼體就會餓死。但殺蟲劑很可能滅掉大量浮游生物。某些常用於草坪、種植區、路旁植栽，甚至沿海沼澤的除草劑，對軟體動物幼體賴以填飽肚子的植物性浮游生物來說，毒性特別強，有些只接觸到幾 ppb 濃度的除草劑就會喪命。

許多常用的殺蟲劑，在極微量情況下，就能讓纖弱的浮游生物幼體喪命。即使接觸到的殺蟲劑分量較不致喪命，幼體最終還是可能因此喪命，因為成長速度必然受阻。這會延長幼體在危險的浮游生物世界必須待的時間，牠們長大成年的機率會降低。對成年軟體動物來說，直接中毒的危險似乎較小，至少對某些殺蟲劑造成的毒害來說是如此。但這不表示牠們可以就此高枕無憂。這些毒素可能會集中在牡蠣和蛤的消化器官和其他組織裡。人們在吃這兩種有殼水生動物時，通常整隻入口，有時生吃。商業性漁業局的菲力浦．巴特勒（Philip Butler）博士指出，我們可能陷入和知更鳥一樣的不妙情況。他提醒我們，知更鳥中毒身亡，並非 DDT 噴灑作業直接導致，而是因為吃下組織裡已積有殺蟲劑的蚯蚓。

人類亟需全面且具有建設性的殺蟲劑影響研究

溪流、池子裡數千隻魚或甲殼綱動物的暴斃事件，呈現蟲害防治行動直接且具體可見的效應，情景駭人且令人驚愕。但經由溪河間接流入河口的殺蟲劑所造成的效應，人類卻看不到，且大致上還不為人所知，也還無法衡量，這些效應最終卻可能帶來更大的破壞。整個情況疑問處處，且那些疑問目前還沒有讓人滿意的答案。我們知道來自農場和森林的逕流裡所含的殺蟲劑，如今正跟著許多大河（說不定是所有大河）的河水，流入海裡。但我們不知道它們究竟是哪些化學物或它們的數量總共多少，而且目前沒有可靠的檢測工具，供我們在它們入海而被高度稀釋的狀態下，鑑定出它們。我們知道這些化學物在漫長的輸送過程中八九不離十有所改變，但不知道改變後的化學物，毒性會變強還是變弱。另一個幾乎還未被探查過的領域，是化學物之間的交互作用，當它們進入海洋環境——海洋混合、運送了許許多多的礦物——使得解開這個疑問特別刻不容緩。這些疑問全都迫切需要確切的答案，而確切的答案只有靠全面性的研究才能取得，但用於全面性研究的資金少得可憐。

淡水、鹹水漁業是極重要的資源，攸關許多人的利益和福祉。如今，確切的證據表明，進入水域的化學物已的確嚴重威脅漁業。如果把每年用來研發更毒化學噴劑的錢撥出一部分，即使只是一小部分，用在具建設性的研究上，就能找到辦法，去使用較不危險的化學物並把毒物拒於我們的水道之外。大眾何時會對事實有足夠的了解，進而要求採取這類行動？

Indiscriminately from the Skies

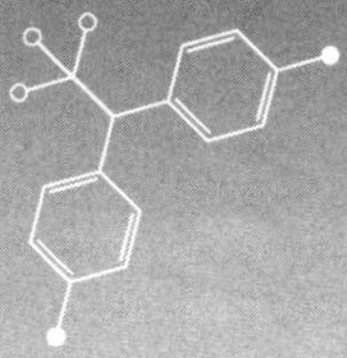

第 10 章

漫天蓋地

殺蟲劑如磅礡雨勢，自天上灑落

今日的毒物比以往所知的任何毒物都危險，
但令人吃驚的是，它們卻如雨般從天上紛紛落下。
不只遭鎖定的昆蟲或植物，
還有位在化學藥物灑落範圍裡的任何生物，
都可能接觸到這邪惡的毒物。
而且，噴灑的對象不只是森林和耕地，
城鎮也包括在內。

驚人且要命的雨：致命化學物從空中紛紛落下

一開始只是針對農地和森林的小規模空中噴藥作業，如今噴灑範圍和分量都大增，英國某生態學家最近就說，這已變成下在地表上的「驚人要命雨」。我們對毒物的態度已有微妙的轉變。它們一度存放在標有骷髏標誌的容器裡，人類不常用它們，一旦要用時都小心翼翼，確保毒物只接觸目標，不沾到其他東西。隨著二次大戰後新款的有機殺蟲劑問世，和大量可使用的閒置飛機，以往一切對毒物的謹慎態度都置之腦後了。現在的毒物比以往所知的任何毒物都危險，但令人吃驚的是，它們卻如雨般從天上紛紛落下。不只遭鎖定的昆蟲或植物，還有位在化學藥物灑落範圍裡的任何東西（包括人和非人），都可能接觸到這邪惡的毒物。而且，噴灑對象不只有森林和耕地，城鎮也包括在內。

從空中將致命化學物噴灑於數百萬英畝土地上，讓許多人感到擔心，一九五〇年代晚期的兩場大規模噴灑作業，更加深了這樣的疑慮。這兩場作業分別是為了對付東北部各州境內的舞毒蛾，和南部境內的火蟻。舞毒蛾和火蟻都不是原生昆蟲，但在美國存在多年，與人類相安無事，事態從來沒有嚴重到非要不顧一切去消滅牠們。但是在農業部蟲害控制部門「為達目的，不擇手段」的一貫工作準則下，人類突然採取斷然的措施對付牠們。

舞毒蛾撲殺計畫讓人見識到，當人類以不顧後果的大規模整治行動，取代局限一地的溫和控制手段，會造成多大的傷害。對付火蟻的行動，則是用離譜誇大的控制需求為理由，卻對該用多少毒物劑量去消滅火蟻，或該毒物是否會傷害其他生物都缺乏科學性的理解下，就貿然動手的絕佳例子。這兩項計畫都未能達成目標。

舞毒蛾控制計畫：愚蠢至極且沒有經過審慎的思考

舞毒蛾的原生地在歐洲，已存在美國將近一百年。一八六九年，法國科學家萊奧波爾・特魯維洛（Léopold Trouvelot）不小心讓一些舞毒蛾逃離他位在麻塞諸塞州梅德福鎮（Medford）的實驗室，當時他正試圖讓牠們與蠶雜交。舞毒蛾漸漸擴散，最後擴及整個新英格蘭地區。牠主要隨著風漸漸擴散；舞毒蛾的幼蟲（毛毛蟲）極輕，能隨風帶到相當高的地方和極遠的距離外。另一個傳播方式是帶有卵塊的植物讓人從一地運到另一地，卵塊是這種昆蟲冬天時存在的形態。幼蟲階段的舞毒蛾會於每年春天攻擊橡樹等闊葉樹的葉子。如今，舞毒蛾出現於新英格蘭地區各州，也零星出現於紐澤西州和密西根州。牠於一九一一年隨著一批從荷蘭運來的雲杉樹進入紐澤西，至於如何進入密西根則不得而知。一九三八年新英格蘭地區的颶風把牠帶進賓州和紐約州，但整體來講，阿迪朗達克山脈（Adirondacks）發揮屏障作用，阻止牠西進，因為山脈上的樹種不合牠的意。

把舞毒蛾局限在美國東北角的任務，已藉由多種方法達成。自牠抵達這塊大陸將近一百年以來，以為牠會入侵南阿帕拉契山脈龐大闊葉樹森林一事，始終只是杞人憂天。農業部從海外成功引進十三種寄生生物和掠食者到新英格蘭地區，認為此舉顯著地降低了舞毒蛾災發生的頻率和破壞力。這一天然的控制法，加上檢疫措施和當地噴灑殺蟲劑，實現了該部於一九五五年所謂「顯著抑制了舞毒蛾的分布與損害」。

但農業部才宣稱滿意不過一年，該部的植物害蟲控制司又展開一項新計畫，要在一年裡對數百萬英畝地全面噴灑殺蟲劑，並宣布最終要「根除」舞毒蛾（「根除」一詞意味著要讓某物種在生存地域裡徹底滅絕，不再出現。但由於接連幾個計畫都以失敗收場，農業部不得不針對同一區域裡的同一物種，進行第二次或第三次「根除」）。

農業部對舞毒蛾的全面化學戰，一開始就鎖定極大的範圍，決定大幹一場。一九五六年，他們在賓夕法尼亞州、紐澤西州、密西根州、紐約州等將近一百萬英畝土地上噴灑了殺蟲劑。噴灑區內的人頻頻抱怨受到損害。隨著對大面積土地噴灑的模式漸漸成為定制，讓保育人士愈來愈不安。一九五七年農業部宣布計畫噴灑三百萬英畝地時，反對聲浪更為強烈。對於個別人士的抱怨，州和聯邦的農業官僚卻是一副不屑一顧的嘴臉。

一九五七年，納入舞毒蛾噴灑區的長島區域，主要由人口稠密的城鎮、郊區市鎮和與鹽沼相毗鄰的某些沿海區域構成。除了紐約市以外，長島納蘇郡（Nassau County）是紐約州人口最稠密的郡。**官僚辯稱「紐約市都會區受到蟲害威脅」，真是愚蠢至極！舞毒蛾是森林昆蟲，肯定不會生存在城市，也不會活躍在草地、耕地、庭園或沼澤裡。**但是在一九五七年，美國農業部與紐約州農業局、市場局僱了飛機，用燃料油調製的DDT藥劑，全面噴灑各個指定區域。DDT藥劑既灑在商品蔬菜園和酪農場上、魚池和鹽沼上，也灑在郊區的私人土地上；把一個家庭主婦灑得滿身濕，因為她急著趕在轟轟響的飛機來臨前，死命蓋住自家庭園；藥劑也灑在正在玩的孩童和火車站的通勤族身上。在紐約州的塞塔基（Setauket），一匹善於短距離衝刺的好馬，喝了灑過殺蟲劑的場地裡飲水槽裡的水，十個小時後暴斃。汽車上到處布滿一塊塊油性藥劑，花和灌木遭毒死，鳥、魚、蟹和各種益蟲皆喪命。

◆官逼民反：紐約州長島居民的抗議殺蟲劑行動

一群長島公民在世界知名鳥類學家羅伯特．庫什曼．墨菲領導下，希望法院發出禁制令，阻止一九五七年的噴灑作業。抗議民眾未如願取得臨時禁制令，不得不承受漫天飛雨般落下的ＤＤＴ藥劑，但他們沒有洩氣，繼續爭取永久禁制令。由於噴灑作業已執行，法院方面認為禁制令申請「無實質意義」；官司一路打到聯邦最高法院，但該法院拒絕審理。法官威廉．道格拉斯（William O. Douglas）不同意拒絕複審該案的決定，主張「許多專家和有責任感的官員對ＤＤＴ的危險發出了警訊，凸顯此案對公眾的重要性」。

長島公民發起的這項訴訟，至少有助於使大眾開始關注日益盛行的大規模噴灑殺蟲劑作風，並關注蟲害控制機構的權力行使，和蟲害控制機構漠視私人財產權的傾向，而私人財產權照理來說是不容侵犯的。

◆舞毒蛾控制計畫的直接受害者：農場、蔬菜園及養蜂農

舞毒蛾防治噴灑作業汙染了牛奶和農產品，讓許多人既吃驚且不悅。紐約州韋斯特切斯特郡（Westchester）北部，占地兩百英畝的沃勒農場（Waller）的遭遇，說明了一切。事前沃勒太太就明確要求農業部官員勿對她的農地噴灑殺蟲劑，因為飛機向林地噴灑DDT時，牧草地必然避不掉。她主動表示願讓人檢查她農場裡是否有舞毒蛾，如有發現，同意用定點噴灑方式予以消滅。官員向她保證任何農場都不會噴灑到，結果她的農場還是遭到兩次的直接噴灑，和兩次從別地飄來的藥劑波及。四十八小時後，從沃勒家純種格恩西乳牛取得的牛奶樣本，含有濃度14ppm的DDT。從乳牛吃草地取得的草料樣本，當然也未能倖免。該郡衛生局獲通報此事，卻未下令禁止此農場牛奶上市販售。這一令人遺憾的情況說明了政府對消費者之保護不力何等普遍。聯邦食品藥物管理局不允許牛奶裡有殺蟲劑殘餘，但該局的規定不僅未充分落實，而且還只用在跨州運送的貨物上。州郡官員可以不用遵守聯邦訂定的殺蟲劑容許量，除非當地法律剛好與聯邦規定一致——但這樣的情況很少見。

商品蔬菜園園主也受害。有些葉菜類蔬菜燒傷和出現斑點的情況太嚴重，而無法上市販售。還有些葉菜類蔬菜帶有高濃度殘餘；康乃爾大學農業實驗站分析的豌豆樣本，含有14～20ppm的DDT。法定上限是7ppm。因此，菜農不得不蒙受慘重損失，或不得不販售含有非法殘餘量

的蔬菜。有些菜農向政府索賠，如願獲得賠償。

隨著從空中噴灑DDT的次數變多，訴訟案也變多。紐約州數個區域的養蜂人所提的訴訟就是其一。一九五七年噴灑作業前，養蜂人就身受果園使用DDT之害。「一直到一九五三年為止，我都把美國農業部和農學院講的任何話當成福音一般」，其中一人忿忿地說。但那年五月，這個人在紐約州政府對大片區域噴灑了殺蟲劑後，失去了八百個蜂群。損失非常普遍且嚴重，這位養蜂人於是連同另外十四個養蜂人一起打官司，向州政府索賠二十五萬美元。還有一位養蜂人所有的四百個蜂群，也受到一九五七年噴灑作業的波及。他說在森林區裡，替蜂巢出外採花蜜和花粉的工蜂全部遇害；在噴灑較不密集的農業區，工蜂喪命率則高達五成。他寫道：「五月時走進院子，完全沒聽到蜜蜂嗡嗡聲，讓人心痛。」

舞毒蛾防治計畫出現許多不負責任的行徑。噴灑飛機的工資以加侖計，而非以畝計，因此作業時完全沒想過要省著點噴，許多土地不是噴灑了一次，而是數次。至少在一樁例子裡，空中噴灑作業發包給一家未在當地州設辦事處的外州公司，而此舉並不符合必須向州政府官員登記，以確立法律責任的規定。由於官方不照規矩辦事，因蘋果園或蜂群受損而蒙受直接金錢損失的公民想打官司索賠，竟落得沒對象可告。

一九五七年的噴灑作業造成災害後，官方就大幅縮減了噴灑範圍，還含糊地表示要「評估」先前的成果和測試別種殺蟲劑。一九五七年噴灑面積為三百五十萬英畝，一九五八年減為五十萬英畝，之後連續三年則再減為約十萬英畝。在這段期間，蟲害控制機構想必收到來自長島、令人不安的消息——舞毒蛾再次大量出現。**所費不貲的噴灑作業原是要永久根除舞毒蛾，結果實際上一事無成，重創農業部的公信力和聲譽。**

火蟻控制計畫：農業部嚴重汙名化火蟻的習性

在這同時，農業部植物害蟲控制司的人已把舞毒蛾暫時拋到腦後，因為他們已忙著在南部啟動一樁更浩大的計畫。該部的蠟紙油印機仍動不動就流出「根除」這個字眼，這一次新聞稿保證要根除的對象是火蟻。

火蟻的名稱是來自其叮咬後引發的灼熱痛感，牠們似乎是從南美洲經由阿拉巴馬州的莫比爾港（Mobile）進入美國。一次大戰結束後不久，莫比爾港出現火蟻蹤影。到了一九二八年，牠已擴散到莫比爾郊區，然後擴散之勢未止，如今已擴及到南部大部分的州。

自火蟻進入美國以來的四十多年間，大部分時候牠似乎沒受到什麼注意。火蟻數量最多的那幾個州很困擾，主要因為牠築的大巢或蟻丘有一英尺高或更高。這些蟻丘可能會妨礙農用機器的運作。但只有兩個州把牠列為二十大害蟲之一，而且牠還列在害蟲名單的底層。不管是官方還是民間，似乎都未擔心火蟻威脅作物或牲畜。

隨著具通殺本事的化學物問世，官方對火蟻的態度瞬間大變。一九五七年，美國農業部發動自該部成立以來最火熱的公關宣傳活動之一。火蟻一夕間成為政府新聞稿、電影、反映官方意見的新聞報導抨擊的目標，把牠描繪成是破壞南部農業和殺害鳥、牲畜和人的兇手。官方宣布一大掃蕩行動，聯邦政府和受害的諸州要通力合作，最終將在南部九個州約兩千萬英畝地噴灑殺蟲劑。一九五八年，滅火蟻運動正在進行時，有份商業性的雜誌開心報導道：

> 美國農業部施行的大面積撲殺害蟲計畫愈來愈多，造就了殺蟲劑銷售額大增的榮景，美國殺蟲劑製造商似乎從中獲利不少。

除了「殺蟲劑銷售額大增榮景」的受惠者，幾乎每個人都毫不領情且理直氣壯地譴責這一殺蟲劑噴灑計畫。這項計畫考慮不周、執行不力、十足有害，是大規模控制昆蟲實驗的絕佳例子。這樣的實驗耗費大筆資金，奪走大批動物的性命，令農業部失去公信力，如果還繼續把錢砸在上面，就真的令人難以理解。

當初，由於某些國會議員的力挺（這些議員後來遭到唾棄），國會才決定支持這計畫。火蟻據說會破壞農作物，會攻擊在地面築巢之鳥的雛鳥，危害野生動物，進而嚴重威脅到南部農業，牠的叮咬還會嚴重危害人體。

果真如此？為讓國會同意撥款而前去作證的農業部證人，陳述的證詞與該部重要刊物裡的陳述並不一致。農業部一九五七年的公告《為控制攻擊作物與牲畜的昆蟲……建議使用的殺蟲劑》，根本沒提到火蟻——如果該部相信自己的宣傳，那就是個很不尋常的漏列。此外，該部一九五二年專門針對昆蟲而寫的百科式《年鑑》（Yearbook），洋洋灑灑五十萬字的內文裡，只有一小段談到火蟻。農業部在阿拉巴馬州（與火蟻有最深刻的交手經驗）的實驗站做了仔細調查，調查結果與該部所謂火蟻破壞農作物、攻擊牲畜這一沒根據的說法背道而馳。根據阿拉巴馬州科學家的說法，「傷害植物之事很罕見」。阿蘭特博士（F. S. Arant）是阿拉巴馬理工學院（Alabama Polytechnic Institute）的昆蟲學家，一九六一年時是美國昆蟲學學會會長。他表示他的系**「過去五年來完全沒有收到螞蟻傷害植物的報告……也未觀察到牲畜受傷害之事」**。這些在戶外和實驗室裡實際觀察過火蟻的人表示，火蟻主要以多種其他昆蟲為食，其中許多昆蟲是害蟲。有人觀察到火蟻把棉鈴象甲的幼蟲從棉樹上面抓走。牠們的築丘活動有助於土壤通氣、排水。阿拉巴馬州的研究結果已得到密西西比州立大學的調查證實，而且比農業部的證詞遠更令人激賞。農業部的證詞，似乎若非以和農場主的交談為依據，就是以過時的研究為依據，而且那些農場主很可能搞不清楚蟻的差別。有些昆蟲學家深信，火蟻的覓食習性已變，因為食物變多，因此幾十年前的觀察結果放到現在沒什麼價值。

火蟻威脅健康和生命一說也需要大幅修正。農業部出資製作了一部宣傳電影（以爭取民眾支持該部的計畫），電影以火蟻的叮咬為核心呈現了數個駭人情景。遭火蟻咬到的確很痛，人最好不要被牠咬到，就像不要被胡蜂或蜜蜂叮到一樣。偶爾，體質敏感者可能出現嚴重反應，據醫學文獻，有一起死亡案例可能肇因於火蟻毒液，但未能完全確定。相對的，生死統計局（Office of Vital

Statistics）光是一九五九年就紀錄了三十三起蜜蜂、胡蜂螫死人的案例。但似乎沒有人建議要「根除」蜜蜂和胡蜂。同樣的，當地的證據最有說服力。火蟻落腳阿拉巴馬州已四十年，且在該州分布最為密集，但**阿拉巴馬州衛生局長宣布「本州從未有人類遭外來火蟻叮咬而死的紀錄」，遭火蟻叮咬而就醫的案例是「偶發」事件**。草坪或遊戲場上的蟻丘或許會讓孩童有遭螫刺的危險，但以此為藉口把毒物灑在數百萬英畝地上，實在太牽強。藉由個別處理蟻丘，就可輕易搞定這些情況。

火蟻會傷害供人類獵捕之鳥，也沒有確實證據。有個人肯定很有資格在這問題上發言，就是阿拉巴馬州奧本市（Auburn）野生動物研究中心（Wildlife Research Unit）的主任莫里斯・貝克博士（Maurice F. Baker）。他在這個領域已有多年的經驗，但他的看法與農業部的說法南轅北轍。他嚴正表示：

> 在阿拉巴馬州南部和佛羅里達州西北部，我們打獵打得很過癮，山齒鶉居群和外來的龐大火蟻居群相安無事……阿拉巴馬州有火蟻的將近四十年間，獵物總數始終穩定且大幅的成長。如果外來的火蟻嚴重威脅野生動物，這些情況肯定不可能出現。

地特靈和七氯：另外兩種毒性更強、使用於火蟻控制計畫的殺蟲劑

野生動物因人類用殺蟲劑對付火蟻而會有的遭遇，則迥然不同。農業部用到的化學物是兩種相對較新的殺蟲劑——地特靈和七氯。就實地使用經驗來說，這兩者都不多，沒有人知道大規模噴灑這兩種殺蟲劑時，會對野鳥、魚或哺乳動物有什麼影響。但已知的是這兩種毒物都比DDT毒上許多倍，至那時為止DDT已大略使用了十年，DDT即使以每英畝地一磅的比例噴灑，都會讓某些鳥和許多魚喪命。地特靈和七氯的投放劑量更重——大部分的條件下每英畝地會投放兩磅，如果要控制白緣粗吻象鼻蟲，則要以三磅的比例投放地特靈。**從它們對鳥類的影響來說，照上述規定使用的七氯劑量，將相當於每英畝地投放二十磅DDT；就地特靈的投放劑量來說，則相當於一百二十磅的DDT！**

聯邦政府保育機構、生物學家、大部分州政府保育部門，甚至某些昆蟲學家，都發出緊急抗議，要求時任農業部長的埃茲拉・班森（Ezra Benson）推遲這一計畫，至少推遲到已就七氯和地特靈對野生動物、家禽家畜的影響做完研究，已查明控制火蟻所需的最低劑量為何之時。抗議遭置之不理，噴灑計畫於一九五八年施行。第一年就對一百萬英畝地噴灑了殺蟲劑。顯然的，任何研究都將是事後的研究。

隨著這一計畫的進行，州、聯邦野生動物機構的生物學家和幾所大學做的調查，使情況漸趨明朗。這些調查揭露某些噴灑了殺蟲劑的區域，野生動物受創達到徹底滅絕的程度。家禽、牲畜、

寵物也遇害。農業部把所有受害證據斥為誇大、誤導認知。

◆無辜的野生動物：火蟻控制計畫的陪葬者

受害事例有增無減。例如，在德州的哈丁郡（Hardin County），負鼠、犰狳，和數量龐大的浣熊在噴灑殺蟲劑後幾乎完全消失。即使在噴灑殺蟲劑後的第二個秋天，這些動物仍很稀少。當時在該區域所找到、為數不多的浣熊，組織裡就有這種化學物的殘餘。

在噴灑區找到的死鳥，其組織經過化學分析後，清楚顯示牠們生前曾經吸收或吞進用來對付火蟻的毒物（唯一倖存的鳥是家麻雀，而其他區域的家麻雀的情況，也表明這種鳥可能較不受殺蟲劑影響）。一九五九年阿拉巴馬州的某大片土地，一半的鳥遇害。棲息於地面或常造訪低矮植物的鳥種，全數喪命。即使噴灑殺蟲劑已事過一年，仍出現鳴禽於春季非人為數量銳減的情況，許多理想的築巢地寂然無聲，未有鳥進駐。在德州，鳥巢裡發現死去的烏鶇、美洲斯皮扎雀、草地鷚，許多巢遭遺棄。來自德州、路易斯安那州、阿拉巴馬州、喬治亞州、佛羅里達州的死鳥樣本送去魚類與野生動物局分析，發現九成以上的遺體內含有地特靈或某種七氯的殘餘，濃度高達 38ppm。

在路易斯安那州過冬但在北部繁殖的山鷸，如今體內帶有為了對付火蟻而噴灑的殺蟲劑。這一汙染物的來源很清楚。山鷸用長喙在土裡翻找蚯蚓，蚯蚓是牠們的重要食物。在路易斯安那州，噴灑殺蟲劑的六到十個月後，倖存的蚯蚓經發現組織裡含有高達 20ppm 的七氯。一年後則含有

10ppm。山鷸亞致死性（sublethal）中毒的後果，如今體現在幼鳥對成鳥比例的顯著降低上——在開始用殺蟲劑對付火蟻之後的那個季節裡，科學家首次觀察到此現象。

對南部獵鳥人士來說，某些與山齒鶉有關的消息，最令人揪心。這種在地面築巢、覓食的鳥，在噴灑區幾乎遭滅絕。例如，在阿拉巴馬州，阿拉巴馬合作性野生動物研究所（Alabama Cooperative Wildlife Research Unit）的生物學家，在一塊已排定要噴灑殺蟲劑的三千六百英畝區域，做了初步的鶉數調查。十三群無遷徙習性的鶉（共一百二十一隻），分布於這整個區域。噴灑殺蟲劑後兩個星期，只能找到死鶉。送到魚類與野生動物局分析的樣本，都發現含有數量足以讓牠們死亡的殺蟲劑。阿拉巴馬州的調查結果，在德州重現。該州有塊兩千五百英畝的區域，經噴灑七氯後，境內的鶉死光，鳴禽則死了九成。同樣的，分析發現死鳥組織裡有七氯。

除了鶉，野火雞也因火蟻撲滅計畫而大幅減少。在阿拉巴馬州威爾科克斯郡某區域，施用七氯前，經計算有八十隻火雞，但施用七氯後，一隻都找不到，也就是說除了一堆未孵化的蛋和一隻死的幼火雞，找不到別的火雞。野火雞的遭遇可能和馴化的火雞一樣，因為在噴灑過殺蟲劑的該區域，農場上的火雞生出的雛雞也不多。只有少數蛋孵化，幾乎沒有雛雞存活。而在附近未噴灑過殺蟲劑的區域，未出現這樣的情況。

火雞的遭遇絕非獨一無二。美國最知名、最受敬重的野生動物生物學家之一，克萊倫斯・科塔姆博士（Clarence Cottam），造訪了自家農場遭噴灑過殺蟲劑的某些農場主。大部分受訪農場主說噴灑過殺蟲劑後，「樹上所有小鳥」似乎都消失了，還說他們的牲畜、家禽和寵物都死了。科塔姆博士報告說，有位農場主「對蟲害控制作業工人非常火大」，因為他埋掉、處理掉他養的十九隻遭毒物毒死的乳牛屍體，他知道另有三或四頭乳牛因這一噴灑作業喪命。出生後只吃過奶的小牛也死掉了。

科塔姆博士採訪過的人，對於自家土地遭噴灑了殺蟲劑後的幾個月裡究竟發生了什麼事，都茫然不解。有位婦女告訴他，周遭土地遭噴灑了這種毒物之後，她讓幾隻母雞孵蛋，然後「不知道為什麼，只有寥寥幾隻小雞孵出來或存活」。另一位農場主養了豬，但在噴灑過毒物後，整整九個月，他沒有仔豬可養。生下的整窩仔豬不是死的，就是出生後夭折。

另一位農場主有類似說法。他說三十七窩仔豬，原本可能有兩百五十隻，結果只有三十一隻仔豬存活。自從土地中毒之後，這個人也養不了雞。

◆無所不在的威脅：七氯及地特靈滲入乳製品

農業部始終否認牲畜死亡之事與火蟻撲殺計畫有關。但受邀請去治療許多受害動物的喬治亞州班布里吉（Bainbridge）獸醫奧提斯．波伊特文（Otis L. Poitevint）博士，扼要說明了他為何認為這些動物死於殺蟲劑：撲殺火蟻的殺蟲劑施用後的兩個星期至幾個月期間，牛、山羊、馬、雞、鳥和其他野生動物開始受苦於某種往往會致命的神經系統疾病。只有那些有機會接觸到受汙染食物或水的動物染上這種病；養在廄棚裡的動物則沒有。這種病只見於噴灑過火蟻撲殺劑的區域。實驗室檢驗結果為陰性。波伊特文等獸醫觀察到的症狀，正是權威文獻裡所描述的地特靈或七氯中毒症狀。

波伊特文博士也描述了一樁很有意思的案例，一頭兩個月大的小牛顯露出七氯中毒症狀，送到實驗室詳細檢測後，唯一重要的發現，就是牠的脂肪裡有79ppm的七氯。但那距離七氯噴灑已過了五個月。這頭小牛是透過吃草直接中毒，還是透過母牛的乳汁，甚至還在母牛體內時間接中毒？

如果毒物來自乳汁（波伊特文博士問道），那我們難道不該採取特別的預防措施，保護喝當地酪農場所產牛乳的孩童？

波伊特文博士的報告令人意識到牛奶受汙染方面的一個重大問題。火蟻撲殺計畫所涵蓋區域，主要是原野和農田。在這些地方吃草的乳牛會受到什麼影響？在噴灑過七氯的原野，青草必然會帶有以某種形態存在的七氯殘餘，如果殘餘的七氯為乳牛吃進肚子，牛乳汁裡會含有這個毒物。七氯直接轉移到乳汁裡一事，早在一九五五年，即這項撲殺計畫執行之前許久，就在實驗室裡得到證實，後來，也用於火蟻撲殺計畫的地特靈，據報告同樣有此現象。

農業部的年度刊物如今把七氯、地特靈列為使草料植物不適於乳牛或待宰殺動物食用的化學物之一，但該部的蟲害控制部門卻推動在南部廣大放牧地噴灑七氯、地特靈的計畫。誰來保護消費者，讓他們不致喝到含有地特靈或七氯殘餘的牛奶？美國農業部肯定會回覆說，已建議農場主勿讓乳牛在噴灑殺蟲劑後的三十至九十天內進入噴灑區。由於許多農場面積不大，加上滅蟲計畫一向大面積噴灑（許多化學物用飛機噴灑），實在令人懷疑這一建議可確實遵行或能遵行。從殘餘物持久不消來看，這一建議的時間恐怕也不夠。

食品藥物管理局雖然氣惱於牛奶裡有殺蟲劑殘餘，面對這一情況卻使不上什麼力。納入火蟻撲殺計畫的那些州，大部分州裡的酪農業規模不大，乳製品只在自己州裡銷售。因此，要保護受到聯邦行動計畫威脅的牛乳供應，只能靠州政府自己。一九五九年有人詢問阿拉巴馬州、路易斯安那州、德克薩斯州的衛生事務官員或其他有關的官員之後，發現他們完全未做檢測，根本不知道自己州裡的牛乳是否已遭殺蟲劑汙染。

◆意料之外的發展：七氯會在自然界中轉化成更致命的毒物

在這同時，在蟲害控制計畫施行之後，而非之前，有人研究了七氯的獨特性質。或許，不該說有人做了研究，而應該說有人查閱了已發表的研究結果比較準確，因為聯邦政府展開這項遲來的行動會引發的後果，數年前就已為人發現——**七氯於動植物組織裡或土壤裡待了一段不算長的時間後，會變成更毒的環氧七氯**。環氧化物一般稱作「氧化產物」，肇因於自然力所導致的化學分解。會發生這一轉變一事，一九五二年就為人所知，當時食品藥物管理局發現，經餵食了30ppm七氯的雌鼠，才兩個星期體內就含有165ppm這種更毒的環氧化物。照理，這項事實一開始就應該影響此計畫的執行（實則不然）。

一九五九年，食品藥物管理局採取行動，促成禁止食品裡含有七氯殘餘或其環氧化物殘餘，上述事實因而得以從晦澀難解的生物學文獻中曝光。這一裁定至少暫時擋住火蟻撲殺計畫；農業部繼續為火蟻控制行動爭取年度撥款，但地方的農技師愈來愈不願勸農場主使用很可能會讓他們的作物依法不得上市的化學物。

簡而言之，農業部展開噴灑計畫時，對要使用的化學物已知的特性或影響，連基本的調查都未做——或者即使查過，也漠視那些調查結果。該部很可能也未做初步研究，查明只要用多少的該化學物，就能完成預定目標。經過三年高劑量噴灑，該部於一九五九年突然將七氯的施用比例從每英畝兩磅減為一又四分之一磅；後來更減為每英畝二分之一磅，且分兩次施用，每次四分之一磅，前後相隔三至六個月。農業部某官員解釋說，「積極性的方法改善計畫」顯示較低的施用比例有效。如果在展開計畫之前就了解這點，就可免掉許多損害，省掉納稅人許多錢。

一九五九年，或許為了打消對此計畫日益升高的不滿，農業部主動免費提供化學物給德克薩斯州農場主，前提是他們得簽署一份若有損失不得向聯邦、州、地方政府追究責任的文件。同年，阿拉巴馬州對化學物造成的損害感到驚愕且憤怒，拒絕繼續撥款給此計畫。該州某官員說這整個計畫：

> 考慮欠周、構思倉促、規畫不當，一個踐踏其他公私機構權責的顯眼例子。

雖然少了州政府撥款，聯邦政府卻繼續小額挹注阿拉巴馬州，一九六一年國會再度遭說服同意小額撥款。在這同時，路易斯安那州的農場主愈來愈不願簽約投入該計畫，因為事實表明使用化學物對付火蟻使有害於甘蔗的昆蟲暴增。此外，這一計畫顯然一事無成。一九六二年春，路易斯安那州立大學農業實驗站的昆蟲學研究主任紐森博士（L. D. Newsom），言簡意賅地點出計畫的成效不彰：

> 州、聯邦機構已執行的外來火蟻「根除」計畫，目前為止一敗塗地。如今，在路易斯安那州，火蟻侵擾區域比這一計畫開始進行時還要多。

地方局部控制法：最有效、低成本的火蟻控制法

似乎已有人開始轉向較明智、較保守的辦法。佛羅里達州稱「如今佛羅里達境內的火蟻比此計畫開始時還要多」，於是宣布放棄大規模根除計畫，要集中心力於地方局部控制。有效且低成本的地方局部控制法，為人所知已有數年。火蟻築蟻丘的習性，使針對個別蟻丘施以化學物一事變得簡單易行。這種處理方法的成本，一英畝地約一美元。針對蟻丘眾多且宜於施行機械化辦法的情況，密西西比州的農業實驗站已研發出一種能先把蟻丘夷平，再對它直接施用化學物的耕耘機。這種辦法的火蟻控制率達到九成至九成五，成本低至每英畝地〇・二三美元。另一方面，農業部的大規模控制計畫，成本為每英畝地約三・五美元——是所有計畫中成本最高、破壞性最大、成效最低的。

Beyond the Dreams of the Borgias

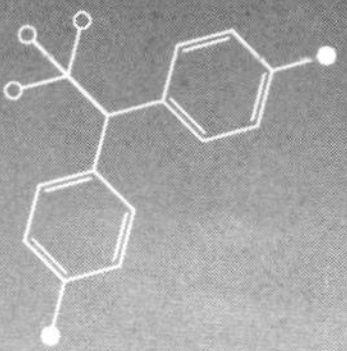

第 11 章

難以擺脫的噩夢

化學農藥已與人類的飲食、生活緊密結合

農民無視於化學農藥的使用說明，
他們對芹菜使用致命的巴拉松，劑量是建議上限的五倍之多；
菜農明知不可有農藥殘餘，
仍對萵苣使用茵特靈（最毒的氯化烴）。
如此滴水不漏地對農作物噴灑毒物，造成的必然結果，
就是我們吃進的每一餐都含有有毒化學農藥。

大舉入侵家居環境的化學毒物

說到環境遭汙染的問題，我們不該只著眼於大規模噴灑化學物一事。事實上，對我們大部分人來說，日復一日、年復一年無數次小量接觸化學物一事，還更值得重視。就像滴水穿石，從生到死不斷接觸危險化學物，最終可能招來大禍。**一再接觸化學物，不管接觸的劑量多麼得少，每一次的接觸都增加我們體內累積的化學物，造成累積性中毒。**大概沒有人能不接觸這日益擴散的汙染，除非生活在與外界最隔離的環境中。老百姓受到勸誘式推銷和隱祕的勸買者蠱惑，很少意識到自己正置身於充斥致命物質的環境中：事實上，人可能沒察覺到自己正在使用那些東西。

毒物時代已牢不可破，任何人走進店裡，都可能在未被店員詢問下，買到比隔壁藥店裡必須於「毒品登記簿」上簽名，才能買到的藥物更致命的東西。在任何超市裡做個幾分鐘的研究，就足以使最不怕死的顧客都不由得心驚——只要他對供他選購的化學物有基本了解的話。

如果在殺蟲劑商品區上方吊著一個大大的骷髏頭符號，顧客進入該區時或許至少會懷著對致命物質應有的尊重。但事實上，該區的商品陳列給人愉快、如在家裡的感覺，一排排的殺蟲劑整齊擺放，隔著走道擺放醃製食品和橄欖，旁邊則擺放沐浴皂、洗衣皂。裝在玻璃罐裡的化學物，擺在愛東摸西摸的小孩輕易就可搆著之處。如果有哪個小孩或不小心的大人把它們弄掉到地上，化學物可能會濺到附近每個人的身上，而噴灑該化學物的工作人員曾經因該化學物而全身抽搐。這些危險當然也會跟著購物者一路回到他家中。例如含有DDD的罐裝防蛀劑，罐身上以非常小的字體警告說，罐內物質為高壓密封，如果遇到高溫或火燒可能會爆炸。氯丹是種常見的家用殺蟲劑，也是廚房裡的多用途殺蟲劑，但食品藥物管理局的首席藥理學家已宣布，住在噴灑過氯丹的房子裡，危險性「很大」。其他的家用製劑甚至含有更毒的地特靈。

在廚房裡使用毒物，被塑造為迷人且輕易之事。櫥櫃擱架用的墊紙，有白色或彩色得以配合個人的用色構想，可能用殺蟲劑浸漬過，不只一面而是兩面皆浸漬過。製造商提供小冊子，教我們如何自行殺蟲。人可能像按個按鈕那般，輕易就往櫃子裡最不容易清到的小角落、牆角、踢腳板噴進大量地特靈。

如果我們對蚊子、恙蟲或其他有害昆蟲纏身感到困擾，有多不勝數的液劑、乳劑、噴劑供我們用在衣服或皮膚上。我們被提醒其中某些商品會溶解清漆、油漆和合成纖維織物，卻以為化學物不會透過人的皮膚。為了讓我們時時都能擊退昆蟲，紐約某高級商店推銷一種口袋型大小的殺蟲劑噴霧器，適於擺在女用小包包裡，或適於在海灘戲水、打高爾夫或釣魚時使用。

我們用蠟擦亮地板，但那種蠟卻保證會讓走過其上的任何昆蟲一命嗚呼；我們能把浸漬過靈丹（lindane）這種化學物的帶狀布條掛在衣櫃裡和衣罩裡，或放進五斗櫃抽屜裡，確保半年沒有蛾害。廣告裡完全未提到靈丹的危險，會噴出靈丹氣體的電子裝置廣告也沒有——廣告告訴我們靈丹安全且無臭無味。但事實上，美國醫學協會認為靈丹噴霧器太危險，因而在其刊物上長期反對使用它們。

農業部在《家與庭園公報》（*Home and Garden Bulletin*）中勸我們勿用油性的ＤＤＴ、地特靈、氯丹或其他任何一種滅蛾化學物的溶劑噴衣物。該部說，如果噴灑過量，使織物出現白色殺蟲劑垢，可用刷子刷掉，卻未提醒我們在刷掉時要留意地點和做法。即使在上述幾點上處處小心，最後我們可能還是睡在用地特靈浸漬過的防蛀毯子下，在殺蟲劑作伴下結束我們一天的活動。

在園藝界，使用高毒性的殺蟲劑是理所當然之事

園藝如今離不開超毒化學物。每家五金店、園藝用品店、超市都有幾排殺蟲劑，供你用在你想得到的各種園藝用途。不懂得好好利用這種噴液式、粉狀致命殺蟲劑的人，就是疏於照顧自家花園之人，因為幾乎每份報紙的園藝版和大部分園藝雜誌，都把使用殺蟲劑視為理所當然。

就連奪命迅速的有機磷殺蟲劑，都被全面運用於草坪和觀賞植物上，因此佛羅里達衛生委員會於一九六〇年認為，任何以噴灑農藥為業者，凡是未先取得使用許可和滿足某些條件，一律不准在居住區從事噴灑作業。在制訂此規定之前，佛羅里達州境內已有數起巴拉松致死案例。

但在提醒園丁或屋主他所使用的殺蟲劑是極危險物質一點上，我們做得很少。相反的，新式精巧裝置不斷問世，使將毒物用在草坪和庭園一事變得更為容易，且使園丁與毒物的接觸更為頻繁。例如，為庭園澆水軟管買來一個罐式配件，就可以在替草坪灑水同時，噴灑氯丹或地特靈之類極危險的化學物。這種裝置不只危及使用軟管澆水者，也構成公共威脅。《紐約時報》覺得有

必要在其園藝版發出一則警訊：除非安裝了特別的保護裝置，否則毒物可能會反流入供水系統。考慮到如今使用了這麼多這類裝置，且上述之類的警訊又如此稀少，我們的公用水為何受到汙染，也就不足為奇。

在此不妨以一位醫生為例，說明園丁本身可能受到的危害。他閒暇時熱中整理花草，先是用DDT，然後用馬拉松，替他的灌木和草坪除蟲，每週固定噴灑一次。有時他用手持式噴灑器，有時用加在軟管上的附件噴灑農藥。這麼做時，他的皮膚和衣服常被噴劑弄濕。如此約一年後，他突然倒下，送醫。檢查過他的脂肪活組織樣本後，發現累積了23ppm的DDT。神經廣泛受損，且他的醫生判定是永久性受損。隨著時日推移，他體重減輕、極度疲累，出現獨特的肌無力現象（馬拉松的典型作用）。這些久久不消的作用嚴重到使他難以繼續執業行醫。

除了原本無害的澆水軟管，機動割草機也被安上用以散布農藥的裝置。這種附加裝置會在屋主替草坪割草時發出氣霧劑。於是，割草的郊區居民，除了製造可能帶來危害的汽油廢氣，在大概不知情的情況下，也散播了極細的殺蟲劑粒子，把他庭園上方的空氣汙染程度升高到只有極少數城市比他更糟的程度。

但愛用毒物照料庭園一事所具有的危險或在家裡使用殺蟲劑的危險，鮮少被人談及；標籤上的警語以小字印出，太不顯著，只有極少數人費心去閱讀警語或遵照警語指示。**有個廠商最近著手了解有多少比例的消費者會閱讀警語，結果發現一百位氣霧式殺蟲劑使用者中，連察覺到容器表面有警語者，都不到十五人。**

如今，郊區風行著認定必須不計代價除掉馬唐（crabgrass）這種野草的風氣。有種大袋子已幾乎成為身分地位的象徵，袋子裡裝著化學物，用來除去草坪上受人類鄙視的馬唐。這些用來殺掉雜草的化學物，它的品牌名稱絕對讓人聯想不到它們是什麼東西或它們的性質。人們得讀過大袋子上最不顯眼處格外細小的文字，才會知道這些化學物含有氯丹或地特靈。在任何五金行或園藝用品店所可以拿到的文字說明資料，鮮少透露觸碰或噴灑此物時真正存在的風險。插圖通常描繪歡樂的家庭情景，父子面帶微笑準備將化學物噴灑在草坪上，幼童在草地上翻滾，旁邊有一隻狗。

無所遁逃：人類的食物幾乎全都含有毒物殘餘

食物含有化學殘餘的問題，受到激烈爭辯。殘餘物的存在如果不是被業界刻意淡化，就是遭斷然否認。在這同時，有些人很喜歡把堅決要求食物裡完全不能含有殺蟲劑者，扣上狂熱份子或邪魔歪道的帽子。在這一爭議迷霧中，真相為何？

醫學已查明，生活在DDT時代開始（約一九四二年）之前並在那時代之前就死去的人，組織裡完全不含DDT或任何類似的物質——這我們用常識判斷就會知道。如同第三章提過的，一九五四至一九五六年從全國人口收集的體脂肪樣本，平均含有5.3～7.4ppm的DDT。有證據顯示，這一平均濃度自那之後有增無減，而因為職業或其他特殊原因必須接觸殺蟲劑者，體內濃度當然更高。

至於未大量接觸殺蟲劑，體脂肪裡卻有ＤＤＴ的一般大眾，我們或許可以推測，其中許多ＤＤＴ是透過食物進入人體。為驗證這一推測，**美國公共衛生局一支科學小組從餐廳和學校、醫院等公共機構的膳食取了樣，發現每份取樣的膳食都含有ＤＤＴ**。據此，調查人員非常合理的推斷，「只有少之又少的食物，可指望完全不含ＤＤＴ，或根本別這樣指望」。

這些膳食裡的ＤＤＴ含量可能很高。公共衛生局的另一項調查，分析了監獄膳食，發現燉煮過的水果乾之類食物含有69.6ppm的ＤＤＴ，麵包含有100.9ppm的ＤＤＴ！

一般家庭的日常飲食裡，肉和任何來自動物脂肪的產品，含有最多的氯化烴殘餘。這是因為這些化學物可溶於脂肪。水果和蔬菜上的殘餘則往往較少。水洗效果不大——唯一的辦法是拔掉萵苣、甘藍之類蔬菜最外層的葉子，削掉水果皮，不把任何外皮或外層包覆物吃進肚。烹煮也不能去除化學物殘餘。

按照食品藥物管理局的規定，只有幾樣食物絕不容許含有農藥殘餘，牛奶是其中之一。但事實上，每次檢查，牛奶都有殺蟲劑殘餘。在奶油等乳製品裡，殘餘量最高。一九六〇年，食品藥物管理局檢查了四百六十一件乳製品樣本，發現三分之一含有農藥殘餘，食品藥物管理局表示此情況「讓人洩氣」。

要享用到沒有ＤＤＴ和相關化學物侵擾的日常飲食，似乎得到偏遠、原始、仍沒有文明便利設施的地方才能如願。這種地方似乎存在，至少遙遠的阿拉斯加北極圈海岸勉強稱得上，但即使在那裡，都可能看到不祥的陰影逼近。科學家調查該地區愛斯基摩人取之於當地的日常飲食，發現完全不含殺蟲劑。鮮魚和魚乾；取自河狸、白鯨、北美馴鹿、麋、髯海豹、北極熊、海象的獸脂、油或肉；蔓越莓、美莓、野大黃，目前都未遭化學物汙染。只有一個例外——兩隻來自波因特霍普（Point Hope）的雪鴞含有微量DDT，而那可能是在某次移棲途中取得的。

有些愛斯基摩人被取了脂肪樣本做分析，發現含有微量DDT（0～1.9ppm）。為何會如此，原因很清楚。脂肪樣本取自離開土生土長的村子，進入安克拉治的美國公共衛生局醫院接受手術的村民。在那裡，文明世界的作風大行其道，該醫院裡的膳食被發現含有DDT，而且含量和人口最多之城市裡的醫院膳食一樣多。在文明世界短暫逗留，讓愛斯基摩人染上微量的毒。

◆農民完全缺乏使用殺蟲劑的基本常識

我們吃進的每一餐都含有氯化烴，這是用這些毒物幾乎滴水不漏地噴灑農作物，造成的必然結果。如果農民照良心辦事，照標籤上的指示使用農藥，農藥殘餘將不會高於食品藥物管理局所允許的上限。暫時撇開這些合法殘餘是否真如廠商所說「安全無虞」這問題不談，以下這個眾所皆知的事實仍然存在：**農民使用的劑量常超過規定、使用農藥的時間太接近收割時間、在使用一種殺蟲劑即管用的情況下使用了數種殺蟲劑，並像一般人一樣沒有閱讀小字體的使用說明。**

就連化學業都承認殺蟲劑常遭誤用，說有必要讓農民對殺蟲劑有正確認識。該產業的重要刊

物之一最近宣布，

許多使用者似乎不知道如果使用劑量超過建議值，會超過殺蟲劑的容許殘餘量。對許多農作物隨意使用殺蟲劑，可能出於農民本身一時的念頭，想做就做。

食品藥物管理局的檔案中有這類違反規定的事例紀錄，而且多得令人不安。有些例子有助於說明農民如何無視於使用說明：有個萵苣農在短短的採收期裡對他的作物施用了八種而非一種殺蟲劑；有個發貨人對芹菜使用致命的巴拉松，劑量是建議上限的五倍之多；有菜農明知不可有農藥殘餘，仍對萵苣使用茵特靈（最毒的氯化烴）；有菠菜在採收前一星期時被噴了ＤＤＴ。

還有一些意外遭汙染的事例。許多裝在粗麻布袋裡的生咖啡豆，在用船隻運送時遭汙染，因為該船隻載運的船貨還包括殺蟲劑。倉庫裡的包裝食品被一再地噴灑氣霧狀的ＤＤＴ、靈丹等殺蟲劑，而那些殺蟲劑可能穿透包裝材料，以可測出的數量存在於密封食物上。食物貯存愈久，受汙染的風險愈大。

◆食物藥物管理局的管制漏洞和局限

有人問：「政府不是要保護我們免受這些東西危害？」對此，答案是：「保護程度有限。」

在防範農藥危害消費者這個領域，食物藥物管理局因為兩個客觀事實而無法全力施展作為。第一個是該局只管得到跨州貿易裡運送的食品；在一州內生產、銷售的食物，不管違反了什麼規定，該局都無權置喙。第二個客觀事實，大大局限了該局的行動力，那就是該局的稽查員不多。業務項目繁多，卻只有不到六百人的人力。據食品藥物管理局某官員的說法，靠現有的設施，只能檢查到極少量在跨州貿易裡移動的農產品——比率遠低於百分之一——而這樣的比率，從統計的角度看，不值一提。至於州內生產、販售的食品，情況更糟，因為大部分州在這方面的法律極不完備。

◆食品藥物管理局應該全面禁止農藥殘餘，取消容許「最低殘餘量」的制度

食品藥物管理局建立化學物可容許殘餘量上限——「容許量」（tolerance）——的那套辦法，有明顯的缺陷。在現行條件下，它只提供紙上安全，讓人誤以為安全上限已確立且受到遵守。至於允許生產者將毒物撒在我們的食物上——這個撒一點，那個撒一點——是否安全無虞，許多人以極令人信服的理由主張，任何毒物用在食品上都不安全或不可取。食品藥物管理局設定化學物容許的殘餘上限時，檢視了化學物用在實驗用動物的試驗結果，然後制訂出比讓實驗用動物產生症狀還要低上許多的殘餘量上限。這套據稱能確保食品安全的辦法，忽視了數個重要事實。**實驗用動物生活在受控制且高度人造的條件下，全程攝食特定數量的某種化學物，大不同於人類的**

情況——人類接觸農藥，不只次數多，而且大部分是在不知情、無法測出接觸量、無法控制的情況下接觸。即使午餐沙拉裡的萵苣所含的7ppm DDT「安全無虞」，這一餐還吃進其他食物，每樣食物都有合乎規定的農藥殘餘，而且個人所吃食物上的農藥，如同前面已提過的，只占個人接觸農藥總量的一部分，甚至可能是一小部分。來自多個來源的化學物在體內層層積累，創造出測量不出的總接觸量。因此，**談特定殘餘量是否「安全無虞」毫無意義。**

此外還有其他缺陷。食品藥物管理局制訂的「容許量」，有時與該局科學家更合理的見解相忤（如本書頁一九七所引用的事例），或者是在對該化學物認識不足的情況下制訂。後來，有了較充分的認識後，「容許量」下調或取消，但那時民眾已接觸濃度劑量危險的化學物數個月或數年。該局最初針對七氯制訂了「容許量」，後來撤銷該規定，就是一例。就某些化學物來說，在化學物登記取得使用許可之前，並沒有切實可行的實地分析方法存在。因此，稽查員在尋找殘餘物時深感挫折。這一困難大大妨礙了「蔓越莓化學物」氨基三唑（aminotriazole）的查驗工作。對某些常被用來處理種子的殺真菌劑來說，分析方法也是付諸闕如——這些種子如果在栽種季結束時仍閒置，最後很可能變成人的食物。

事實上，制訂「容許量」等於准許用有毒化學物汙染供民眾食用的食物，以讓農民和加工業者能受惠於較低廉的生產；另外還要消費者納稅維持一維護食品安全的機構，以確保消費者不致攝入致死劑量，這等於是變相懲罰消費者。但要做好食品安全維護，鑑於目前農藥的數量和毒性，需要的資金大到任何國會議員都不敢同意撥款。於是最後，倒楣的消費者繳了稅，但還是把毒物吃進肚。

解決辦法為何？**第一件非做不可的事，是取消氯化烴、有機磷化合物和其他高毒性化學物的容許殘餘量**。不難想見立即會有人反對，理由是農民將會蒙受無法忍受之負擔。但如果在化學物的使用上，能做到只留下 7ppm 的殘餘（DDT 的容許殘餘量），或 1ppm（巴拉松的容許殘餘量），甚至 0.1ppm（地特靈在多種水果、蔬菜上可容許的殘餘量），那麼為何不能再多用點心，做到完全沒有殘餘？事實上，我們對七氯、茵特靈、地特靈在某些作物上的殘餘量，就如此要求。如果在這些毒物上這樣的要求可行，為何不對所有毒物都如此要求？

但這不是徹底或一勞永逸的解決之道，紙面上要求零容許量的用處不大。目前，如同大家已知道的，跨州運送的食品有超過九成九未受檢。另一個當務之急，是讓食品藥物管理局能更有心、更積極於維護食品安全，並大幅擴增該局的稽查人力。

但眼前這套制度——刻意汙染食品，再來管理後果——讓人不由得想起路易斯・卡洛爾[1]筆下的白騎士，白騎士想要「把某人的鬍子染綠，且始終用一把大扇子把鬍子遮住，不讓人看見」。從根本上解決此問題的方式，是使用毒性較低的化學物，以大幅降低濫用它們所造成的公共危險。這類化學物已經存在：除蟲菊酯（pyrethrins）、魚藤酮（rotenone）、魚尼丁（ryania）和其他取自植物的化學物質。除蟲菊酯的合成性替代品，晚近已開發出來，只要市場需要，某些製造國隨時可增產這一天然產品。對於上市販售之化學物的性質，亟需透過宣導以使民眾了解。一般購買者看到市面上形形色色的殺蟲劑、殺真菌劑、除草劑，眼花撩亂，根本不知道哪個會致命，哪個相當安全。

除了改用較不危險的農藥，我們還應致力開發非化學性的除蟲辦法。加州境內已有人在農業上嘗試利用昆蟲病——由某種單單侵襲某些種昆蟲的細菌導致的病——來除蟲，另有人正在更大範圍上測試這一方法。要用不會在食品上留下殘餘的方法，來有效控制昆蟲，還有其他許多可能性存在（見第十七章）。在大規模改用這些方法之前，眼前這一無論從任何標準來看都令人無法忍受的情況，將不會有多大的緩解。就日前的情況來看，我們的處境比製毒家族波吉亞家的賓客，好不了多少。

1 路易斯・卡洛爾（Lewis Carroll）是十九世紀的英國作家、數學家與邏輯學家。他最知名的經典文學作品是《愛麗絲夢遊仙境》。

The Human Price

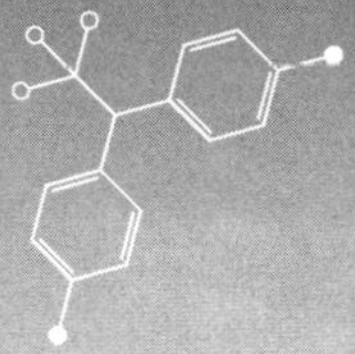

第 12 章

人命值多少

人類將在不知不覺中遭殺蟲劑殺害

人類為了一時消滅某些昆蟲，
付出了沉重的代價——神志迷亂、妄想、喪失記憶力、躁狂。
這些化學農藥透過生物性作用，長時間下來會愈積愈多，
如果我們堅持使用會直接打擊神經系統的化學物，
就要繼續付出、承受這些代價……

化學物將引發全新形態、前所未見的環境威脅

隨著工業時代催生出的化學物浪潮升高到吞沒我們的環境，最嚴重的公共衛生問題本質已有了劇烈的改變。不久前，人類還提心吊膽，擔心先前曾席捲數國的天花、霍亂、瘟疫再度肆虐。如今，我們最擔心的事，不再是曾經無所不在的致病有機體，因為衛生設備、獲改善的生活條件和新藥，很大程度上使我們得以控制住傳染病。如今，我們擔心的是另一種潛伏在環境中的危險，這種危險隨著現代生活方式問世，是由我們自己帶進世界的。

新的環境衛生問題形形色色，它們由各種形態的輻射，和層出不窮的化學物（農藥是其中一部分）引起。如今化學物充斥我們置身的世界，以直接和間接的方式，以個別和集體的方式影響我們。它們的存在投下了同樣不祥、駭人的陰影：不祥是因為那道陰影無定形且模糊；駭人則是因為人類根本無法預料一輩子接觸化學因子、物理因子會受到什麼影響，這些化學因子並不屬於人類之生物經驗的一部分。美國公共衛生局博士大衛．普萊斯（David Price）說：

> 我們都活在揮之不去的憂患裡，擔心會有什麼東西把環境敗壞到讓人走上與恐龍一樣的滅絕命運。而使上述想法更令人不安的，是我們認知到自己的命運可能在病徵出現前二十年或更早前就已注定。

農藥是如何成為環境病的一部分？我們已知道它們會汙染水、土壤、食物，知道它們能使溪流的魚消失，使我們的庭園、林地寂靜無聲，不聞鳥鳴。人類再怎麼聲稱自己不是自然的一部分，都無法否定自己是自然一部分的事實。面對現在如此徹底地瀰漫整個世界的汙染，人類能獨獨倖免嗎？

我們知道即使單單接觸這些化學物一次，如果接觸的量夠大的話，都可能造成急性中毒。但這不是主要問題。農民、噴灑工、飛機駕駛，和其他接觸到相當可觀農藥濃度的人，突然生病或暴斃一事，的確大為不幸也不該發生。從全體國民的角度來說，我們更該關注的，是少量攝入悄悄汙染世界之農藥的後果——也就是不會立即產生作用的後果。

已有負責任的公共衛生官員指出，化學物透過生物性作用，長時間下會愈積愈多，個人所受的危害多寡可能取決於他一生接觸的化學物數量總和。基於這些原因，這一危險很容易遭忽視。對可能隱隱威脅我們，也許會在未來帶來災難的東西置之不理，是人的天性。見解不凡的博士勒內・杜博斯（René Dubos）醫生說：「**人類自然而然地對會造成明顯危害的病印象最深刻，但一些最凶險的敵人，卻是在不知不覺中傷害人類。**」

對我們每個人來說，一如對密西根的知更鳥或對米拉米奇河的鮭魚來說，這是個生態學的問題，是個相互關聯、相互依賴的問題。我們毒死溪流裡的石蛾，洄游的鮭魚因此減少、死光；我們毒死湖裡的蚋，毒素從食物鏈的一環節傳到另一環節；不久，湖邊的鳥就遭殃。我們對榆樹噴灑殺蟲劑，接下來的幾個春天就聽不到知更鳥唱歌，這不是因為我們往知更鳥直接噴灑殺蟲劑，而是因為毒素透過現在大家熟悉的榆葉——蚯蚓——知更鳥序列逐步傳遞。這些都有紀錄，觀察得到，是我們周遭可見世界的一部分。它們反映了科學家稱之為生態學的生命網絡，或死亡網絡。

人體內神奇、複雜的生態系統

還有一種生態學，是在講我們體內的世界。在這一見不到的世界裡，小小的因會造成巨大的果；但這個果往往讓人覺得與因無關，它出現在某個動物體內，而那個動物與最早受到傷害的區域相隔遙遠。最近某份總結醫學研究現狀的文章說，「**某一點的改變，即使是在某分子裡的改變，都可能波及整體系統，在看似不相干的器官、組織裡引發改變**」。談到人體的神奇、絕妙運作時，因果關係鮮少是三言兩語就可簡單說明的。因和果可能相隔遙遠時空。要發現疾病與死亡的原因，有賴於透過不同領域裡的大量研究，耐心地將許多看似明顯不同且互不相關的事實，拼湊在一塊。

我們習於尋找明顯可見的當下結果，而忽視其他所有結果。除非危險立即且明顯的出現，讓人無法視而不見，不然我們都否認該危險的存在。就連研究人員都受害於這一不利條件，也就是沒有足夠的方法來查究傷害的起源。沒有夠精細的方法讓人在症狀出現前察覺出傷害，乃是醫學領域尚未解決的重大難題之一。

有人會反對道，「但我對草坪噴灑了地特靈多次，從未出現像世界衛生組織噴灑作業人員那樣的抽搐症狀，所以它從未傷害我」。事情沒那麼簡單。碰觸這類物質的人，雖然沒有立即且鮮明的症狀，卻無疑在體內積累有毒物質。如同先前已提過的，氯化烴的貯存是漸增的，從最微量的攝入開始。有毒物質開始沉積於身體所有含脂肪的組織裡。身體利用這些儲備的脂肪時，毒素就可能迅速攻擊人體。紐西蘭某醫學刊物最近提供了一個例子：有個因過度肥胖而接受治療的男子突然出現中毒症狀。經檢查，他的脂肪裡含有貯存的地特靈，隨著他體重減輕，貯存的地特靈被新陳代謝出來。因生病而掉體重時，可能發生同樣的事。

另一方面，貯存的結果可能沒辦法那麼明顯地看出。幾年前，美國醫學會的機關刊物就對貯存在脂肪組織裡的殺蟲劑會產生的危險強烈示警，指出組織裡漸增的藥物或化學物，比不會在組織裡貯存的藥物或化學物更需要小心提防。該會警告，脂肪組織不只是脂肪沉積的地方（脂肪占體重約百分之十八），而且具有許多其他功能，這些功能可能受到毒素干擾。此外，脂肪廣泛分布於整個身體的器官和組織裡，甚至是細胞膜的構成物之一。因此，必須切記，**脂溶性的殺蟲劑會貯存於個別細胞裡；而在細胞裡，這些殺蟲劑能干擾最重要、最不可或缺的氧化、能量生產功能。**下一章我們會探討這一問題的這一重要部分。

◆肝臟殺手：氯化烴類殺蟲劑

氯化烴類殺蟲劑極重要的一個特點，是它們會影響肝。體內諸多器官中，肝最為特別。就它功能的多樣和不可或缺來說，它是獨一無二的。肝負責許多維持生命必需的活動，因此即使只受到一丁點損傷，都會帶來嚴重的後果。肝不只提供消化脂肪必需的膽汁，而且由於它的所在位置，和數條匯聚於肝的特殊循環路徑，肝能直接從消化道接收血液，所以與所有重要食物的新陳代謝關係甚深。肝貯存以原形態存在的糖，將糖轉成葡萄糖的形態，並以細心拿捏的數量釋放出去，使血糖保持在正常水平。它合成蛋白質，包括與凝血功能有關的血漿的某些重要成分。它使血漿裡的膽固醇保持在應有的濃度，在雄性、雌性激素濃度過高時去除這些激素的活性（失活）。它是許多維生素的儲存地，其中有些維生素又有助於肝本身的順利運作。

肝臟運作失常，身體會失去武裝，無力抵禦持續入侵身體的多種毒物。其中有些毒物是新陳代謝的正常副產品，肝提取它們的氮，藉此迅速且有效的化解它們的危害。但本不該在體內的毒物，也可能被肝解掉毒性。馬拉松和甲氧ＤＤＴ（methoxychlor）的毒性低於與它們有親緣關係的殺蟲劑，它們之所以號稱「無害」，完全是因為有種肝酶會處理、改變它們的分子，進而降低傷害力。肝以類似的方式處理我們接觸的大部分有毒物質。

我們針對來自外部或內部的毒物所設下的防線，如今遭削弱，漸漸崩解。遭農藥損傷的肝，不只無力幫我們抵禦毒物，它的形形色色活動也可能整個遭干擾。這不只帶來影響深遠的後果，而且由於後果的多樣和未必立即顯現，毒物因此不一定會被視為真正的禍因。

值得一提的，肝炎患者於一九五〇年代開始暴增，且目前雖有增有減，整體呈增長態勢。這個現象與幾乎全面使用會毒害肝的殺蟲劑脫離不了關係。肝硬化病例據說也在增加。處理對象是人而非實驗用動物時，要證明甲因導致乙果，坦白說並不容易，但根據淺顯的判斷力，不難看出肝病比例暴增，和環境中肝毒物使用普遍兩者間的關係絕非巧合。不管氯化烴是否是主因，在這種情況下讓自己接觸已證明會傷肝，進而很可能降低肝的抗病力的毒物，似乎談不上明智之舉。

◆中樞神經系統殺手：氯化烴殺蟲劑、有機磷酸酯殺蟲劑

氯化烴和有機磷酸酯這兩大類殺蟲劑直接影響神經系統，但兩者的影響方式有些許不同。對動物所做的無數實驗和對人的觀察結果，都已清楚說明此點。以DDT這個最早被廣泛使用的新有機殺蟲劑來說，它的作用對象主要是人的中樞神經系統；大腦和高運動皮質被認為是受影響最大的區域。根據某部毒理學教科書，刺痛、灼熱或癢之類的異常感覺，以及顫抖，甚至抽搐，可能在接觸數量大到足以察覺到的DDT之後出現。

幾位英國調查人員讓我們得以首度認識DDT急性中毒的症狀。為了了解接觸DDT的後果，他們刻意去接觸DDT。英國皇家海軍生理學實驗室的兩名科學家直接接觸含有DDT的牆面，藉此透過皮膚吸收DDT。這面牆先塗了含有百分之二DDT的水溶性顏料，再塗上薄

薄一層油。從他們對自身症狀的生動描述，可看到ＤＤＴ對神經系統的直接影響：

手腳疲倦、遲鈍、疼痛的感覺非常真切，精神上也處於極痛苦狀態……極易怒……很不想動……感覺連處理最簡單的腦力活都覺得做不來。關節疼痛有時很劇烈。

另一位英國實驗者把溶於丙酮的ＤＤＴ塗在自己皮膚上，說他覺得手腳遲鈍、發疼、肌肉無力，「幾次突然極度神經緊張」。他請了假，病情改善，但回去工作後，情況惡化。然後他在床上待了三個星期，因手腳不斷疼痛、失眠、神經緊張、急性焦慮而苦不堪言。有時他全身顫抖——由於見過ＤＤＴ中毒的鳥，這時大家已非常熟悉這種顫抖。這位實驗者十個星期無法工作，年底，他的案例被刊登在英國某醫學刊物上時，他仍未完全康復。

（雖有這一證據，幾位對志願受測者做ＤＤＴ測試的美國調查人員，把頭痛和「全身骨頭痛」的說法斥為「明顯源於精神神經症」。）

如今，有許多紀錄在案的病例，病人的症狀和整個生病過程都把兇手指向殺蟲劑。一般來講，這類受害者都明確接觸過某種殺蟲劑，接受治療（包括使他的環境裡完全沒有殺蟲劑）後症狀消失，最重要的是，每次再度接觸致病的化學物後症狀都會再次出現。這種證據——單單這種證據——就成為其他許多病的醫療方法基礎。若說這還不足以充當警訊，要人不要再冒「無可避免的危險」讓我們的環境充斥農藥，那實在說不過去。

◆個人敏感程度是決定中毒症狀嚴重性的關鍵

為何碰觸、使用過殺蟲劑的人，並非個個都出現中毒症狀？關鍵在於個人的敏感程度。證據顯示，就易受殺蟲劑影響的程度來說，女人高於男人，幼童高於成人，宅男宅女高於在戶外吃苦工作或運動者。除了這些差異，還有一些差異，雖然不易察覺，但同樣真實存在。有些人對粉塵或花粉過敏，對毒物敏感，或易染病，有些人則不是如此。這一現象是目前仍無法解釋的醫學謎團。但問題的確存在，而且影響了許多人。有些醫生估計，他們的病人裡，有三分之一或更多的人顯現出某種敏感體質的跡象，而且這類人愈來愈多。令人遺憾的，原本體質不敏感的人，可能突然變得敏感。事實上，有些醫生深信，斷斷續續接觸化學物可能使人生出這種敏感體質。如果此話為真，那或許就可以說明為何對因職業關係連續接觸化學物的人所做的一些調查，只找到少許的中毒證據。這些人持續接觸化學物，一如過敏症專科醫生一再對病人注射少量過敏原，從而降低或消除自己的敏感程度。

殺蟲劑之間會產生神祕、致命的相互作用

人類與生活在受嚴格控制之條件下的實驗用動物不同，從來都不是單單接觸一種化學物。因

為這一事實，整個農藥中毒問題變得複雜許多。在兩大類殺蟲劑之間，以及它們與其他化學物之間，有著具重大潛力的相互作用。**這些彼此不相干的化學物，一旦被釋入某個地方，不管是被釋入土壤或水或人的血液裡，都不會再保持互不往來的狀態；它們之間出現神祕、看不到的變化，其中一化學物因此改變了另一化學物的傷害威力。**

甚至通常被認為在作用上完全自成一系的兩大類殺蟲劑之間，也有相互作用。如果人體先接觸了會傷肝的氯化烴，再接觸會毒害神經保護酶「膽鹼酯酶」的有機磷酸酯，有機磷酸酯的威力可能變得更強。這是因為肝功能受干擾時，膽鹼酯酶濃度即降到低於正常值，然後，加上有機磷酸酯的抑制作用，就可能足以促成急性症狀。如同前面已提過的，成對的有機磷酸酯本身的相互作用，可能使它們的毒性增加為原來的百倍。或者有機磷酸酯可能與多種藥相互作用，或與合成物質、食品添加劑相互作用——誰敢說如今充斥著世界的其他無數種人造物質，不會與有機磷酸酯相互作用？

據稱無害的化學物，其作用可能因另一化學物的作用而劇烈改變；與DDT有密切親緣關係的甲氧DDT，就是個絕佳例子（事實上，甲氧DDT未必如一般所說的那麼無害，因為根據晚近針對實驗用動物所做的研究，它對子宮有直接作用，會對某些有力的垂體激素起阻塞作用，這再度提醒我們這些化學物具有巨大的生物性作用）。當它被單獨施用時，它在人體內的貯存濃度不高，因此我們被告知甲氧DDT是安全無虞的化學物。但未必如此。如果肝已被另一種製劑損害，甲氧DDT就會以平常濃度一百倍的比例貯存於體內，然後會模仿DDT的作用，對神經系統產生久久不退的影響。但促使此事發生的肝受損，可能因為太輕微而被人忽略。肝受損可能是以下任何一種尋常情況所致——使用另一種殺蟲劑，或使用含有四氯化碳的清潔液，或服下某種所謂的鎮靜劑。有些(但非全部)鎮靜劑是氯化烴，會傷害肝臟。

有機磷酸酯中毒會引發精神疾病

對神經系統的損害，不只急性中毒一項；接觸化學物後的影響，也可能過一段時間才發作。甲氧DDT和其他殺蟲劑已傳出對腦或神經損害久久未消的情事。地特靈，除了立即產生的後果，還可能產生持續甚久的遲發作用(從「喪失記憶力、失眠、做噩夢到躁狂」不一而足)。據醫學研究結果，靈丹被大量貯存於腦部和具有作用的肝組織裡，可能「對中樞神經系統(產生)深刻且久久未消的作用」。但這種屬於六氯化苯之一種的化學物被大量使用於氯化噴霧器，人類使用這種裝置，把氯化的揮發性殺蟲劑不斷向家裡、辦公室、餐廳噴。

談到有機磷酸酯，人們通常只從它們較劇烈的急性中毒症狀角度去思考，但它們其實也會對神經組織產生久久未消的物理傷害，而且據晚近的研究結果，會引發精神疾病。已有數起遲發性癱瘓的例子，發生於使用某種有機磷酸酯殺蟲劑之後。約一九三〇年，時值禁酒期間，美國境內一樁怪事，預示了未來會發生的事。那樁怪事的元凶不是殺蟲劑，而是一個在化學上與有機磷酸酯殺蟲劑屬於同族的東西。在那段期間，有些藥物被人拿去充當烈酒的替代品，以規避禁酒令。其中之一是牙買加薑汁酒。但這項列入《美國藥典》[1]（United States Pharmacopeia）的產品價格昂貴，私酒釀製業者於是想到製造替代性的牙買加薑汁酒，結果如願以償。他們製造出的假牙買加薑汁酒通過化學檢驗，騙過官方化學家。為使假薑汁酒具有正品應有的獨特味道，他們摻入名叫磷酸三鄰甲苯酯（triorthocresyl phosphate）的化學物。這種化學物，一如巴拉松和與巴拉松有親緣關係的化學物，會摧毀膽鹼酯酶這種保護酶。約一萬五千人因喝了私酒業者這項產品，出現永久不良於行的腿部肌肉癱瘓，即今日稱之為「薑汁酒癱瘓」（ginger paralysis）的病。除了癱瘓，還有神經鞘遭破壞、脊髓前角細胞退化的症狀。

約二十年後，如同前面已提過的，其他幾種有機磷酸酯開始充當殺蟲劑使用，不久後就開始出現讓人想起薑汁酒癱瘓事件的病例。其中一個病人是德國境內的溫室工人，他在使用巴拉松後幾度出現輕微中毒症狀，再幾個月後癱瘓。然後，有一組三名化學廠員工因接觸這一類的其他殺蟲劑急性中毒。他們治療後康復，但十天後其中兩人腿部肌無力。其中一人這個情況持續了十個月；另一人，年輕的女化學家，病情較嚴重，兩腿癱瘓，雙手和雙臂局部受波及。兩年後她的病況刊登在醫學刊物上時，她仍無法行走。

使這些人受害的那種殺蟲劑已不再上市，但如今在使用的殺蟲劑，有些可能會造成類似傷害。在實驗中，馬拉松（園丁的最愛）使雞出現嚴重肌無力的症狀，伴隨（如在薑汁酒癱瘓病人中所見）坐骨神經鞘、脊神經鞘遭破壞。

有機磷酸酯中毒的這些後果，即使患者熬了過去，都可能只是更壞情況的序曲。由於對神經系統造成嚴重傷害，這些殺蟲劑最終被認為與精神病的形成脫離不了關係，或許是不可避免的事。墨爾本大學和墨爾本亨利王子醫院的調查人員，最近就提供了那一關聯性。他們報告了十六名精神病人的情況，那些人都曾長期接觸有機磷酸酯殺蟲劑。三人是檢查噴灑劑之功效的科學家；八人在溫室裡工作；五人是農場工人。他們的症狀從記憶力受損到精神分裂症反應、抑鬱反應，不一而足。在遭自己手中的化學物反噬擊倒之前，他們的病史都很正常。

如同先前已提過的，類似於此的情事，在整個醫學文獻裡俯拾即是，有時它們與氯化烴有關，有時則與有機磷酸酯有關。為了一時消滅某些昆蟲，人類付出了沉重的代價——神志迷亂、妄想、喪失記憶力、躁狂，只要我們堅持使用直接打擊神經系統的化學物，就要繼續付出這些代價。

1 美國藥典（USP）是美國聯邦法認可，唯一一個提供第三方藥物品質認證的標準制定組織，負責制定藥物、營養補充品，與食品的公共品質標準，目前美國藥典標準被超過一百四十國的製造商與主管機關採用。

Through a Narrow Window

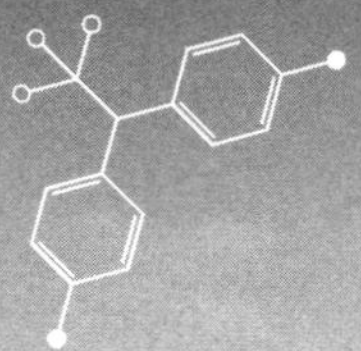

第13章

隔著一道窄窗

細胞具體而微，影響世代傳承大計

極其微小的細胞就像是一道很窄的窗，
我們必須把視線對準細胞內的微小結構，
然後是結構裡更細微的分子反應，
才能看到細胞複雜萬千的運作世界，
也才能知道把外來化學物隨意投入體內，
會帶來哪些嚴重影響。

生物賴以為生的細胞氧化作用，極易受化學農藥干擾而打亂

生物學家喬治．沃爾德[1]曾著書探討眼睛視覺色素這一特別專門的題材，並把眼睛視覺色素比擬為：

一道很窄的窗，遠遠隔著那道窗，只能看到一線光。往窗走去，視野愈來愈廣。最後，隔著同樣一道窄窗，世界呈現眼前。

同理，只有在我們把視線陸續對準身體的個別細胞、細胞內的微小結構、那些結構裡分子的最後反應時——才能理解把外來化學物隨意投入體內會帶來的最嚴重、最深遠影響。醫學研究直到相當晚近才著眼於探究個別細胞的能量製造功能，這些能量是維持生活品質所必不可少的。身體這一特殊的能量製造機制，不只是健康的基礎，也是生命的基礎；它的重要性甚至高過那些最不可或缺的器官，因為製造能量的氧化作用若未能平順、有效地運作，身體的機能無一能執行。但許多用來對付昆蟲、嚙齒目動物、野草的化學物，因其本身性質之故，會直接打擊這一系統，打亂這一完美運作的機制。

使我們如今得以理解細胞氧化作用的研究，是整個生物學、生物化學領域最了不起的成就之一。在這一成果上有貢獻的人，包括許多諾貝爾獎得主。過去二十五年間，許多人前仆後繼，利

用前輩的研究成果作為部分基石，才得以逐步完成這項偉業。即使如此，仍有許多細節未能完全摸清楚。過去十年裡，各個自成一系的研究區塊才構成一個整體，使生物氧化作用得以成為生物學家的常識一部分。更為重要的，一九五〇年前接受基礎訓練的醫生，沒有多少機會理解這一過程的重要性，和打亂那一過程的危險性。

能量製造的最後一道工，不是在哪個專門的器官裡完成，而是在身體的每個細胞裡完成。活細胞猶如火焰，燃燒燃料以製造生命所需的能量。這一類比，詩意有餘而精確不足，因為細胞只以人體正常溫度這一不算高的熱度完成其「燃燒」。不過，這數十億個溫和燃燒的小火燒出生命的能量。化學家尤金・拉賓諾維奇[2]說，它們若不再燃燒，

> 心臟不會跳動，植物無法頂住重力向上生長，變形蟲游不動，感覺無法沿著神經迅速傳送，人腦子裡不會有想法閃現。

細胞將物質轉化為能量是個不斷進行的過程，也是自然界的更新週期之一，就像不斷在轉動的輪子。以葡萄糖形態存在的碳水化合物燃料被逐粒、逐個分子的送進這個輪子裡；燃料分子在

1 喬治・沃爾德（George Wald,1906 – 1997），美國科學家，以研究視網膜色素聞名，一九六七年與霍爾登・凱弗・哈特蘭（Haldan Keffer Hartline）和拉格納・格拉尼特（Ragnar Granit）共同獲得諾貝爾生理學或醫學獎。

2 尤金・拉賓諾維奇（Eugene Rabinowitch, 1901–1973），俄裔美籍生物化學家，光合作用的主要研究學者，曾獲得古根漢自然與科學類獎。

這個環狀通道裡裂解，經歷一連串微小的化學變化。這些變化以井然有序的方式逐步進行，每一步都受某種酶的指導和控制，而這種酶的功能極為專業化，因而它只做一件事，不做其他事。每個步驟都會製造能量，釋出廢棄物（二氧化碳和水），把已被改造的燃料分子送到下一個階段。當轉動的輪子跑完整個循環，燃料分子已被精煉到隨時可以和進來的新分子結合，並重新開始這循環的形態。

粒線體：生物體內的能量製造化工廠

細胞發揮如同化學工廠般作用的過程，是生物界的奇觀之一。各個發揮作用的組成部分都極其微小，使得這一奇觀更令人驚嘆。除了少數例外，細胞本身都極小，靠顯微鏡才看得到。但氧化作用大半在遠遠更小得多的場域（細胞中人稱粒線體的小顆粒）裡進行。人類知道粒線體已超過六十年，但它們先前都被輕視為功能不詳且很可能不重要的細胞元素。直到一九五〇年代，粒線體研究才成為具有樂趣和成果的研究領域；它們突然間成為顯學，不到五年，光是這個題材，就出現一千篇論文。

人類解開粒線體之奧祕時展現的不凡才智和耐心，同樣令人既敬且畏。想像有個粒子小到即使用顯微鏡將它放大三百倍，都只能勉強看到，然後想像一下把這個粒子抽離所需的技術，把它拆解、分析其組成部分，並查明各組成部分之高度複雜功能所需的技術。但借助電子顯微鏡和生物化學家的本事，人類已達成這任務。

如今探明，粒線體是微小的酶包，酶包裡有多種酶，包括氧化循環所不可或缺的所有酶，而且這些酶嚴謹且井然有序地排列在壁面上和隔間上。粒線體是「發電站」，大部分製造能量的反應在此發生。在最早且初步的氧化步驟於細胞質裡執行之後，燃料分子被帶進粒線體裡。氧化作用就在這裡完成；龐大的能量在此被釋放。

若非有這一至關緊要的結果，粒線體內無止境轉動的氧化輪將變成幾乎毫無意義。氧化週期的每個階段所產生的能量，處於生物化學家所習稱為三磷酸腺苷（adenosine triphosphate, ATP）的狀態。三磷酸腺苷是含有三個磷酸基團的分子。它在提供能量的過程中扮演的角色，是它能將自身某個磷酸基團，連同它高速來回穿梭的電子鍵的能量，一起轉移到其他物質上。因此，在肌細胞中，收縮能量是在某個末端磷酸基團被轉移到收縮肌上時取得。於是，另一個循環發生——循環中的循環：三磷酸腺苷的分子放棄其一個磷酸基團，只保留兩個磷酸基團，成為二磷酸腺苷分子（ADP）。但隨著這輪子繼續轉，另一個磷酸基團被連結上去，強而有力的三磷酸腺苷得到恢復。**有人拿蓄電池來類比：三磷酸腺苷代表充了電的電池，二磷酸腺苷代表放了電的電池。**

三磷酸腺苷是通行世界的能量貨幣，可從微生物到人的各種有機體裡找到。它供應機械能給肌細胞；供應電能給神經細胞。三磷酸腺苷供應了以下細胞能量，包括精細胞，準備好迸發充沛活力、把自己轉變為青蛙或鳥或人類幼兒的受精卵，和負責製造激素的細胞。三磷酸腺苷的能量，有一部分被用在粒線體裡，但大部分被立即發送到細胞裡，以提供進行其他活動所需的力量。在某些細胞裡，粒線體的所在位置清楚表明它們的功能，因為它們的擺放位置，就是能量要被毫釐不差地送到需要它的地方。在肌細胞裡，它們群集於收縮纖維周圍；在神經細胞裡，它們被發現位於該細胞與另一個細胞接合處，為脈衝的轉移供應能量；在精細胞裡，它們集中在負責推動精子前進的尾部與頭部接合之處。

◆殺蟲劑、除草劑常破壞生物體內的氧化循環機制

電池充電（ADP與一個游離的磷酸基團結合恢復為ATP）能與氧化過程結合；這一緊密的連結稱為偶聯磷酸化（coupled phosphorylation）。如果這一結合被解偶聯，細胞就失去藉以提供可用能量的工具。呼吸繼續，但沒有製造能量出來。細胞已猶如空轉的引擎，產生熱但未產生動力。然後，肌肉無法收縮、脈衝無法循著神經路徑急馳、精子無法游到目的地、受精卵也無法完成複雜的分裂與生成。對從胚胎到成體的任何有機體來說，解偶聯的後果有時的確很慘：一段時間之後這可能導致組織死亡，甚至有機體死亡。

如何促成解偶聯？輻射具有解偶聯的作用，有些人認為曝露於輻射的細胞死亡，就是因為被解偶聯。令人遺憾的，許多化學物也有本事將氧化作用與能量製造分開，而殺蟲劑和除草劑在這份化學物清單上占了不少席位。如同大家已知道的，苯酚（phenol）對新陳代謝有強烈影響，會造

成有致命之虞的體溫上升；而這是解偶聯的「空轉引擎」效應造成的。苯酚是已被廣泛用作除草劑的一種化學物，二硝基苯酚（dinitrophenol）和五氯苯酚（pentachlorophenol）都屬之。另一個具有解偶聯作用的除草劑是2,4-D。在氯化烴類殺蟲劑中，科學家已證明ＤＤＴ具有解偶聯的作用，進一步的研究大概會揭露還有幾款這類殺蟲劑具有這種作用。

但解偶聯不是將身體數十億細胞的一部分或全部細胞裡的小火撲滅的唯一辦法。我們已知道氧化作用的每個階段都由特定一種酶來指導和加快完成。當其中任一種酶——甚至單單其中一種酶——遭摧毀或削弱，細胞裡的氧化循環就戛然而止。哪種酶受影響，都沒差別。在循環裡，氧化的進行就像轉動的輪子。如果把一根鐵鍬插進輪輻與輪輻之間，不管是插在哪兩根輪輻之間，結果都一樣，輪子都會停止轉動。同樣的，如果把在這個循環的某個點上發揮作用的酶摧毀，氧化作用即停擺。然後不會有能量製造，最終結果和解偶聯非常類似。

◆細胞缺氧，造成畸形或病變

加進任何一種一般用作農藥的化學物，就等於是把鐵鍬插進氧化之輪，使其戛然而止。研究發現多種農藥會抑制攸關氧化循環的一種或數種酶，其中包括ＤＤＴ、甲氧ＤＤＴ、馬拉松、吩噻嗪（Phenothiazine）、幾種二硝基化合物。因此，它們具有擋住整個能量製造過程並使細胞失去可用之氧的潛在能力。這是具有極嚴重後果的一種傷害，但在此我只能提到其中幾個傷害。

實驗人員光是有系統的使細胞失去氧，就使正常細胞變成癌細胞（下一章會進一步提及）。在針對發育中胚胎所做的動物實驗中，可約略看到使細胞失去氧一事的其他嚴重後果。由於供氧不足，組織藉以發展和器官藉以發育的那個條理井然的過程遭打亂；於是出現畸形等反常情況。人類胚胎遭奪走氧之後，很可能也會出現先天性畸形。

跡象顯示這類不幸的增加已開始受到注意，只是大部分人眼光看得不夠遠，因而找不到所有的肇因。這個時代的凶兆之一，是一九六一年美國人口統計局開始把全國新生畸形兒列表，並提出解釋性的評論，認為由表中得到的統計數據將為了解先天性畸形的發生率和它們發生的條件，提供必需的客觀資料。這類調查無疑會把重點擺在輻射效應的測量上，但不容忽視的，許多化學物是輻射的搭檔，會產生一模一樣的效應。美國人口統計局擔憂地預測道，日後小孩的缺陷和畸形，幾乎可確定會有一部分是因為這些充斥我們外在世界與內在世界的化學物。

◆殺蟲劑濃度過高，降低了生育率

關於生育率降低方面的某些研究結果，很有可能也和生物性氧化作用遭干擾，至關重要的三磷酸腺苷蓄電池電力用盡一事有關聯。卵子即使在受精之前，都需要大量供應三磷酸腺苷，需要做好萬全準備以便隨時可大展身手，因為一旦精子進入卵裡使卵受精，需要用到大量能量。精細胞能否抵達卵子並進入卵子裡，取決於它本身三磷酸腺苷的數量，三磷酸腺苷則是在密集聚集於細胞頸中的粒線體裡產生。一旦受精完成，細胞開始分裂，以三磷酸腺苷形態存在的能量供應，大致上會決定胚胎能否完成發育。有些胚胎學家調查過一些容易觀察的對象——蛙卵和海膽卵，發現如果卵中的三磷酸腺苷數量降到某個重要水平以下，卵會立即停止分裂，不久死亡。

若說胚胎學實驗室裡發生的事，同樣發生在蘋果樹上的知更鳥巢裡，那並非不可能：巢裡有一整窩藍綠色的蛋，但知更鳥蛋冷冷躺在巢裡，輕輕顫動數天的生命之火已然熄滅。或者發生在佛羅里達州某棵高大松樹頂端的大巢裡，也不是不可能：用樹枝、枯枝亂中有序築成的大巢裡有三顆大白蛋，但那些蛋都成了冰冷的死蛋。知更鳥和小鵰為何未能破殼而出？鳥蛋如同實驗室裡那些青蛙卵，因為缺乏足夠的三磷酸腺苷分子來完成發育，因而停止發育？而三磷酸腺苷的缺乏，是因為親鳥體內和蛋裡貯存的殺蟲劑，多到使小小的氧化之輪停止轉動，從而斷了能量的供應？

現在要知道鳥蛋裡貯存了多少殺蟲劑，已不再需要猜測，鳥蛋明顯比哺乳動物的卵更容易讓人做這種觀察。每次在受DDT等氯化烴類殺蟲劑侵襲的鳥蛋中尋找化學物殘餘時，都能找到大量殘餘，不管是實驗室裡的鳥蛋，還是野外的鳥蛋都一樣，而且濃度很高。在加州某項實驗裡，雉雞蛋含有349ppm的DDT。在密西根州，從遭DDT毒死之知更鳥的輸卵管取出的蛋，DDT濃度達到200ppm。另外，有些知更鳥鳥巢因為親鳥中毒而遭棄置，從那些巢中取出的蛋也含有DDT。被附近農場使用的地特靈毒害的雞，會把地特靈傳到牠們的蛋裡；在實驗室中被餵食了DDT的母雞，產下濃度達65ppm的蛋。

DDT和其他（或許全部）氯化烴類殺蟲劑會抑制某種酶的活性，或破壞製造能量之機制的偶聯作用，藉此使能量製造循環停擺，因此含有如此高濃度殺蟲劑的卵，怎有辦法完成複雜的發育過程：無限次的細胞分裂、組織與器官的複雜化、合成維持生命的必需物質，從而製造出活的生命個體。這些全都需要大量的能量——只有轉動新陳代謝之輪，才能製造出三磷酸腺苷。

沒理由認為這些災難只會發生在鳥身上。三磷酸腺苷是生物界通用的「能量貨幣」，製造三磷酸腺苷的新陳代謝循環，在鳥、細菌身上，和在人、小鼠身上的作用是一樣的。因此，任何物種的精細胞裡貯存有殺蟲劑一事，都應該會令我們不安，那暗示在人身上會有類似的效應。

跡象顯示這些化學物既積存於精細胞裡，也積存於與精細胞有關的組織裡。已有人在多種鳥和哺乳動物的性器官裡發現積累的殺蟲劑，牠們包括實驗裡受控制的雉雞、鼠、天竺鼠，在某個噴了殺蟲劑以防榆樹蟲害之區域裡的知更鳥，在噴灑過殺蟲劑以撲殺雲杉捲葉蛾之西部森林裡活動的鹿。在其中某隻知更鳥中，睪丸裡DDT的濃度比牠身體其他任何部分的濃度都要高。雉雞的睪丸裡也積累了特別高濃度的殺蟲劑，濃度高達1,500ppm。

在實驗用哺乳動物身上，已發現睪丸萎縮現象，這大概是性器官裡貯存如此大量殺蟲劑所導致。接觸了甲氧DDT的幼鼠，睪丸特別小。幼公雞被餵食了DDT之後，睪丸成長速度只有正常成長速度的一成八；發育程度取決於睪丸激素的雞冠和喉頭下的肉垂，只有正常大小的三分之一。

精子本身很可能因喪失三磷酸腺苷而受到傷害。實驗顯示公牛精子的運動能力被二硝基酚削弱，二硝基酚干擾供給能量的偶聯機制，必然造成能量喪失。如果調查其他化學物，大概會發現它們有同樣的作用。已有醫學報告提到從空中向農作物噴灑DDT的工作人員精子減少，顯示人類可能受到的影響。

化學農藥導致基因退化，世代傳承面臨嚴重威脅

對全人類來說，我們身上有一樣東西比個人生命還寶貴許多，那就是我們繼承的基因，它是我們與過去、未來的連結。我們的基因經過不知多少年的演化塑造出來，不只造就出獨一無二的我們，還在它們小小的存在裡繫住未來——不管未來是前景看好還是充滿威脅。但透過人工製劑所造成的基因退化，是這個世代的威脅，「對人類文明最後且最嚴重的威脅」。

在此，拿化學物與輻射相類比，同樣貼切且兩者都不可避免。

遭輻射襲擊的活細胞，受到多種傷害：它正常分裂的能力可能毀掉，它的染色體結構可能出現改變，或者基因（遺傳物質的攜帶者）可能突變，使它們在以後數代中產生新的特徵。如果是特別易受影響的細胞，該細胞可能遭直接殺害，或者可能在數年之後變成惡性細胞。

已有人在實驗室研究裡，用許多名叫模擬輻射物質（radio-mimetic）的化學物，複製輻射上述的所有後果。許多當作農藥的化學物，包括殺蟲劑和除草劑，都屬於這類物質。凡是這類化學物

都能損害染色體，干擾正常的細胞分裂，或造成突變。對遺傳物質的這些傷害，都可能使接觸這些化學物的個體生病，或可能使它們的作用在後代身上發作。幾十年前，還沒人知道輻射或化學物產生的這些作用。那時，人類尚未分裂原子，到現在為止，會複製輻射效應的那些化學物，只有少數在化學家的試管裡醞釀。然後，一九二七年，德州某大學的動物學教授，穆勒博士（H. J. Muller），發現讓一有機體受輻射照射，能使往後幾代產生突變。穆勒的發現開啟了一個龐大的科學知識、醫學知識新領域。後來穆勒因他的成就獲頒諾貝爾醫學獎，在不久後會對灰雨落塵有令人遺憾之熟悉感的世界裡，就連非科學家都知道輻射的潛在結果。

一九四〇年代初期，愛丁堡大學的夏洛特．奧爾巴赫[3]和威廉．羅布森（William Robson）有一樣的發現，只是更少人注意到。他們用芥子毒氣[4]工作時，發現這種化學物會導致永久性的染色體異常，而且那種異常與輻射導致的異常看不出有何不同。他們拿果蠅做實驗（穆勒用X光所做的實驗即以果蠅為對象），結果芥子毒氣也造成突變。人類因此發現第一個化學誘變劑。

化學誘變劑擾亂遺傳路徑，致使基因受損突變

如今，除了芥子毒氣，還有許多已知會改變動植物遺傳物質的化學物，也列為誘變劑。要了解化學物如何改變遺傳路徑，我們首先得觀察生命在活細胞階段所演出的那齣基本的劇本。

身體若要成長，生命若要代代生生不息，構成組織與器官的細胞就必須具有增加細胞數量的本事。這由有絲分裂（mitosis，即核分裂）過程完成。最重要的改變會在即將分裂的細胞中發生，最初發生於細胞核裡，最後席捲整個細胞。在細胞核裡，染色體神祕地移動、分裂，按照已存在很久的模式自行排列，那些模式有助於把遺傳的決定者（即基因），分配到子細胞上。首先，染色體呈現拉長的線狀，基因在那些線上排成一列，猶如串在線上的珠子。然後，每個染色體縱向分裂（基因也分裂）。細胞一分為二時，每一半的染色體都分配到每個子細胞裡。藉此，每個新細胞都會含有一整套的染色體，那些染色體中有所有遺傳資訊的編碼。各種物種（species）和人種（race）的完整性藉此得到保存；一代代的有機體藉此生出與親源類似的下一代。

精細胞形成時，會發生特別的細胞分裂。特定物種的染色體數目是固定不變的，而新的個體是靠卵子和精子結合而成，因此精子和卵子結合時各自只會帶著該物種的半數染色體。染色體會精確的改變分裂行為，來毫釐不差地完成細胞分裂。這一次，染色體不會分裂，而是每一對染色體全部進入每個子細胞。

在這齣基本劇情中，所有生命的細胞分裂過程都是一樣的。世間所有生命都會經歷這項過程

3 夏洛特・奧爾巴赫（Charlotte Auerbach,1899-1994），蘇格蘭遺傳學家，在一九四二年發現芥子毒氣會導致果蠅基因突變而成名，開啟了化學遺傳學的研究。她也是愛丁堡皇家學會和的倫敦皇家學會的院士。

4 芥子毒氣（mustard gas），亦簡稱為芥子氣，學名二氯二乙硫醚，是一種會導致人體皮膚、眼睛、黏膜等細胞組織潰爛的化合物，因味道與芥末相似而得名。

中的諸多活動；不管是人還是變形蟲，不管是巨大的紅杉，還是簡單的酵母細胞，若未進行這一細胞分裂過程，都無法久存。因此，凡是干擾有絲分裂的東西，都嚴重威脅遭襲之有機體和其後代的福祉。喬治．蓋洛德．辛普森[5]和同事皮滕德里希[6]、蒂芬妮（Tiffany）在他們包羅萬象的大作《生命》（*Life*）中寫道：

細胞組織的主要特徵，例如有絲分裂，肯定存世已超過五億年或更多，較接近十億年。從這個意義上看，生命世界一方面肯定脆弱又複雜，一方面又不可思議的歷久不衰——比山脈還更歷久不衰。這種持久性完全仰賴代與代間複製遺傳資訊時，那種幾乎無法置信的精確度。

但在這些作者所想像的十億年裡，沒有哪個威脅比二十世紀中葉人造輻射與人造化學物、人工散播化學物的威脅，更直接更有力打擊細胞分裂「無法置信的精確」。澳洲名醫和諾貝爾獎得主麥法蘭．伯內特（Macfarlane Burnet）爵士認為：

現代有一項極重要的醫學特點，那就是隨著愈來愈強效的治療程序問世，和超乎生物經驗之化學物質的生產，使得身體把誘變劑拒於內部器官之外的正常保護屏障已愈來愈常被穿透。

人類染色體的研究還在萌芽階段，因此，科學家直到最近才得以研究環境因素對它們的影響。要到一九五六年，拜新技術之賜，科學家才得以精確斷定人類細胞中染色體的數目（四十六條），人類的觀察也才能仔細到能看出所有染色體、甚至部分染色體存在或不存在的程度。環境中的物質造成基因損壞一說，也是較最近才出現的觀念，遺傳學家以外的人士對這觀念所知不多，人們也很少徵詢了解此觀念的遺傳學家的意見。各種形態的輻射所帶來的危害，如今得到相當充分的理解，但在一些令人意想不到的地方，仍有人不相信此事。穆勒博士常常譴責：

> 許多人不接受遺傳原理，這些人不只包括有決策權的官員，還包括許多醫界人士。

一般大眾，還有大部分醫界、科學界人士，都幾乎不了解化學物可能發揮類似輻射的作用。因此，普遍使用的化學物（而非實驗室裡的化學物）的作用，仍未得到評估。此事至關緊要，不做不行。

評估了化學物的潛在危險者，不只麥法蘭爵士一人。英國權威人士彼得．亞歷山大博士（Peter Alexander）說，相對於輻射，類放射性化學物「很可能有更大的危險」。憑著數十年深入鑽研遺

5 喬治．蓋洛德．辛普森（George Gaylord Simpson，1902 – 1984），美國古生物學家、演化生物學家，是最著名的進化論權威之一，也是新達爾文主義綜合系統學派的創始人。

6 皮滕德里希（Colin Pittendrigh），美籍生物學家，被譽為「生理時鐘之父」（father of the biological clock），是生物韻律（Biological rhythms）研究的創始者，研究生物體內與時間有關的週期性現象。

傳學所淬煉出的過人見識，穆勒博士警告道，各類化學物（包括以農藥為代表的幾類化學物）：

> 提升突變頻率的能力和輻射一樣高……在現代人常常接觸不尋常化學物的情況下，我們的基因受這種誘變作用的影響到何種程度，目前為止我們知道得仍太少。

化學性誘變劑的問題普遍遭到漠視，或許是因為這類最早被發現的東西，只有科學界感興趣。畢竟氮芥（nitrogen mustard）並沒有被拿來從空中向所有人噴灑；使用它的是實驗生物學家或用它來治療癌症的醫生（最近傳出有個染色體受損的病人接受了這類治療）。但許多人與殺蟲劑、除草劑有密切接觸。

此事未受到應有的關注，但我們可以把關於一些農藥的具體資訊蒐集起來，讓世人知道它們會擾亂細胞的重要運作過程，從染色體輕微受損到基因突變，後果非常多樣，且最終會導致惡性腫瘤的嚴重後果。

數代接觸DDT的蚊子變成人稱「雌雄嵌合體」的怪物。經幾種苯酚處理過的植物，染色體嚴重受損、基因改變，出現一些突變，和「不可逆轉的遺傳變化」。果蠅，遺傳學實驗的常用對象，接觸苯酚後也出現突變；這些果蠅接觸某種常用的除草劑或氨基甲酸乙酯（urethane）後，出現殺傷力足以致命的突變。氨基甲酸乙酯屬氨基甲酸酯類化學物，愈來愈多殺蟲劑和其他農用化學物來自這類化學物。有兩種氨基甲酸酯被用來防止貯存中的馬鈴薯發芽——因為它們已獲證實能停止細胞分裂。另一種防發芽劑，順丁烯二醯肼（maleic hydrazide），被列為強效誘變劑。

被六氯化苯（BHC）或靈丹處理過的植物，長得畸形怪樣，根部有類似腫瘤的腫塊。它們的細胞變大，因染色體多了一倍而腫大。這一加倍現象在未來的細胞分裂中繼續出現，直到細胞不可能再分裂為止。

除草劑 2,4-D 也在噴灑過此藥的植物上製造出類似腫瘤的腫塊。染色體變短、變粗，擠成一團。細胞分裂嚴重受阻。整體效應據說極類似 X 光所產生的效應。

上述只是舉幾個例子說明，若要再談，還有許多例子可提。**目前為止，未有專門測試這類農藥之誘變效應的全面性調查。前面所述之事都是細胞生理學或遺傳學研究的副產品。當務之急，是直接著手解決這問題。**

有些科學家願意承認環境輻射對人的強大作用，卻質疑誘變化學物是否真具有同樣的作用。他們提到輻射的強大穿透力，但懷疑化學物的威力會影響精細胞。在此，我們再度受阻於一項客觀事實，即以人為對象直接調查此問題很少見。但在鳥類、哺乳動物的生殖腺、精細胞裡大量找到ＤＤＴ殘餘一事，有力地證明了氯化烴不只普遍分布於身體各處，最起碼還觸及了遺傳物質。賓州大學的大衛・戴維斯（David E. Davis）教授最近發現，有種阻止細胞分裂且已少量用於治療癌症的強力化學物，也能使鳥不育。亞致命性濃度的這種化學物，使生殖腺裡的細胞分裂停擺。戴維斯教授已在田野試驗方面取得成果。因此，希望或深信有機體的生殖腺不會受到環境中化學物毒害，恐怕太牽強。

化學物對染色體的傷害難以測試，後果由後代承接

晚近在染色體畸形領域的醫學研究結果，頗有意思且極為重要。一九五九年，幾個英法研究團隊各自做調查，卻殊途同歸，得出同樣的結論：「人類有些疾病是正常的染色體數目遭打亂所致。」在這些研究人員所調查的某些疾病和反常中，染色體數目都不正常。更清楚地說，如今已知所有典型的蒙古症患者都有多一條染色體。偶爾這條染色體會附著於另一條染色體上，因此染色體數目仍是正常的四十六條。但通常多出的這一條是獨立的染色體，使總數達到四十七條。在這類人身上，這項缺陷的原始成因想必發生於他出現前的那一代。

在患有某種慢性白血病的一些英美病人身上，似乎有另一種機制在運作。這些人被發現某些血細胞裡有普遍的染色體異常現象。這一異常包括失去某一染色體的局部。在這些病人身上，皮膚細胞有正常的整組染色體。這表明染色體缺陷不是發生在最終產生這些個人的精細胞裡，而是反映在個人在世期間的特定細胞上（就此例來說是血細胞的前身）。喪失某染色體的局部，或許使這些細胞失去了指導它們正常行為的「指令」。

與染色體受擾有關的缺陷原本不在醫學研究範圍裡，但被開闢出來後，研究以驚人的速度增加。有種人稱克萊恩費爾特症候群[7]的缺陷，與某條性染色體遭複製有關。患者雖然是男性，但由於此人帶有兩條X染色體（成為XXY，而非正常的男性染色體XY），所以會有些反常，出現體重過重、心智缺陷，和常伴隨此病而來的不育。相對的，只接收到一條性染色體者（變成XO，

而非XX，也非XY），其實是女性，但缺乏許多第二性徵。這種病伴隨有多種生理（和有時心智）缺陷，因為X染色體帶有會促成多種特徵的基因。這種病人稱特納氏症候群（Turner's syndrome）。在找出病因之前許久，醫學文獻裡就有描述到這兩種病。

在許多國家，有人正投入大量心血研究染色體異常。威斯康辛大學的一組團隊，在克勞斯．帕陶博士（Klaus Patau）領軍下，一直專注於研究多種先天性異常症狀（通常包括心智遲緩），那些先天性異常似乎是因為某條染色體的局部遭複製，好似在某個精細胞的形成過程中，有條染色體斷掉，但斷片沒有正確的重新分布。這一不幸遭遇可能干擾胚胎的正常發育。

據現有的了解，出現一整條多餘的身體染色體通常會致命，使胚胎無法存活。已知只有三種這類病的患者能生長發育，其中之一當然是蒙古症患者。另一方面，出現一條多餘的附著斷片，雖然會帶來嚴重傷害，卻不一定會奪去性命，且據威斯康辛大學那些研究人員的說法，這種情況很可能為許多至目前為止仍不明病因、天生具有多種缺陷（通常包括心智遲緩）的孩童病例提供了解釋。

這一研究領域太新，所以至目前為止，科學家還把重點擺在鑑定出與疾病、發育不全有關的染色體異常，而非猜測病因。若認為有單單哪樣東西能造成染色體受損，或造成染色體在細胞分

7 克萊恩費爾特症候群（Klinefelter's syndrome）是一種常見的染色體異常疾病，該疾病的主要特徵是不育，也可能會出現肌肉虛弱、身高較高、運動協調差、體毛稀少、外生殖器偏小、男性女乳症與缺乏性慾等症狀。

裂期間行為古怪，那太過武斷。但我們正把會直接打擊染色體的化學物，和會造成這類病症因而影響染色體的化學物往環境裡猛塞，卻對此事視而不見，我們承受得起後果嗎？為了不讓馬鈴薯發芽，或為了不讓露台有蚊子，付出這樣的代價不會太高？

如果可以許願，我希望能降低基因遺產受到的這一威脅。基因遺產經過了約二十億年的演化和原生質[8]的揀擇，才傳遞給我們，眼前雖然暫歸我們所有，但最後我們得把它傳給後代。在保有它的完整性上，我們做得太少。**化學品製造商依法必須測試產品的毒性，但法律卻未要求他們要做遺傳效應的測試，他們也沒有這麼做。**

8 原生質（Protoplasm）是細胞中所有內含物（包括細胞質和細胞核）的概括總稱。

One in Every Four

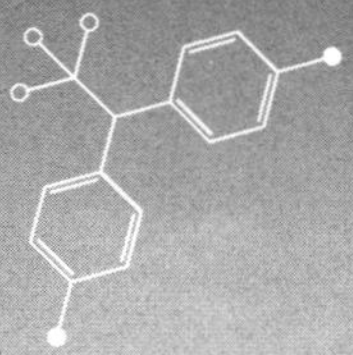

第 14 章

四分之一

惡性腫瘤的未來版圖

癌症增加不是主觀觀感，有客觀證據可以證明。
美國人口統計局一九五九年提出報告，
表示惡性腫瘤占了去年百分之十五的死因。
美國癌症協會估計如今在世的美國人裡，
有四千五百萬人最終會得癌症，
正好占總人口的四分之一。

癌症的歷史

◆自然世界中的天然致癌物

生物對抗癌症之役，好久好久以前就開打，久到起始之日已經不可考。但它想必起始於某個自然環境中，在那環境裡，不管是哪種棲息在地球上的生命，都受到來自於太陽、暴風雨，和地球之古老本質的外力影響，這些影響有好也有壞。這一環境中的某些元素，創造出生命必須予以適應不然就會喪命的危險之物。陽光中的紫外輻射能造成惡性腫瘤。來自某些岩石的輻射，或從土壤或岩石裡被沖刷出來而汙染了食物或供水的砷，也會造成惡性腫瘤。

在有生命之前，這個環境就含有這些有害的元素；但生命還是出現，經過數百萬年歲月，生命變得不可勝數且種類無限。經過億萬年從容的歲月——從容是自然的本色——自然選擇作用淘汰掉適應力較差者，只有韌性最強者存活，生命適應了那些具破壞性的力量。這些天然的致癌物仍是產生惡性腫瘤的因素之一；但它們數量不多，而且屬於生命從一開始就已習慣的那些古老的力量。

◆新興的人造致癌物出現

隨著人類的誕生，情況開始改觀，因為人類（世間萬物唯獨人類）能創造致癌物，即醫學術語所謂的致癌物質（carcinogen）。有些人造致癌物做為環境的一部分已數百年，例如含有芳烴的煤煙[1]。隨著工業時代降臨，世界就不斷在改變，而且改變速度愈來愈快。自然環境迅速由諸多新化學因子和物理因子構成的人造世界取代，其中許多化學因子和物理因子具有導致生物性變化的強大威力。

面對自己的活動創造出的致癌物，人類毫無防禦之力，因為一如人類的生物性遺產是緩緩演化出來的，我們適應新環境的速度也慢。於是，這些威力強大的物質能輕易穿透人體不夠健全的防禦工事。

癌症歷史悠久，但我們對致癌物的認知卻很晚才臻於完備。近兩百年前，有位倫敦醫生首度認識到外部因素或環境因素能導致惡性變化。一七七五年，波西瓦爾・波特（Percivall Pott）宣布，煙囪清潔工族群裡很常見的陰囊癌，肯定是積累在他們身上的煤煙所致。他無法提供我們今日所會要求的「證據」，但現代研究方法已在煤煙裡抽離出致命的化學物，證明他的看法無誤。

波特發現此事之後的百年或更長時間裡，人類對於環境裡的某些化學物能透過一再的皮膚接觸、吸收或吞食使人致癌一事，似乎只有少許的進一步認識。沒錯，那時已有人注意到，在康沃爾郡（Cornwall）和威爾斯（Wales）的煉銅廠和鑄錫廠裡接觸到砷煙的工人，普遍得了皮膚癌。而

1 煤煙（soot）是火爐或熔爐不完全燃燒時，排放出的較大粒徑含碳顆粒物。

且有人理解到，在薩克森（Saxony）的鈷礦裡和在波希米亞的約阿希姆斯塔爾（Joachimsthal）鈾礦裡的工人得了某種肺病，後來被鑑定為肺癌。但這是工業時代之前的現象，那時工業尚未蓬勃發展，工業產品尚未充斥幾乎所有生物的環境。

十九世紀最後二十五年間，首度有人認知到肇始於工業時代的惡性腫瘤。約略就在巴斯德[2]說明許多傳染病是微生物引發的時期，另外有一些人正逐漸發現化學物會導致癌症——薩克森新興的褐煤工業和蘇格蘭頁岩業的工人常患皮膚癌，因職業之故接觸焦油、瀝青的人也常患其他癌症。到了十九世紀末，已有六種工業致癌物來源為人所知；二十世紀時人類更創造出無數新致癌化學物，使所有人與它們密切接觸。自波特得出那發現之後的不到兩百年裡，環境已大幅改變。**與危險化學物的接觸，不再只是出於職業之故；它們已進入每個人的環境，甚至進入尚未出生之小孩的環境**。因此，我們如今意識到惡性疾病以驚人速度增加，也就沒什麼好大驚小怪。

這一增加本身不只是主觀的觀感。美國人口統計局（Office of Vital Statistics）為一九五九年七月提出的月度報告表示，一九五八年惡性腫瘤（包括淋巴組織與造血組織的惡性腫瘤）占了全部死因的百分之十五；相對的，一九〇〇年時只占百分之四。美國癌症協會根據目前的癌症發生率，估計如今在世的美國人裡，四千五百萬人[3]最終會得癌症。這意味著三分之二家庭會受到惡性疾病打擊。

就孩童來說，情況更令人不安。二十五年前，孩童得癌症被視為醫學上的罕事。如今美國學童死於癌症者，多過死於其他任何疾病者。這一情況嚴重到波士頓不得不設立美國境內第一所專門治療癌症病童的醫院。一至十四歲的死亡孩童，有一成二死於癌症。許多惡性腫瘤在五歲以下就診孩童身上發現，但更駭人的是有許多惡性腫瘤在出生時或出生前就存在。國家癌症研究院、環境癌的權威之一休珀博士，表示先天性癌症和嬰兒癌症可能與母親懷孕期間接觸到的致癌物活動有關，這些致癌物會滲入胎盤，對迅速發育的胎兒組織起作用。實驗顯示，動物愈年幼時接觸致癌物，致癌的機率就愈高。佛羅里達大學的法蘭西斯・雷（Francis Ray）博士警告：

> 把化學物加入（食品）之舉，可能使今日的孩童致癌……我們不知道，或許一、兩代的時間裡不會知道，那將帶來什麼影響。

致癌物清單：哪些化學物是致癌兇手？

在此我們所關心的問題，是我們為了控制自然而使用的諸多化學物，是不是有哪一種會成為

2 路易・巴斯德（Louis Pasteur），法國微生物學家、化學家，被稱為「微生物學之父」之稱，是微生物學的奠基者之一，以否定自然發生說（自生說）及倡導疾病細菌學說（菌原論），和發明預防接種方法而聞名，也是第一個創造狂犬病和炭疽疫苗的科學家。

3 一九七〇年美國人口普查總人數為一億七千九百萬人，估計罹患癌症的人數為四千五百萬人，正好是總人數的四分之一，故本章以「四分之一」為名。

致癌的兇手或幫凶。根據得自動物實驗的證據，我們可以判定有五種或者六種農藥肯定要被列為致癌物。如果把某些醫生認定會造成人類白血病的那些農藥加進去，這份清單要再大大拉長。在此，證據是間接的，由於我們勢必不能以人當對象做實驗，儘管如此，這無損於證據本身的有力。還有些農藥會對活組織或活細胞起作用，且那作用或許可視為惡性腫瘤的間接肇因。如果把這些農藥也納入，這份清單又要再拉長。

◆致癌兇手一號：農藥砷

與癌症有密切關係的最早期農藥之一是砷，砷存在於作為除草劑的亞砷酸鈉中，存在於作為殺蟲劑的砷酸鈣和其他幾種化合物中。砷與人、動物身上的癌症，有著具重大歷史意義的密切關係。休珀博士針對此主題寫了權威性的專題論著《職業性腫瘤》（*Occupational Tumors*），書中提到一個有趣的例子，說明接觸砷的後果。中歐西里西亞（Silesia）的萊亨斯坦市（Reichenstein）開採金銀礦已有將近千年歷史，開採砷礦則有數百年歷史。幾百年來，含砷廢棄物積累在礦井周邊，被從山上流下的溪流帶走。地下水也遭汙染，砷進入飲用水。幾百年間，該地區許多居民受苦於後來所謂的「萊亨斯坦病」——伴隨肝、皮膚和胃腸系統、神經系統方面之不適的慢性砷中毒。得了此病者，普遍有惡性腫瘤。萊亨斯坦病如今主要具歷史價值，因為二十五年前有了新供水設備，砷大致上已經從供水中排除。但在阿根廷的哥多華省，慢性砷中毒和伴隨此中毒發生的砷致皮膚癌盛行於當地，因為來自岩層的飲用水遭岩層裡的砷汙染。

長期持續使用含砷殺蟲劑，將不難創造出類似在萊亨斯坦、哥多華所見的那些情況。在美國，菸草田、西北部許多果園、東部藍莓園噴灑過砷的土壤，很可能汙染了供水。

遭砷汙染的環境不只影響人，也影響動物。一九三六年，有份極重要的報告從德國發出。在薩克森州弗萊貝格（Freiberg）周遭區域，銀鉛冶煉廠把大量含砷的煙排入空中，砷煙往外飄散，覆蓋周遭鄉間，落在植物上。據休珀博士所述，以該區植物為食的馬、乳牛、山羊、豬出現掉毛、皮膚增厚的症狀。棲息在附近森林裡的鹿有時出現異常色斑和癌前期疣。有隻鹿有明確的癌病變。家禽家畜和野生動物都受苦於「砷致腸炎、胃潰瘍、肝硬化」。養在冶煉廠附近的綿羊得了鼻竇癌；牠們死後，檢查發現腦、肝、腫瘤裡有砷。在這個區域，也出現以下情況：

昆蟲死亡率異常，特別是蜜蜂。雨水把樹葉上的含砷塵粒沖下，帶進小溪和池子裡，許多魚死亡。

◆致癌兇手二號：對付蟎、壁蝨的新式有機農藥

有種普遍用來對付蟎、壁蝨的化學物，是屬於這類新式有機農藥的一種致癌物。它的使用歷史讓人充分見識到，儘管有立法提供所謂的保護機制，民眾可能在接觸一已知的致癌物數年後，

法律程序才慢慢的運作，將這情況納入控制。從另一個觀點來看，這件事頗有意思，證明了今日被說成「安全無虞」而要求民眾接受的東西，明日可能變成極危險的東西。這個化學物於一九五五年問世時，製造商申請容許的殘餘量，要求准許噴灑了此物的任何農作物上可以有少量殘餘。製造商照法律規定以實驗用動物測試了這一化學物，申請時附上實驗結果。但食品藥物管理局的科學家認為測試結果顯示此物有致癌可能，該局局長於是建議「零容許量」，也就是說凡是跨州運送的食品依法都不得有此化學物的殘餘。但製造商有上訴的法律權利，此案因此交由一委員會複審。該委員會的決定是採取折衷辦法：制訂 1ppm 的容許量，讓該產品上市販售兩年，在那期間繼續在實驗室測試，以斷定此化學物是否真是致癌物。

該委員會雖沒明說，但這一決定意味著民眾要當白老鼠，和實驗用的狗、鼠一起測試這個被懷疑會致癌的東西。不過實驗用動物較快給了測試結果，兩年後查明這一滅蟎劑的確是致癌物。即使到了這個時候，到了一九五七年，食品藥物管理局明知不該讓這一已知會致癌的東西殘留於食品上，汙染民眾所吃的食物，仍無法立即撤銷容許的殘餘量。要再經過一年，走完幾個法律程序才能辦到。最後，一九五八年十二月，該局局長於一九五五年建議的零容許量才生效。

已知會致癌的農藥，絕非只有這些。在實驗室以動物為對象所做的測試中，DDT 會產生可疑的肝腫瘤。呈報此事的食品藥物管理局科學家不知該把它們歸為哪種腫瘤，但覺得「有理由將它們視為低度肝細胞癌」。如今休珀博士把 DDT 明確列為「化學致癌物」。

◆致癌兇手三號：IPC、CIPC、氨基三唑

屬於氨基甲酸酯類的兩種除草劑：IPC[4]和CIPC[5]，已被發現是小鼠長出皮膚腫瘤的推手。其中有些腫瘤屬惡性。這些化學物似乎啟動惡性改變，然後充斥於環境中的其他類化學物可能完成該改變。

除草劑氨基三唑（aminotriazole）已在實驗用動物身上產生甲狀腺癌。一九五九年，這一化學物遭一些蔓越莓農濫用，在某些上市的蔓越莓上留下殘餘。食品藥物管理局沒收遭汙染的蔓越莓，隨之引發爭議。而在這一爭議中，氨基三唑致癌一事遭到普遍質疑，甚至遭許多醫生質疑。食品藥物管理局公布的科學資料，明確指出氨基三唑會使實驗用大鼠致癌。實驗室人員將含有100ppm氨基三唑的飲用水（也就是一萬茶匙的水裡有一茶匙的氨基三唑）餵這些大鼠喝，然後大鼠在第六十八週時開始長出甲狀腺腫瘤。兩年後，一半以上受檢的大鼠身上都有這類腫瘤。經診斷，它們屬於數種良性、惡性腫瘤。實驗室人員降低飲用水中氨基三唑的濃度，然後讓大鼠喝，結果同樣長腫瘤——事實上，實驗發現，不管哪種濃度，氨基三唑都會對大鼠產生致癌作用。當然，沒人知道氨基三唑在哪種濃度下會對人致癌，但如同哈佛大學醫學教授大衛・魯茨坦因（David

4 除草劑IPC的化學全名是「O-異丙基-N-苯基氨基甲酸」（O-isopropyl-N-phenyl carbamate）。
5 除草劑CIPC的化學全名是「異丙基n-（3-氯苯）氨基甲酸」（isopropyl N-[3-chlorophynel] carbamate）。

Rutstein）博士所指出，那一濃度對人有利和對人不利的機率一樣高。

目前為止，由於經過的時間還不夠長，新氯化烴殺蟲劑和現代除草劑的作用還不能完全展現。大部分惡性腫瘤成長緩慢，受害者可能要經過頗長一段時間才會出現臨床症狀。一九二〇年代初期，工作是在錶盤上畫夜光數字的女人，習慣把畫筆輕觸嘴唇，從而吃進少量的鐳；其中某些女人在十五年或更久以後得了骨癌。某些因職業之故接觸化學致癌物者，經過十五至三十年，甚至更久時間，才得癌。

相較於這些工業性接觸幾種致癌物之事，軍事人員首次接觸DDT是在約一九四二年時，平民則是在約一九四五年時，而直到五〇年代初期，多種化學農藥才開始使用。這些化學物所播下的惡性腫瘤種子，不管是哪種種子，完全成熟的日子都還沒到。

白血病：與現代化學藥劑密切相關的惡性疾病

大部分致癌物有漫長的潛伏期，但有個如今已知的例外：白血病。廣島原爆的倖存者在原爆後才三年就患上白血病，如今有理由相信潛伏期可能短上許多。日後，或許也會發現另外幾種癌有更短的潛伏期，但目前白血病似乎是唯一不符漫長潛伏期這個通則的例外。

現代農藥問世後這段期間，白血病發生率似乎有增無減。從美國人口統計局得到的數據清楚表明，惡性造血組織病的增加幅度令人不安。一九六〇年，光是白血病就奪走一萬兩千兩百九十條性命。死於各種血液、淋巴惡性腫瘤者，總共達兩萬五千四百人，比一九五〇年的一萬六千六百九十人，暴增許多。以十萬人為基數的話，死亡率從一九五〇年的十一・一增加為一九六〇年的十四・一。這一增加絕非僅見於美國；在世界各國，不分年齡死於白血病者，據紀錄一年增加百分之四到五。這意味著什麼？人們現在愈來愈頻繁地接觸了哪種新投入環境的致命物質？

◆梅約診所的臨床病例

梅約診所（Mayo Clinic）之類世界知名的機構證實有數百人因這些造血器官病症而受害。馬爾孔・哈爾格雷夫斯博士（Malcolm Hargraves）和他在梅約診所血液學部門同事的聯名報告指出，這些病人幾乎都接觸過不同種類的有毒化學物，包括含有DDT、氯丹、苯、靈丹、石油餾出物的噴劑。

哈爾格雷夫斯博士認為，與多種有毒物質有關的環境病一直在增加，「特別是過去十年間」。根據廣泛的臨床經驗，他深信：

> 大部分血液惡病質（blood dyscrasia）患者和淋巴病患者，都接觸過相當多種烴，而今日大部分農藥都屬於烴。凡是記載詳細的病史，都幾乎必然會確立這樣的關係。

這位專家看過白血病患者、再生不良性貧血患者、何杰金氏病（Hodgkin's disease）患者、其他血液組織病、造血組織病的患者，從中取得許多詳細病歷。他說：「他們都接觸過這些環境劑，且接觸量不少。」

這些病歷說明了什麼？有個病歷與一位極厭惡蜘蛛的家庭主婦有關。八月中旬，她拿著一罐含有DDT與石油餾出物的氣霧劑噴灑器進入家中地下室，把整個地下室到處噴了一遍，樓梯下方、水果櫥裡、天花板和椽周邊所有隱祕的區域全沒放過。噴完之後，她覺得很不舒服，覺得噁心，極度焦慮、緊張。接下來幾天，她覺得舒服了些，似乎未想過什麼東西造成自己不適，然後在九月時重複先前的整個作業，整個再噴過兩次，卻覺得身體不適。等暫時復原後，又再噴殺蟲劑。第三次使用過殺蟲劑後，新症狀出現：發燒、關節疼痛、全身不對勁、一腿急性靜脈炎。經哈爾格雷夫斯博士檢查，她得了急性白血病。次月即去世。

哈爾格雷夫斯博士的另一個病人是個專業人士，辦公室位在一棟有蟑螂大量出沒的老建築裡。他受不了蟑螂和他共處一室，親自動手撲殺。某個週日，他花了大半天把地下室和所有隱祕處噴了殺蟲劑。殺蟲劑是含有百分之二十五DDT的甲基萘溶劑。不久後他開始出現青腫、流血。進醫院時，他體內大出血。檢查過他的血液後發現，他得了重度骨髓抑制，即再生不良性貧血。接下來五個半月期間，他接受了五十九次輸血和其他治療。他的身體局部復原，但約九年後，得了致命的白血病。

就涉及的農藥來說，在這些病歷裡最搶眼的化學物是DDT、靈丹、六氯化苯、硝基苯酚、用對二氯苯製成的常見樟腦丸、氯丹，當然還有承載它們的溶劑。如同這位醫生所強調的，只接觸一種化學物是例外，不是通例。商業性產品通常含有數種化學物的混合物，化學物連同某種分散劑混合在石油餾出物裡。這些石油餾出物的環狀芳香族環、不飽和芳烴，可能是傷害造血器官的主要兇手之一。但從實際面而非從醫學觀點來看，這一區別沒什麼重要，因為這些石油溶劑是大部分噴灑作業裡不可或缺的一部分。

◆各國醫學文獻中的病例

哈爾格雷夫斯博士深信這些化學物與白血病、其他血液病有因果關係，而美國和其他國家的醫學文獻含有許多支持此說的重要病例。那些病例中的受害者，包括接觸到自己噴灑裝備或噴灑機「落塵」的農民之類的尋常老百姓、一名往書房噴殺蟲劑滅蟻然後繼續待在書房裡讀書的大學生、一名在自家安裝可攜式靈丹氣霧劑噴灑器的婦女、一名在已噴灑過氯丹、德克沙芬的棉田裡工作的人。這些病例半隱藏在專業的醫學術語裡，其中包括捷克斯洛伐克兩個年輕小夥子遭遇到的人間悲劇，以及其他類似的故事。這兩個男孩是堂兄弟，住在同一個城鎮，一直工作在一起、玩在一起。他們最後一個且最要命的工作，是幫某個農業協作組織卸下一袋袋的殺蟲劑（六氯化苯）。八個月後，其中一個男孩得了急性白血病，九天後死亡。約略就在這時候，他的堂兄弟夥伴開始動不動就覺得累，開始發燒。約不到三個月，他的病情加劇，也被送醫，結果同樣診斷出急性白血病，同樣因此病走上黃泉路。

還有個瑞典農民的病例。說來奇怪，那個病例讓人想起日本「福龍丸」鮪魚船船員久保山愛吉的遭遇。一如久保山，這位農民原本身體健康，靠田地過活，就像久保山靠海過活。從天上飄落的毒物，把他們兩人都送上　泉路。對其中一人來說，飄落的是遭輻射汙染的灰；對另一人來說，則是化學塵。這位農民用含有ＤＤＴ與六氯化苯的殺蟲藥粉噴灑約六十英畝的地。陣陣吹來的風，使噴出的殺蟲藥粉在他身邊成團飛舞。倫德市醫學中心的報告寫道：

晚上，他覺得特別累，接下來幾天，覺得全身虛弱、背痛、腿疼、覺得冷，不得不上床休息。後來他的病情惡化，五月十九日（噴藥後一星期）他申請住進當地醫院。

他發高燒，血球計數異常，轉到倫德市醫學中心治療。在那裡，他被病魔折磨了兩個半月後死亡。驗屍發現全骨髓萎縮。

癌細胞的起源：癌症究竟如何形成？

細胞分裂之類正常且必要的過程怎麼會變這麼多，變得與身體格格不入且有害？這個問題吸引了無數科學家注意，也用掉不計其數的資金。細胞裡究竟發生了什麼事，致使它改變井然有序的增殖，變成狂亂、不受控制的癌細胞增殖？

當我們找到答案時，答案幾可確定會有許多個。癌本身是個具有多種偽裝的病，以多種形態現身，而那些形態各有不同的起源、有不同的發育過程、有不同的因素影響它們成長或倒退。因此，相應的，肯定有數種不同的起因。但深入追究，它們的發生或許得歸因於對細胞的幾大類傷害。從散見於各地且有時根本不是為了探究癌症而做的研究中，我們窺見第一道曙光，哪天那道曙光說不定會解開這個問題。

我們再度發現，只有藉由檢視某些最小的生命單位——細胞和其染色體，才得以找到更寬闊的視野，進而突破那些屏障。在此，在這個小宇宙中，我們必須尋找那些以某種方式使細胞的絕妙運作機制脫離正常模式的因素。

◆瓦爾堡教授的理論：細胞缺氧是致癌原因

有個極令人激賞的癌細胞起源說，來自德國生物化學家奧托・瓦爾堡[6]。他是「馬克斯・普

6 奧托・瓦爾堡（Otto Warburg, 1883 – 1970）是二十世紀著名的生物化學家之一，在一九三一年獲得「諾貝爾生理學或醫學獎」，以表揚他在癌細胞研究領域的最重要發現。

朗克細胞生理學研究所」的教授，一生潛心研究細胞裡複雜的氧化過程。他以這一廣博的知識為依據，對正常細胞如何變成惡性細胞一事，提出吸引人且清楚的解釋。

瓦爾堡深信，不管是輻射還是化學致癌物，都是藉由摧毀正常細胞的呼吸，進而使細胞失去能量來起作用。這一作用可能因重複接觸小劑量而導致，且一旦完成就無法回復。未因這一呼吸性毒物衝擊而當場喪命的細胞，會拚命彌補能量的損失。但它們再也無法進行獨特且有效率的循環，以製造大量的三磷酸腺苷（ATP），而是被迫退回去使用一原始、效率低上許多的方法，即發酵法。藉由發酵來奮力存活一事，持續進行很長一段時間，持續到接下來的細胞分裂完成，讓所有後代細胞都具有這種異常的呼吸法。細胞一失去正常的呼吸作用，就再也拿不回來，一年、十年，或數十年都拿不回來。但漸漸的，在這場為恢復已失能量而展開的艱苦奮鬥中，那些倖存的細胞開始藉由增加發酵來彌補失去的能量。那是場優勝劣敗的鬥爭，只有最適者能存活。最後它們達到一個階段，在那個階段，發酵作用能製造出和呼吸作用所製造出一樣多的能量。在這階段，正常體細胞或許已變成了癌細胞。

瓦爾堡的理論說明了許多原本令人費解的事。大部分癌症之所以有漫長潛伏期，乃是因為細胞需要這些時間來進行無數次的分裂，發酵作用則於呼吸作用開始受損後，在這期間漸漸坐大。讓發酵作用成為主要作用所需的時間，因物種而異，因為發酵速率各不相同：在大鼠身上，所需時間短，癌很快出現；在人身上，所需時間長（甚至要數十年），而在那期間，惡性腫瘤正從容不迫地發育。

瓦爾堡的理論也說明了為何一再接觸小劑量致癌物，在某些情況下，比單單一次接觸大劑量，還來得危險。大劑量致癌物可能立即殺死細胞，但小劑量致癌物卻使某些細胞儘管在受損狀態下，還能存活。這些倖存細胞後來可能發展成癌細胞。所以為何沒有「安全無虞」的致癌物劑量可言，原因在此。

在瓦爾堡的理論中，我們也找到一件原本無法理解之事的解釋——同樣一個東西既可用於治療癌症，卻也可能使人致癌？如同大家都知道的，輻射就是如此，既殺死癌細胞，也可能會致癌。同樣的道理也適用於現在用來對付癌症的許多化學物。為什麼會致癌呢？因為這兩種東西都損害呼吸作用。癌細胞的呼吸作用已出了毛病，所以一旦再受損，就死亡。但是正常的細胞不會被輻射和化學物殺死，而是呼吸作用受損，因此走上可能通往惡性腫瘤的道路。

一九五三年，其他研究人員僅僅藉由在長時期裡斷斷續續使正常細胞失去氧，就能使正常細胞變成癌細胞，證實瓦爾堡的看法無誤。然後，一九六一年，他的看法再度得到證實，這一次證實的依據來自活體動物，而非來自培養出來的組織。研究人員把放射性追蹤劑注入得癌的小鼠裡，然後仔細測量小鼠的呼吸，發現發酵速率明顯高於正常值，一如瓦爾堡的預測。

根據瓦爾堡建立的標準來衡量，大部分農藥都符合完美致癌物的鑑定標準，讓人不由得感到不安。如同前一章裡見過的，酚、許多氯化烴、某些除草劑會干擾細胞內的氧化作用、能量製造，因此可能會創造出潛伏的癌細胞。在那些癌細胞裡，不可逆轉的惡性性質會長久休眠、人們察覺不到，直到它的起因老早就被遺忘，甚至未被想到時，癌細胞才終於發作，人類才辨認出來。

◆染色體異常，也是致癌疑犯

另一條導致癌症的管道，可能是透過染色體。這領域許多最傑出的研究人員認為，凡是損壞染色體、干擾細胞分裂，或造成突變的外界物質都是致癌疑犯。在這些人看來，任何突變都是癌症的潛在肇因。探討突變時通常會提到精細胞裡的突變，那些突變可能在後代才顯現它們的作用，但體細胞裡也可能會有突變。根據把突變當成癌症起源的理論，細胞或許會受到輻射或某些化學物的影響，出現某種突變，變得不受身體對細胞分裂的正常控制。它因此能肆無忌憚、不受管制地拚命增殖。這種細胞分裂產生的新細胞，同樣不受身體的控制，久而久之，這類細胞累積得夠多，形成了癌症。

另外有些研究人員指出，癌組織裡的染色體很不穩定，那些染色體往往斷裂或受損，數目可能不穩定，甚至可能有雙組染色體。

最早追查染色體異常而一路追到惡性腫瘤身上的研究人員，是任職於紐約斯隆—凱特林研究院（Sloan-Kettering Institute）的亞伯特・萊萬（Albert Levan）和約翰・畢塞勒（John J. Biesele）。關於惡性腫瘤和染色體受干擾兩者誰先誰後的問題，他們兩人毫不遲疑說道，「染色體異常早於惡性腫瘤」。他們推測，在染色體初步受損和因此造成的不穩定之後，或許會有很長一段、橫跨好幾個細胞世代的嘗試錯誤期（也就是惡性腫瘤的漫長潛伏期），經過那段期間，終於產生了一批突變的細胞，使細胞得以擺脫控制，展開不受管制的增殖，從而形成惡性腫瘤。

厄伊溫・文格（Ojvind Winge），染色體不穩定說的早期提倡者之一，覺得染色體加倍一事特別值得探究。六氯化苯與和它有親緣關係的靈丹，經由一再的觀察後發現，會使實驗用植物裡的染色體加倍，另外，這兩種化學物涉及許多已有充分文獻佐證的致命貧血病例，這兩件事只是巧合？其他許多會干擾細胞分裂、使染色體斷裂、造成突變的農藥又是如何呢？

◆造血組織是癌細胞成長的溫床

為何白血病會是接觸輻射、或接觸類似輻射之化學物後，導致的最常見疾病之一，並不難理解。物理性或化學性誘變劑的主要作用目標，是正在進行特別活躍的分裂活動的細胞。這包括幾種組織，但最重要的，是負責造血的組織。骨髓是一生中最主要的紅血球製造者，每秒將約一千萬個新細胞送進人的血流裡。白血球會以多變但仍然驚人的速率，形成於淋巴腺和某些骨髓細胞裡。

某些化學物，再度令我們想起鍶90之類的放射性產品，對骨髓特別具親和性。苯，殺蟲溶劑的常見成分之一，會落腳於骨髓裡，然後繼續待在那裡，已知會待長達二十個月。在醫學文獻裡，苯被認定為白血病肇因已有許多年。

孩童體內迅速成長的組織，也為惡性細胞的發育提供了最合適的環境。麥法蘭・伯內特爵士已指出，白血病不只在世界各地傷害愈來愈多人，它還成為三至四歲年齡層最常得的病，而且這樣的年齡發病率是其他任何疾病沒有的。根據麥法蘭．伯內特的說法：

三至四歲間罹患白血病的高峰期，除了歸因於年幼的生命在出生前後就接觸了誘變刺激物，幾乎找不到別的解釋。

另一個已知會致癌的誘變劑是氨基甲酸乙酯（urethane）。懷孕的小鼠被這種化學物處理過後，不只自己長出肺癌，牠們的下一代也一樣。幼鼠唯一一次接觸氨基甲酸乙酯是在這些實驗裡的產前時期，這證明這項化學物想必是通過胎盤傳給下一代。在接觸過氨基甲酸乙酯或與它有親緣關係的化學物的人身上，則可能會出現如休珀博士警告的情況，即嬰兒透過產前接觸長出腫瘤。氨基甲酸乙酯屬氨基甲酸酯的一種，在化學上與ＩＰＣ、ＣＩＰＣ這兩種除草劑有親緣關係。雖有癌症專家示警，人們現在還是廣泛地在使用氨基甲酸酯，不只作為殺蟲劑、除草劑、殺真菌劑，還用於包括塑化劑、藥物、衣服、絕緣材料在內的多種產品裡。

干擾雌激素，成為間接致癌管道

通往癌症之路也可能非直達路。一般定義下並不屬於致癌物的物質，可能會干擾身體某部位正常運作的方式，而導致惡性腫瘤。癌症就是重要的例子，特別是生殖系統癌，這種癌症看似與荷爾蒙失調有關，而這種失調又是因為有某種物質干擾了肝臟，讓它失去將荷爾蒙濃度維持在正常範圍的能力。氯化烴正是能導致這種間接致癌作用的東西，因為所有氯化烴都對肝具有某種程度的毒性。

在正常情況下，荷爾蒙當然存於體內，執行與各種生殖器官有關且必要的功能（促進成長）。身體原本就具有防止各種激素過度累積的保護機制，肝也是一樣，會努力維持雄性與雌性荷爾蒙間應有的平衡、防止過度累積（兩性體內都有製造這兩種激素，只是量不一樣）。但如果肝已受到疾病或化學物的損害，或如果維生素 B 群的供給減少，肝就做不來上述事情。在這些情況下，雌激素會累積到異常高的濃度。

後果為何？至少就動物來說，有大量來自實驗的證據。在某個實驗中，洛克斐勒醫學研究所的一名研究人員發現，因生病而肝受傷的兔子，子宮腫瘤的發生率很高，而這一現象據認是因為肝已不再能使血液中的雌激素失活，因而雌激素「升高到致癌的濃度」。對小鼠、大鼠、天竺鼠、猴所做的廣泛實驗顯示，如果長期對生殖器官施以雌激素（不一定要達到高濃度），組織會產生改變，「從良性增生到明確惡性腫瘤等程度不一的後果」。對倉鼠施以雌激素，則使倉鼠長出腎腫瘤。

醫學界對此問題的看法陷入分歧，但有許多證據支持類似情況也會發生在人類組織裡。加拿大麥基爾大學（McGill University）皇家維多利亞醫院的研究人員發現，他們調查過的一百五十個子宮癌病例，有三分之二表明雌激素濃度高得異常。在後來的另一個研究中，二十個病例中有九成出現類似的高雌激素活動。

肝受損程度嚴重到足以干擾雌激素的代謝，但以現今的醫學檢測又測不出受損，這種情況並非全然不可能。氯化烴就可輕易造成這種情況，如同先前已提過的，氯化烴在非常低的攝入量下就能改變肝細胞。氯化烴也造成維生素B群流失。這也極為重要，因為其他一連串證據表明這些維生素具有防癌的作用。已故的斯隆—凱特林癌症研究所前所長羅茲（C. P. Rhoads）發現，接觸了某種非常強力化學致癌物的受測試動物，如果被餵食了酵母（天然維生素B群的豐富來源），都沒有致癌。研究發現，缺乏這些維生素時會出現口腔癌，或許還會出現消化道其他部位的癌症。不只是美國境內觀察到這種情況，在日常飲食通常缺乏維生素攝取的瑞典、芬蘭極北部地區也一樣。易得原發性肝癌的族群，例如非洲的班圖語族，通常營養不良。男性乳癌在非洲某些地區也很盛行，而那與肝病、營養不良有密切關係。在戰後的希臘，挨餓一段時期後，通常有男性乳房增大的現象。

簡而言之，農藥之所以具有間接致癌作用，是因為農藥被證明會傷害肝和會減少維生素B群供應量，因而導致「內源性」雌激素（即身體自己所製造之雌激素）增加。除了這些雌激素，我們也愈來愈多常接觸到非常多樣的雌激素——化妝品、藥物、食品裡的雌激素和因職業之故接觸的雌激素。兩者共同造成的影響，是最該嚴正關切的。

複雜的相互作用，使「安全劑量」不再安全

人類接觸致癌化學物（包括農藥）之事既未受到控制且非常頻繁。人體可能在多種不同情況下接觸同一種化學物。砷就是一例。砷以多種化身存在於每個人的環境裡：化身為空氣致汙物、水致汙物、食品上的農藥殘留，存在於藥物、化妝品、木料防腐劑裡，或化身為顏料、墨水裡的著色劑。光是接觸其中一樣東西，大概不致於產生惡性腫瘤，但若是人體裡已含有其他「安全劑量」，這時再加入任何一個據說的「安全劑量」，就可能足以使那劑量變得有害。

或者，兩種或更多種致癌物一起作用之下，效果加總，因而造成傷害。例如，接觸了DDT的人，幾乎也接觸了其他幾種傷肝的烴，畢竟拿烴去當溶劑、除漆劑、去油劑、乾洗液、麻醉劑，非常普遍。那麼何謂DDT的「安全劑量」？

由於一化學物可能對另一化學物起作用，改變後者的作用，情況變得更為複雜。癌有時可能需要兩種化學物加持才能形成，其中一種使細胞或組織變敏感，以便後來在另一個化學物或促進劑作用下，該細胞或組織發育為真正的惡性腫瘤。因此，IPC、CIPC這兩種除草劑可能在皮膚腫瘤的生成上起引發作用，它們播下惡性腫瘤的種子，然後由別種東西（可能是某種日常洗滌劑）打造成真正的腫瘤。

物理因子與化學因子間也可能會有相互作用。白血病可能分兩階段發生，即由X光引發惡

性改變，再由化學物（例如氨基甲酸乙酯）提供促進作用。人愈來愈常受到來自多個來源的輻射侵襲，加上大量接觸一大堆化學物，意味著現代世界將面臨一嚴峻的新問題。

供水遭放射性物質汙染，帶來另一個問題；這類物質，以致汙物的身分存在於同時含有化學物的水中，可能透過離子輻射作用，改變化學物的性質，以不可預料的方式重新排列化學物的原子，創造出新化學物。

洗滌劑如今是令人頭疼且幾乎無所不在的公共供水汙染物，令全美各地的水汙染專家憂心忡忡。沒有切實可行的辦法處理它們。已知會致癌的洗滌劑不多，但它們會改變消化道內壁黏膜組織，使組織更易吸收危險的化學物，加劇化學物的作用，因而洗滌劑可能間接促進癌症發生。但誰能預見並控制這一活動？在複雜且多變的環境裡，除了零劑量，還有哪種劑量的致癌物會是「安全無虞」？

我們容忍致癌物存在於自己環境裡，出了事自己受害，晚近發生的一件事清楚說明這點。一九六一年春，在許多分屬於聯邦、州、私人的虹鱒魚苗孵化場，出現肝癌流行病。美國東、西部的鱒魚都受害；在某些區域，三歲以上的鱒魚幾乎無一倖免。國家癌症研究院的環境癌部門和魚類與野生動物局先前談定，只要有魚長腫瘤都予以通報，以便對水汙染物讓人致癌的危險早早示警，虹鱒得癌之事因此被發現。

調查工作還在進行，還無法斷定遍及如此廣大區域的流行病的確切原因，但據說最可信的證據指向調配好的孵魚場飼料裡含有的某種製劑。這些飼料除了基本的食材，還包含種類多得令人難以置信的化學添加物和藥劑。

虹鱒的遭遇，基於許多理由，很值得重視，但最大的意義在於它具體說明了把強力致癌物加入任何物種的環境裡，會發生的事。

控制環境致癌物，讓預防先於治療

休珀博士指出這個流行病是個嚴厲的警訊，要我們在控制環境致癌物的數量和種類上付出更多心力。他說：「如果不採取這樣的預防措施，日後人類遭遇類似災難之事將注定會愈來愈頻繁。」

發現自己生活在某研究人員所謂的「致癌物之海」中，當然令人驚恐，很可能導致絕望、失敗主義的反應。「那情況不是已無可救藥？」是普遍的反應。「連想把這些致癌物從我們世界排除，不是都不可能做到？不要浪費時間往這方面嘗試，反倒把所有心力投入研究，找到治癌藥，不是比較好？」

休珀博士在癌症領域鑽研多年，成果卓著，看法具有一定的權威性。有人拿上述疑問問他時，他的回答表現出自己已長久、周延地思索過這問題，有一輩子的研究和經驗作為他看法的依據。休珀博士深信如今我們所面臨的癌症情況，非常類似於十九世紀末人類在傳染病方面面臨的情況。拜巴斯德、科霍[7]兩人傑出的研究成果之賜，致病有機體與許多疾病間的因果關係已得到確立。醫生，甚至一般大眾，漸漸清楚人類環境裡住著許多能致病的微生物，一如致癌物今日充斥我們的環境。

現在，大部分傳染病已受到相當程度的控制，有些更已幾乎遭根絕。這了不起的醫學成就，靠既強調治療也強調預防這一雙重辦法達成。在門外漢眼中，「仙丹妙藥」和「特效藥」是最大功臣，但在打擊傳染病的戰爭中，大部分真正具決定性的戰役，採用的打擊手段是消除環境中的致病有機體。真實發生過的一個例子，與一百多年前倫敦爆發的重大霍亂疫情有關。倫敦醫生約翰・斯諾（John Snow）把霍亂發生地標示在地圖上，發現疫情源於某區域，而該區域居民的用水全來自位在布羅德街上的某具抽水幫浦。斯諾醫生迅即採取果斷的預防措施，拆掉抽水幫浦的把手。霍亂得到控制，不是靠會殺死（當時還不知道的）霍亂病原體的神奇藥丸，而是靠排除環境中的病原體。就連治療措施大有成效一事，也並非純粹是治癒病人所致，削弱疫源地也功不可沒。如今結核病相對少見，大致上要歸因於現在一般人很少接觸結核菌。

如今，我們發覺自己置身的世界充斥致癌物。休珀博士認為，對付癌症如果完全（或大部分）倚賴治療措施（假設能找到「有效藥」的話），肯定會以失敗收場，因為這樣並沒有除掉充斥環境裡的許多致癌物，它們會繼續奪走性命，且其奪命速度會快過目前為止尚不清楚的「有效藥」化解此病的速度。

我們為何不願迅速採取這種合乎常理的做法來處理癌症問題？休珀博士說，大概是因為「治癒癌症患者這一目標，比預防更令人振奮，更具體可見、更吸引人，有更多好處」。但以預防的方式對付癌症，「肯定較為人道」，會「比治癌藥有效得多」。有種不切實際的觀念，認為「每天早上早餐前服用一顆神奇藥丸」就能使癌症不上身，對此謬論，休珀博士不能容忍。部分民眾相信神奇藥丸會有此療效，來自於以下的錯誤認知：癌症雖然很神祕，但這種單一的病有單一病因，而且很有可能有單一療藥。這當然大大不符已知的真相，因為環境癌是多種化學因子、物理因子所導致，惡性病症本身也是以許多各不相同、各具生物性特色的面貌呈現。

老早以前醫界就許諾要「突破」，但如果「突破」真的降臨，我們也還是不能指望醫界能發明出可以治療各種惡性腫瘤的萬靈藥。人類必須繼續尋找治療措施來緩解、治癒那些已得了癌症之人，如果仍指望解決辦法會突然間全部到來，人類會遭殃。解決辦法只會緩緩到來，逐步到來。當我們把數百萬美元投入研究，把所有希望寄託在大型計畫上，替已確定的癌症病例找到療藥的同時，我們也忽略了在尋找療藥時預防癌症的大好機會。

這項任務絕非沒有機會成功。在某個重要方面，前景比十九、二十世紀之交時傳染病方面的情況更令人看好。當時世界充斥著致病菌，如今世界則充斥著致癌物。但當時人類沒有把病菌放進環境裡，而是在非自主的情況下散播病菌。相對的，人已把大部分致癌物放進環境裡，而且人

7 羅伯・柯赫（Heinrich Hermann Robert Koch, 1843 – 1910），德國醫師兼微生物學家，因發現炭疽桿菌、結核桿菌和霍亂弧菌出名，於一九〇五年獲得諾貝爾生理學或醫學獎，被視為「細菌學之父」。

如果想除掉致癌物，能除掉許多。導致癌症的化學因子已透過兩個方式在世界牢牢立足：首先，令人感到諷刺的，是因為人要追尋更好、更自在的生活方式；其次，因為這類化學物的製造與銷售，已成為經濟和生活方式裡眾所接受的一部分。

認為所有化學致癌物能被或會被從今日世界除掉，根本不切實際。但大部分化學物並非生活必需。除掉它們，加諸環境的致癌物會大大減少，四分之一人會得癌的威脅至少會大幅緩解。最能展示決心的作為，應是消除如今汙染我們食品、供水、大氣的致癌物，因為它們帶來最危險的一類接觸——經年累月少量而一再的接觸。

在癌症研究界，還有許多最知名的人士和休珀博士一樣深信，藉由鍥而不捨的找出環境中的致癌物，消除它們或降低它們的衝擊，能大幅減少惡性病。對那些已有癌症潛伏或已明確得了癌症的人，尋找療藥的努力當然要繼續。但對那些尚未被癌症上身的人，以及尚未出生的後代，預防才是當務之急。

Nature Fights Back

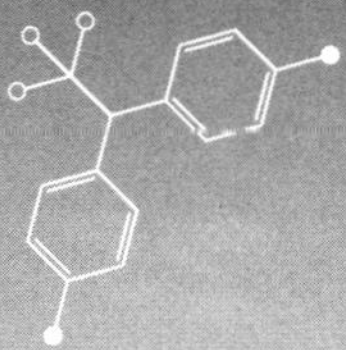

第 15 章

大自然反撲

破壞自然界的動態平衡，反致更大災難

真正有效的昆蟲控制要靠大自然，而非靠人。
地球上的動物有七至八成是昆蟲，
大部分昆蟲會受到自然力的抑制，卻不受人力干預。
不管使用多少化學物，都不可能控制牠們的數量。
最終只有生物學家會為基本的害蟲防治問題提供解答。

不可思議的昆蟲世界，本身具備天然的防禦機制

為了把大自然塑造到我們滿意的程度，人類冒了這麼多風險，卻沒有如願以償，說來的確無比諷刺。但眼前我們的處境似乎就是如此。事實上，大自然並沒有那麼容易塑造，昆蟲正想方設法避開我們的化學攻擊。人類很少提及這一真相，但不管是誰，只要有心就會看到。

荷蘭生物學家布里耶爾說：

自然界最令人驚訝的就是昆蟲。昆蟲界沒有不可能的事，就算是最不可思議的事也很常發生。深入探究昆蟲奧祕的人，都驚奇連連且一再瞠目結舌。他從昆蟲界了解到，什麼事都可能發生，即使是十足不可思議的事也一樣。

「不可思議」之事，如今在兩個大領域裡發生。藉由基因選擇過程，昆蟲正在發展能對抗化學物的品種。這在下一章會討論。但接下來我們要檢視的更大問題，是我們的化學攻擊正削弱環境本身固有的防禦機制，這項機制能抑制多種物種，使其不致過度繁殖。每次我們攻破這些防禦機制，就有大群昆蟲穿過突破口傾巢而出。

世界各地傳來的報告，表明我們處境極為艱困。密集使用化學物對付昆蟲十年或更久以後，

昆蟲學家現在發現，他們以為幾年前已獲解決的問題，如今重出江湖，再次困擾他們。隨著原本數量不多的昆蟲增加到構成嚴重蟲害的程度，新的問題出現。化學物控制法先天就是有弊無利，因為人們在規畫和施行防治法時，沒有考慮到他們盲目對付的對象是複雜的生物系統。化學物施用之前可能有針對一些個體做過測試，但沒有針對整個自然環境中的群落做測試。

如今，某些地方流行不去理會自然界的平衡，認為那是以前較簡單的世界裡盛行的狀態，而那個狀態如今已被徹底推翻，所以不如別再提。有人覺得這個說法很省事，但拿它作為行動方向的指南，可就很危險。今日，自然界的平衡的確不同於更新世[1]，但它仍然存在：生物間構成了複雜、嚴謹、高度整合的體系，不容忽視，否則會帶來危害，就像萬有引力定律不容站在懸崖邊的人蔑視，否則非死即傷。自然界的平衡不是一成不變的狀態，而是流動的，不斷在改變的，處於不斷調整的狀態中。人也是這一平衡的一部分。有時這一平衡有利於人，有時轉為不利於人（但往往是因為人本身的活動而造成的）。

擬定今日的昆蟲控制計畫時，有兩個至關緊要的事實遭忽視。**第一個事實是真正有效的昆蟲控制要靠大自然，而非靠人**。從第一個生命誕生以來，自然界就會抑制物種居群的成長，生態學家稱此為環境阻力（resistance of the environment）。可取得食物的數量、天氣與氣候條件、競爭性或

1 更新世（Pleistocene times）是地質年代第四紀的早期，約二百五十八萬八千年前到一萬一千七百年前。顯著特徵為氣候變冷、有冰期與間冰期明顯交替。這一時期絕大多數動、植物屬種與現代相似，人類也在這一時期出現。

掠食性物種的存在，全都至關緊要。昆蟲學家羅伯特．梅特卡爾夫（Robert Metcalf）說，「防止昆蟲攻占世界其他地方最有力的辦法，是讓牠們自相殘殺」。但如今使用的大部分化學物，卻會把昆蟲（包括對我們有益和有害的昆蟲）全部殺掉。

削弱自然的抑制作用，結果總是適得其反

第二個遭忽視的事實，是環境阻力遭削弱之後，物種會瞬間迅速繁殖。許多種生物的繁殖力我們幾乎不能想像，儘管我們曾經稍稍瞥見過昆蟲迅速繁殖的能力。當我還是學生時，我只是把幾滴成熟原生動物（protozoa）的培養液，滴進混合了乾草、水這兩種簡單東西的罐子裡，就製造出無數生命，那種奇景至今我還記得。沒幾天，就有數兆隻、多不勝數的草履蟲，在罐子裡滑動、打轉、急竄，每隻小如塵粒的生命，個個都在暫時的伊甸園裡盡情增殖，那裡的氣溫利於牠們生長，有充分食物，又沒有敵人。或者，我想起舉目所及的海岸岩石都附著了藤壺而一片白的情景，或想起穿過一大群水母的奇景——水母群綿延數哩，似乎沒有盡頭，眼前淨是這些不斷搏動、樣貌猙獰，幾乎和水一樣無形的生物。

當鱈魚游過冬季海域，抵達產卵場，每條母魚生下數百萬顆卵時，我們看到大自然控制生物數量的奇妙手段。如果所有鱈魚的所有後代都存活，這片海域肯定會布滿密密麻麻的鱈魚，但事

實並非如此。自然界的抑制機制使每對鱈魚產下的數百萬小鱈魚裡，只有一些能夠存活到成魚，數目平均來講只夠替補親魚留下的位置。

過去生物學家很喜歡猜測，如果因為某種想像不到的大災難，打破了自然的抑制作用，使某個個體的後代全部存活，會出現什麼樣的情況。一百年前，湯瑪士．赫胥黎（Thomas Henry Huxley）[2]估計，單單一隻母蚜蟲（具有不經交配即能繁殖的神奇本事），一年裡能生下的後代總重量，就相當於當時中國所有居民的總重。

對我們來說極為慶幸的是，這一極端情況只存在於理論裡，但研究動物的學者深切了解推翻自然界的安排會有什麼可怕後果。郊狼能控制田鼠的數量，但牧場主熱中於消滅郊狼，導致田鼠猖獗為患。人們常提及亞歷桑納州凱巴布鹿（Kaibab deer）的遭遇，也是個很好的例子。鹿的數量原本與環境處於平衡狀態，一些掠食動物（狼、美洲獅、郊狼）使鹿的數量不致超乎當地食物所能供養的數量。然後，人類開始有計畫的殺掉鹿的天敵，藉以「保存」鹿。沒了掠食動物，鹿的數量大增，不久就沒有足夠食物供牠們食用。牠們的覓食行動導致樹上的啃食線愈來愈高，一段時間後餓死的鹿比原本會遭掠食者殺死的鹿還要多。整個環境也因牠們拚命找食物而受到破壞。

原野和森林裡的掠食性昆蟲，扮演和凱巴布的狼、郊狼一樣的角色。把牠們殺光，作為獵物

2 湯瑪士．赫胥黎（Thomas Henry Huxley，1825 – 1895），十九世紀英國著名的生物學家及教育家，是達爾文（Charles Robert Darwin）的好友、也是進化論的堅定擁護者。著有《進化論與倫理學》（*Evolution and Ethics*）一書。

的昆蟲就立即暴增。

沒人知道地球上棲息了多少種昆蟲，因為還有許多種尚未認出。但目前已得到描述的昆蟲有七十多萬種。這意味著從物種的數目來看，地球上的動物有七至八成是昆蟲。大部分的昆蟲會受到自然力的抑制，卻不受人力干預。若非如此，不管使用多少化學物——或其他任何方法——恐怕都不可能控制牠們的數量。

掠食性和寄生性昆蟲，才是本事高強的盟友

麻煩的是，我們常常在沒有天敵提供保護之後，才意識到這一保護作用。大部分的人活在世上，沒有看透所處的世界，也沒有察覺到世界之美、之奇，以及在我們周遭上演的奇怪甚且時而駭人的生存活動。因此，掠食性和寄生性昆蟲的活動，只有少許人知道。或許我們已注意到庭園灌木上一隻奇形怪狀、面相凶惡的昆蟲，且隱約察覺到螳螂以掠食其他昆蟲過活。但我們只有在夜裡走在庭園中、拿著手電筒，到處窺見螳螂悄悄逼近牠的獵物時，才能清楚見識到這點。然後我們才稍微了解到獵者與被獵者合演的大戲，開始約略察覺到大自然在控制自己時，展現出的那股不斷逼迫的力量。

掠食性昆蟲——殺害、吃掉其他昆蟲的昆蟲——有許多種。有些動作迅捷，快如從空中攫

住獵物的燕子。有些在莖上不慌不忙緩緩前進，把芽蟲之類常常靜止不動的昆蟲叼走吃掉。小黃蜂會抓軟體昆蟲，拿昆蟲的體液餵食自家寶寶。泥蜂（Mud-Dauber Wasps）在屋簷下方用泥土築圓柱形的巢，把抓來的昆蟲貯存在巢裡，供幼蜂食用。衛馬蜂（horseguard wasps）懸停在吃草的牛群上方，殺掉讓牛不堪其擾的吸血蠅。飛行時嗡嗡作響、常被誤認為蜜蜂的食蚜蠅（syrphid flies），在飽受蚜蟲侵擾的植物的葉子上產卵；孵出的幼蟲吃掉不計其數的芽蟲。瓢蟲是蚜蟲、介殼蟲、其他啃食植物昆蟲的最大剋星之一，單單一隻瓢蟲就吃掉數百隻蚜蟲，這些食物能燃起瓢蟲體內小小的能量之火，為產下一窩蛋提供需要的能量。

寄生性昆蟲的習性更奇特。這些昆蟲不會立即殺死宿主，而是藉由各種方法利用受害者來養育自己後代。牠們可能在獵物的幼體或卵裡產卵，以便發育中的幼蟲吃掉宿主填飽肚子。有些則靠黏性溶液把卵附著在毛毛蟲上，寄生的幼蟲孵出後鑽進宿主體內。還有些寄生性昆蟲的本能具有先見之明，牠們只是在葉子上產卵，然後讓啃食葉子的毛毛蟲在無意間將卵吃進肚。

不管在哪裡，在原野、樹籬、庭園、森林，都有掠食性昆蟲和寄生性昆蟲在工作。蜻蜓在池子上方飛來飛去，陽光令牠們的翅膀拍打得更起勁。牠們的祖先也曾疾疾飛過有巨大爬蟲類生活的沼澤。如今，一如那久遠的古代，眼光銳利的蜻蜓會在空中捕捉蚊子，用數隻腿形成的籃狀結構將蚊子一把撈起。在水下，牠們的幼蟲，即水蠆，則會獵食處於水生階段的蚊子和其他昆蟲。

還有幾乎完全隱身於葉面的草蛉（lacewing）。草蛉有薄紗般的綠翅和金黃色眼睛，生性害羞、隱密，是生活在二疊紀的某種古昆蟲的後代。成年草蛉主要以花蜜和蚜蟲的蜜露為食，一段時間後產卵，每顆卵高懸在一根長長的絲柄末端，絲柄另一端則附著在葉子上。她的小孩，長相怪異，體表覆有硬毛，人稱蚜獅（aphid lions），從卵中現身，以獵食蚜蟲、介殼蟲或蟎過活，抓到獵物後將獵物體液吸乾。每隻蚜獅可能在吃掉數百隻蚜蟲後才停止捕食，結成白色絲繭，在繭中度過蛹的階段。

有許多胡蜂、蠅的生存有賴於透過寄生破壞其他昆蟲的卵或幼蟲。有些在他種昆蟲卵裡度過幼蟲階段的昆蟲是體形極小的胡蜂，但牠們數量龐大，活動力強，因而能使許多毀壞農作物的物種不致大量繁殖。

這些小動物都很勤奮，大太陽、下雨、烏漆麻黑的夜裡，甚至冬日時節生命之火被壓得只剩餘燼時，都工作不休。在冬日時，這股生命力沒有完全止息，而是在悶燃，等待春天喚醒昆蟲世界時，再度燃起生命之火。在這同時，在白茫茫的雪地底下、在被寒霜凍硬的土壤下方、在樹皮的裂隙裡、在不受日曬雨淋的洞穴裡，寄生性和掠食性昆蟲已找到辦法熬過寒冬。

隨著逝去的夏天走完一生的母螳螂，在灌木枝上結成外表如薄羊皮紙的小卵鞘，螳螂卵就安然藏身於卵鞘裡。

雌黃長腳蜂（polistes wasps）在遭人遺忘的閣樓角落過冬，體內帶有已受精的卵，她的蜂群的未來完全取決於這批卵能否安然孵化。她是唯一的倖存者，會在春天時開始築一個小紙巢，在蜂巢室裡產下一些卵，用心養育出一小批工蜂。在工蜂協助下，她接著會擴大蜂巢，發展她的蜂群。然後，在炎炎夏季不停覓食的工蜂會殺掉無數毛毛蟲。

因此，在維持有利於我們的自然界平衡上，這些昆蟲全是我們的盟友。但我們已把炮口轉向這些盟友。我們大大低估了牠們防止敵人黑潮大肆蔓延的貢獻，這是很可怕的危險，沒有牠們的支援，敵人會打垮我們。

殺蟲劑打開了潘朵拉的盒子，災禍一發不可收拾

隨著殺蟲劑的數量、種類、破壞力逐年升高，環境阻力遭全面且永久降低的可能性變得愈來愈真切，讓人不由得膽戰心驚。可想而知，未來有可能出現情況愈來愈嚴重的昆蟲大暴增（包括帶病昆蟲和破壞農作物昆蟲），且規模將是前所未見的。

你或許會問：「是沒錯，但那不全是假設情況嗎？」「那肯定不會發生，總之在我活著時不會發生。」

但這種事正在發生，此刻就在發生。據科學刊物的紀錄，至一九五八年為止已有約五十種昆蟲與自然界平衡遭劇烈打亂一事有關。每年還發現更多例子。晚近某篇檢討此主題的文章，提到有兩百一十五篇文章報告或討論了昆蟲族群平衡遭農藥打破，導致人類受害之事。

有時，噴灑化學物反倒會讓欲控制的那種昆蟲劇增，例如安大略省噴灑殺蟲劑後，黑蠅的數量反倒比噴灑前多了十六倍。或者，在英格蘭，他們噴灑了某種有機磷酸酯化學物之後，爆發了

大規模的菜蚜蟲害，這是有紀錄以來最嚴重的蟲害。

還有些時候，噴灑化學物雖然在撲殺目標昆蟲上頗有成效，卻同時打開了潘多拉盒，使原本數量從不足以構成困擾的害蟲傾巢而出。例如，DDT等殺蟲劑殺光紅葉蟎的天敵，使得紅葉蟎簡直成為全球性的害蟲。它是很難得看到的八腳動物，與蜘蛛、蠍子、壁蝨屬同一綱。牠有為了穿刺和吸吮演化出的口器，嗜食使世界綠意盎然的葉綠素。牠把極微小、形如短劍的口器插進葉子和常綠針葉的外細胞裡，吸取葉綠素。輕度的紅葉蟎侵擾，就會使樹和灌木的葉子變得斑駁；如果大量紅葉蟎上身，葉子則變黃掉落。

幾年前，西部某些國有森林就發生這樣的事。一九五六年，美國林務局對約八十八萬五千英畝的森林地噴灑了DDT，以控制雲杉捲葉蛾，但接下來的夏天，有人發現出現了一個比捲葉蛾蟲害還更嚴重的問題。從空中檢視森林，可看到數大片枯萎區，高大的花旗松正漸漸變成褐色，針葉逐漸掉落。在海蓮娜國家森林公園（Helena National Forest）和大帶山脈（Big Belt Mountains）西坡，然後是蒙大拿州其他區域，往南直到愛達荷州境內，森林看去像是被燒過。顯而易見的，一九五七年這個夏天出現了史上涵蓋範圍最廣、最驚人的紅葉蟎蟲害。所有噴灑過DDT的區域，幾乎無一倖免。在其他地方，傷害則不明顯。林務人員尋找前例，想起過去也發生過幾次紅葉蟎蟲害，但都沒這次這麼嚴重。在這之前，其他地方也發生過類似的蟲害，一九二九年在黃石公園境內麥迪遜河沿線，二十年後在科羅拉多州，然後一九五六年在新墨西哥州。每一次蟲害都發生在對森林噴灑殺蟲劑之後（一九二九年的噴灑作業，進行於DDT問世前，使用的化學藥劑是砷酸鉛）。

為何殺蟲劑似乎令紅葉蟎如魚得水，興旺起來？除了紅葉蟎對殺蟲劑較不敏感這一顯而易見的事實，似乎還有兩個原因。自然界中，瓢蟲、癭蚊、食肉蟎、幾種暗色花椿象之類掠食者會抑制紅葉蟎的數量，而這些掠食者都對殺蟲劑極敏感。第三個原因與紅葉蟎集群內部的繁殖壓力有關。未受干擾的紅葉蟎集群是個稠密的定居群落，擠居在一保護網下，以不讓其敵人發現。噴灑了殺蟲劑後，蟎雖未被化學物殺害卻受到化學物刺激，於是四處散開尋找不受干擾的清淨地，整個集群因而離散。如此一來，牠們反而找到遠比原集群裡更為廣闊的空間、更為充足的食物。牠們的敵人這時已死，因此紅葉蟎不需要再把精力花在吐絲建築保護網上，可以把全副精力用在生下更多後代。牠們的產卵量增加了兩倍並不稀奇，而這全拜殺蟲劑的助力之賜。

更毒的化學物，無法更有效控制農作物害蟲

在維吉尼亞州雪蘭多亞谷（Shenandoah Valley）這個著名的蘋果種植區，在開始用ＤＤＴ取代砷酸鉛後，人稱紅紋捲葉蛾的小昆蟲立即成群肆虐蘋果園，令果農大為頭疼。在這之前，牠從來沒有構成重大威脅，但隨著增加使用ＤＤＴ，牠造成的損失不久就達到這項農作物的五成，榮登破壞力最強的蘋果害蟲寶座，類似情況也發生在美國東部和中西部的許多地方。

這一情況讓人倍感諷刺。一九四〇年代晚期，在加拿大新斯科細亞省（Nova Scotia），蘋果蠹

蛾（蘋果生蛀蟲的兇手）為害最烈的蘋果園，都是定期噴灑殺蟲劑的果園。在未噴灑殺蟲劑的果園，蘋果蠹蛾的數量沒有多到讓人頭疼的程度。

蘇丹東部勤於噴灑殺蟲劑，也帶來類似的令人遺憾的後果。DDT讓該地的棉農吃了一番苦頭。當時在加什河三角洲（Gash Delta），約六萬英畝的棉花都靠灌溉系統供水。初期試用DDT的成效似乎不錯，於是增加噴灑作業，然後麻煩出現。棉紅鈴蟲（bollworm）是對棉花危害最大的昆蟲之一。但往棉花噴灑殺蟲劑愈多，出現的棉紅鈴蟲就愈多。比起噴過藥的棉花，未噴過藥的棉花果實和成熟的圓莢受損程度較輕，而在噴過兩次藥的棉田，籽棉產量大降。有些食葉蟲遭消滅，但因此得到的任何好處與棉紅鈴蟲的損害相比，都是失去多於獲得。最後，棉農面臨他們極不樂見的真相，就是當初如果不要大費周章、花費金錢噴灑殺蟲劑，棉花產量會更高。

在比屬剛果[3]和烏干達，大量施用DDT對付某種咖啡樹害蟲，結果幾乎「慘不忍睹」。調查發現，害蟲本身幾乎完全不受DDT影響，但牠的掠食者卻對DDT極敏感。在美國，農場主一再拿昆蟲天敵的命來交換更有害的昆蟲，因為噴灑殺蟲劑打亂了昆蟲界的族群動態。最近執行的兩件大規模噴灑計畫，效果正是如此。其中一個是南部的火蟻根除計畫（第十章）；另一個是中西部撲殺日本麗金龜的計畫（第七章）。

一九五七年路易斯安那州的農地全面噴灑七氯，結果是讓甘蔗的最凶惡敵人之一——蔗螟（sugarcane borer）——猛虎出柙。施用七氯之後不久，蔗螟造成的損害劇增。用來對付火蟻的化學物，殺光蔗螟的天敵。甘蔗受損太嚴重，導致蔗農想以州政府疏於警告可能會有這樣的情況為由，向州政府打官司索賠。

伊利諾州農場主嚐到同樣慘痛的教訓。該州東部為了控制日本麗金龜，向農田全面噴灑了毀滅性的地特靈，不久後農場主發現噴過藥的區域，玉米螟（corn borer）暴增。事實上，種在該區域農田裡的玉米所含的日本麗金龜幼蟲，比種在該區域外的玉米多了幾乎一倍。農場主或許還不知道這些事情的基本生物學原理，但不需科學家告知，他們就知道自己做了件很不划算的交易。為了除掉某種昆蟲，他們招來另一種破壞力大上許多的昆蟲肆虐。據農業部估計，日本麗金龜在美國境內所造成的損失，一年總共約一千萬美元，而玉米螟所造成的損失則達約八千五百萬美元。

值得注意的是，政府本來一直極倚賴自然力來控制玉米螟。這種昆蟲於一九一七年從歐洲無意間引進來後不到兩年，美國政府動用大量人力物力尋找、引進會寄生於害蟲的生物。自那之後，美國從歐洲和東方引進二十四種會寄生於玉米螟的生物，花掉不少錢。其中五種被認為在控制害蟲上具有獨特價值。但殺蟲劑殺光了玉米螟的天敵，不用說也知道，這種種努力所獲致的成果如今很有可能化為泡影。

如果你覺得這荒謬，不妨想想加州柑橘園的情況。一八八〇年代，該地執行了世上最知名、

3 比屬剛果（Belgian Congo）就是今日的剛果民主共和國（The Democratic Republic of the Congo），這裡在一九〇八至一九六〇年是比利時的殖民地。

最有成效的生物防治害蟲實驗。一八七二年，某種以柑橘樹汁液為食的介殼蟲出現於加州，接下來不到二十五年間，牠盡情肆虐，導致許多柑橘園完全沒有收成。新興的柑橘業眼看就要毀掉。許多果農死了心，拔掉果樹。後來有人從澳洲引進會寄生於介殼蟲的昆蟲（一種人稱 vedalia 的小瓢蟲），第一批澳洲瓢蟲運來之後不到兩年，加州所有柑橘種植區中的介殼蟲都受到完全控制。那之後，在柑橘園裡找上幾天，都找不到一隻介殼蟲。

一九四〇年代，柑橘農開始試用酷炫的新化學物來對付其他昆蟲。隨著DDT問世和接續出現的更毒化學物，加州許多區域的澳洲瓢蟲被撲殺淨盡。政府引進澳洲瓢蟲只花了五千美元，牠每年替果農省下數百萬美元，但只因一時失察，這個益處就煙消雲散。介殼蟲害迅速重現，損失嚴重程度超過五十年以來的任何破壞事件。

加州河濱市（Riverside）柑橘實驗站的保羅・德巴赫（Paul DeBach）博士說：「這可能標誌著一個時代的結束。」如今介殼蟲控制作業變得非常複雜棘手。要維持澳洲瓢蟲的數量，只能靠不斷釋放該昆蟲，還要無比細心地拿捏殺蟲劑的噴灑時程，來盡可能減少牠們與殺蟲劑接觸。不管柑橘農做了什麼，他們的收成大體上仍受制於附近農地的主人，因為飄飛的殺蟲劑帶來嚴重損失。

傳染疾病的昆蟲帶來嚴重警訊

這些例子都與攻擊農作物的昆蟲有關。至於那些傳播疾病的昆蟲呢？已有這方面的警訊出現。例如，南太平洋的尼珊島（Nissan Island）在二次大戰期間密集噴灑了殺蟲劑，後來戰爭結束，噴灑作業停止。不久，成群的瘧蚊重新入侵該島。這時，以瘧蚊為食的昆蟲都已遭殺光，沒時間建立新居群。於是，瘧蚊暢行無阻，數量暴增。描述過此事的馬歇爾．萊爾德（Marshall Laird）把化學控制法比擬為踩步機：一旦踏上踩步機，就因為害怕停住的後果而停不下來。

在世上某些地方，疾病有時以大不相同的方式和化學物噴灑扯上關係。人類已多次觀察到，形似蝸牛的軟體動物出於某種原因，似乎幾乎不受殺蟲劑影響。佛羅里達州東部的鹽沼噴灑了殺蟲劑後，各種動物遭全面屠殺（第九章一七八頁），唯獨水生蝸牛倖存。有人把此情景稱作令人毛骨悚然的畫面，可能出現在超現實派畫家筆下。這些蝸牛在死魚和奄奄一息的螃蟹之間爬行，吞食掉遭從天而降的毒物奪走性命的動物。

但這為何值得重視？因為許多水生蝸牛是危險寄生蟲的宿主，那些寄生蟲在軟體動物裡度過生命週期的一部分，在人體裡度過另一部分。血吸蟲是其中之一。血吸蟲經由飲用水，或在人於有血吸蟲出沒的水域玩水時透過皮膚進入人體，令人感染重病。血吸蟲由宿主蝸牛釋入水中。這類病在亞、非洲部分地區特別盛行。在有這類病的地方，施行有利於蝸牛大量增殖的昆蟲控制措施，很可能帶來不堪想像的後果。

當然，不只人受到蝸牛所攜疾病的傷害。在淡水蝸牛體內度過部分生命周期的肝吸蟲，可能使牛、綿羊、山羊、鹿、駝鹿、兔、其他數種溫血動物得肝病。染上肝吸蟲的動物肝，不適於供人食用，通常沒人要。這類情事使美國養牛場場主每年損失約三百五十萬美元。顯而易見的，凡是會增加蝸牛數量的東西，都可能加劇這問題。

何以提倡「生物防治法」的生物學家，反成非主流？

過去十年，這些問題已帶來不少危害，但我們遲遲才認知到。最適合開發「天然防治法」和協助落實防治法的科學家，大部分把太多時間花在較有立竿見影成效的「化學控制法」上。據說一九六〇年時，全國的經濟昆蟲學家只有百分之二投入生物防治領域。剩下的百分之九十八中，有相當多的人投入化學殺蟲劑研究。

怎會變成這樣？**化學物製造大廠挹注龐大資金給大學，支持殺蟲劑研究，創造出令研究生嚮往的研究員身分，和令人嚮往的職缺**。另一方面，生物防治學卻從未得到如此資助，原因很簡單，它在化學業裡沒有發財的遠景。要研究生物防治法，只有到州、聯邦的機構，而在這些機構任職，薪水少了許多。

這一情況也說明了原本令人費解的一件事，即某些傑出昆蟲學家為何大力提倡化學控制法？探究其中某些人的背景，會發現他們的研究計畫從頭到尾受到化學業支持。他們在昆蟲學界的威信（有時也包括他們的飯碗），有賴於化學控制法的流行和興盛。我們能指望他們去咬餵他們食物的那隻手？但知道他們立場偏頗之後，他們的殺蟲劑無害說詞還有多少可信度？

在舉世滔滔盛讚化學物控制昆蟲多有成效之際，偶爾還是有少數昆蟲學家提出非主流的報告，他們仍未忘記自己是生物學家，而非化學家或工程師。英格蘭的雅各（F. H. Jacob）嚴正表示：

> 許多（所謂的）經濟昆蟲學家的作為，會讓人覺得他們相信拯救之道就在（化學噴器的）噴嘴末端……讓人覺得當蟲害再次發生，或昆蟲產生抗藥性，或出現哺乳動物中毒問題時，化學家已備好另一顆藥丸。但這裡沒人抱持上述的看法……最終只有生物學家會為基本的害蟲防治問題提供解答。

新斯科細亞省的皮克特（A. D. Pickett）寫道：

> 經濟昆蟲學家必須理解到他們處理的對象是活的生物……他們的工作絕非只是測試殺蟲劑，或找出殺傷力更強的化學物。

不傷害自然平衡的整合計畫，才是未來坦途

皮克特博士本身是利用掠食性、寄生性物種控制昆蟲的先驅。他和夥伴開發出的方法堪稱是

楷模，但少有人仿效。在美國，只有某些加州昆蟲學家開發出的整合性防治計畫裡，找到與之類似的東西。

皮克特博士在約三十五年前開始研究工作，地點在新斯科細亞省安那波利斯谷（Annapolis Valley）的蘋果園，該谷曾是加拿大境內果園最密集的區域之一。當時，有人認為殺蟲劑（當時仍使用無機化學物）可以解決昆蟲控制的難題，唯一該做的事是勸果農採納建議的方法。但這一美好的遠景沒有實現。不知為什麼，昆蟲仍然存在。即使加進新的化學物、有更好的噴灑設備問世、噴灑更起勁，昆蟲問題還是沒有改善。然後ＤＤＴ問世，保證能「消除令人頭疼的」蘋果蠹蛾蟲災。使用ＤＤＴ的結果，卻是前所未見的蟎害。皮克特博士說：「我們從某個危機轉入另一個危機，只是拿一個問題換來另一個問題。」

但就在這時，皮克特博士和他的夥伴另闢蹊徑，不與那些繼續走歧路追求愈來愈毒之化學物的其他昆蟲學家同道。他們認知到自己在自然界有本事高強的盟友，並擬出一個盡可能利用天然控制法、少用殺蟲劑的計畫——凡是用到殺蟲劑，都只用最低劑量，也就是剛好足以控制害蟲又不致傷害益蟲的劑量。時機也必須拿捏得當。如果在蘋果花轉成粉紅色之前而非之後施用煙鹼硫酸鹽（nicotine sulfate），就能避免毒害一種重要的掠食性昆蟲，這很可能因為牠那時仍在產卵期。

皮克特博士特別用心挑選對掠食性、寄生性昆蟲傷害最低的化學物。他說，

> 當我們走到拿ＤＤＴ、巴拉松、氯丹和其他新殺蟲劑當作例行控制手段的地步，一如過去我們

用無機化學物作為例行控制手段，有心從事生物防治法的昆蟲學家很可能會繳械投降。

他主要依賴魚尼丁（ryania，從某種熱帶植物的地莖提取出來）、煙鹼硫酸鹽、砷酸鉛控制昆蟲，而非上述毒性強、效果廣的殺蟲劑。在某情況裡，DDT 或馬拉松的使用濃度非常低（每一百加侖一或二盎司，而非每一百加侖一或二磅這一通常做法）。這兩種殺蟲劑是毒性最弱的現代殺蟲劑，但皮克特博士希望透過更進一步的研究，找到更安全、效果更集中的東西來取代。

這項計畫進行得如何？新斯科細亞省的果農採納皮克特博士修正過的噴灑計畫，產生一級品質水果的比例和產量，與那些密集施用化學物的果農一樣高。此外，用的成本也低許多。在新斯科細亞的果園，殺蟲劑的花費只有大部分其他蘋果種植區裡的一至兩成。比這些耀眼的成果更重要的，是他們擬出的計畫沒有傷害大自然的平衡。這項計畫即將實現加拿大昆蟲學家烏耶特（G. C. Ullyett）十年前陳述的觀點：

我們得改變觀點，揚棄自以為人類較優越的心態，承認我們在自然環境裡找到的許多有機體數量抑制方法和工具，比起人類的辦法更具經濟效益。

The Rumblings of an Avalanche

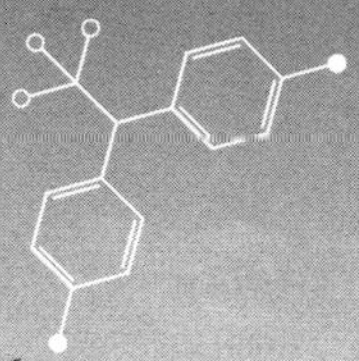

第 16 章

隆隆的雪崩聲

昆蟲「抗藥時代」來臨

「昆蟲會變得不怕殺蟲劑嗎？」
相較於人類遲遲才認識到昆蟲的抗藥現象，
抗藥性本身的發展卻極為神速。
我們已聽到某種活動初發出的隆隆聲，
而那活動有可能成為一場大雪崩。

不願乖乖受死，昆蟲反制化學攻擊

如果達爾文還在世，會既喜且驚於他的適者生存說在昆蟲界得到令人讚嘆的證實。禁不住密集的化學物噴灑，昆蟲界裡較弱的成員正遭到撲殺。如今，在許多區域和許多物種裡，只剩身強力壯者頂得住我們控制昆蟲的作為。

將近五十年前，華盛頓州立學院的昆蟲學教授梅蘭德（A. L. Melander）問了一個現在看來明知故問的問題：「昆蟲會變得不怕殺蟲劑嗎？」如果說梅蘭德似乎沒有確切的答案或無法立即給出答案，那純粹因為他問得太早——問於一九一四年而非一九五四年。DDT問世之前，無機化學物的施用規模大到會讓現在的昆蟲控制措施顯得小兒科，且到處催生出頂得住液狀或粉狀化學殺蟲劑的昆蟲品種。在對付梨圓介殼蟲（San Jose scale）上，梅蘭德碰上麻煩。有幾年時間，靠噴灑石硫合劑（lime sulphur），這種害蟲的控制成果令人滿意。然而，在威斯康辛州的克拉克斯頓（Clarkston），這種介殼蟲變得很頑強，比韋納奇谷（Wenatchee）、亞基馬谷（Yakima）等地方之果園裡的同類介殼蟲更難殺死。

突然，美國其他地方的介殼蟲似乎都出現同樣的反應：面對果農使勁大量噴灑石硫合劑，沒必要乖乖受死。在中西部大半地方，數千英畝高產量果園遭如今已不怕殺蟲劑的昆蟲毀掉。

在加州，行之有年的老辦法是把帆布篷搭在樹上，然後用氫氰酸來薰樹，但某些區域開始成效不彰。為此，加州柑橘實驗站於約一九一五年開始研究此問題，持續了二十五年。另一個學會從抵抗中獲益的昆蟲是一九二〇年代的蘋果蠹蛾，在這之前，過去四十年來用砷酸鉛對付牠們的成效非常卓著。

DDT和所有與它有親緣關係之化學物的問世，為真正的「抗藥時代」揭開序幕。即使是對昆蟲和動物數量的變化只有最粗淺認識的人，肯定都不會驚訝於一項不樂見的危險在短短幾年間就清楚浮現，但人們似乎遲遲才體認到昆蟲擁有能反制化學攻擊的厲害武器。目前為止，似乎只有關注病媒昆蟲的人徹底警覺到這種情況令人憂心的地方；農業學家大部分仍一派輕鬆地相信愈來愈毒的新化學物問世是件好事，目前的困境就來自於這種似是而非的論據。

昆蟲驚人的抗藥能力，發展速度遠勝於藥效得到的讚譽

人們遲遲才認識到昆蟲的抗藥現象，抗藥性本身的發展卻很神速。一九四五年前，只有約十二種昆蟲被認為對DDT問世前的所有殺蟲劑有抗藥性。隨著新有機化學物和密集施用這些化學物的新方法問世，抗藥性開始陡增，一九六〇年有一百三十七種昆蟲具抗藥性，這相當驚人。沒有人認為這現象短期內會停止。如今已有一千多篇探討此主題的技術論文。世界衛生組織已在世界各地找來約三百名科學家幫忙，宣布「抗藥性是目前『病媒防治計畫』面臨的最重要問題」。研究動物數量的英國傑出學者查爾斯·艾爾頓博士[1]說，「我們已聽到某種活動初發出的隆隆聲，

那活動有可能成為一場大雪崩。」

有時，抗藥性出現得太快，導致一篇盛讚某化學物在控制某昆蟲上具有卓有成效的報告墨水才乾，就得發布一篇增補報告。例如在南非，養牛場場主長久以來受藍壁蝨（bluetick）困擾，光是某個牧場一年就有六百頭牛死於牠的毒手。為了除蟲，場主原本用含砷的藥液讓牛藥浴，但藍壁蝨不怕這種藥浴已有數年。後來，這些場主又嘗試用六氯化苯，在短時間內看起來似乎很管用。一九四九年初發表的報告宣布，耐砷的藍壁蝨可用這新化學物輕鬆控制；同年更晚時，科學家不得不發布令人洩氣的通報，指出藍壁蝨又產生抗藥性。這一情況促使《皮革業評論》雜誌（*Leather Trades Review*）的一名作者於一九五〇年評論道：

> 只要這件事（藍壁蝨產生抗藥性）的重要性得到充分理解，這類在科學界悄悄流通且出現於海外報紙小區塊裡的消息，足以和新原子彈問世的消息一樣登上報紙頭條。

用於防範疾病，反受更大的健康威脅

昆蟲抗藥性在農業和林業引發憂心，但最深切的憂心出現在公共衛生領域。昆蟲與人類許多疾病自古即密不可分。比如瘧蚊屬[2]的蚊子會把單細胞的瘧原蟲注入人類血流裡，有些蚊子會傳播黃熱病，有些蚊子還會傳播腦炎。家蠅不叮人，但透過接觸，可能會使人類食物染上痢疾桿菌，在世上許多地方，家蠅可能是傳播眼疾的重要媒介。其他種疾病與傳播媒介的搭檔，包括斑疹傷寒與蝨子、鼠疫與鼠疫蚤、非洲睡眠症與采采蠅、幾種熱病與壁蝨，多得不勝枚舉。

這是重大問題，不解決不行。凡是有責任感之人，都不主張漠視由昆蟲傳播的疾病。如今已經浮現且亟需解開的疑問，是繼續用錯誤的方法解決問題是否明智或負責任。大家已聽到太多透過控制病媒而成功防治疾病的消息，但太少聽到另一面——挫敗、短暫的勝利。有人憂心地認為，害蟲因我們的控制作為而變得更強，上述的害蟲勝利為這觀點提供了有力的支持。更糟的是，我們可能毀了自己打擊疾病的工具。

傑出加拿大昆蟲學家布朗博士（A. W. Brown）受世界衛生組織之聘，全面調查抗藥性問題，寫出了一部專題論著，在一九五八年出版。布朗博士在此書中表示：

> 把強力合成殺蟲劑引入公共衛生計畫之後幾乎不到十年，原本受這些殺蟲劑控制的昆蟲對殺蟲劑產生抗藥性一事，成為主要的技術問題。

---

1 查爾斯．艾爾頓（Charles Elton，1900 – 1991），英國著名動物學家和生態學家，著有《動植物入侵生態學》(The Ecology of Invasions by Animals and Plants) 一書，開啟了外來物種入侵新環境之方式的研究，也是第一個將二戰時代的軍事用語「入侵」，挪用到生態學的學者。

2 瘧蚊屬（Anopheles）是蚊科（Culicidae）下的一屬。

世界衛生組織在發表他的專題論著時警告：

除非我們能迅速控制昆蟲的抗藥性，否則我們對瘧疾、斑疹傷寒、鼠疫之類由節肢動物傳播的疾病所發動的強勁攻勢，有可能會嚴重挫敗。

全球擴散，抗藥性強勁失控

這會是多大的挫敗？抗藥性物種如今幾乎涵蓋所有會危害人類健康的昆蟲類。黑蠅、白蛉、采采蠅似乎還沒有對化學物產生抗藥性。另一方面，全球的家蠅、蝨子已演化為具有抗藥性。瘧疾計畫因蚊子具抗藥性而可能功敗垂成。東方鼠疫蚤（鼠疫的主要傳病媒介），最近表現出對ＤＤＴ的抗藥性，情勢極其嚴峻。這些通報已有其他許多物種產生抗藥性的國家，分布在每塊大陸和大部分群島。

◆蚊蠅跳蚤難控制，鼠疫、瘧疾防治計畫失效

現代殺蟲劑首度用於醫療的時間大概是一九四三年，地點是義大利，當時同盟國軍政府用粉

狀DDT噴灑了許多人，成功撲滅了斑疹傷寒。接著，兩年後又廣泛施行了滯留性噴灑以控制瘧蚊。一年後就有跡象顯示出了問題——家蠅和家蚊屬的蚊子開始出現抗藥性。一九四八年人類試用氯丹這種新化學物，以補強DDT的不足。這一次，有效控制維持了兩年，但到了一九五〇年八月，就出現抗氯丹的蒼蠅，到了該年年底，家蚊屬蚊子和所有家蠅似乎都對氯丹有了抗藥性。新化學物迅速登場殺蟲，抗藥性的產生也一樣快。

到了一九五一年底，DDT、甲氧DDT、氯丹、七氯、六氯化苯都已加入失效化學物的行列。在這同時，蒼蠅變得「多得離譜」。一九四〇年代晚期在薩丁尼亞島上，也發生了同樣的變化。丹麥在一九四四年首度使用含有DDT的產品，結果到一九四七年，許多地方的蒼蠅已不再受控制。埃及某些區域的蒼蠅在一九四八年時已不怕DDT，所以換六氯化苯上場，但六氯化苯不到一年就不管用了。埃及某個村子的情況，特別具體而微地反映了這個問題：殺蟲劑於一九五〇年充分控制住蒼蠅，同一年的嬰兒死亡率降了將近五成。隔年蒼蠅卻不怕DDT和氯丹，蒼蠅數量回復以往的水平，嬰兒死亡率也開始回升。

一九四八年時，美國田納西河流域的蒼蠅已普遍不怕DDT，其他區域跟著出現同樣情況。用地特靈以將蒼蠅重新納入控制，成效不大，因為在某些地方，蒼蠅不到兩個月就對這一化學物產生強勁抗藥性。把所有能取得的氯化烴都派上場仍無效後，控制機構轉而求助於有機磷酸酯，但同樣出現抗藥性。目前專家的結論是「用殺蟲劑控制家蠅已經不管用，得回頭用管制總體環境衛生作為控制基礎」。

◆蝨害橫行，斑疹傷寒疫情失控

義大利拿坡里的蝨子控制是最早且最廣為宣傳的DDT成就之一。接下來幾年間，義大利境內蝨子受到控制，在日本和朝鮮半島也取得同樣亮眼的成就，侵襲日韓約兩百萬人的蝨子在一九四五至一九四六年那個冬天被成功控制住。然而，一九四八年西班牙境內斑疹傷寒疫情控制並沒有成功，人們本來可以從這一實際作業上的失敗，嗅到情況不對的徵兆，但實驗室的測試成果卻令人信心大增，使昆蟲學家相信蝨子不可能產生抗藥性。因而，一九五〇至一九五一年那個冬天在韓國發生的事，格外令人吃驚。一群韓國軍人被用DDT粉除蝨，結果蝨害未減反增。採集蝨子檢驗，發現百分之五濃度的DDT粉並未使蝨子的自然死亡率增加。從許多地方採集到的蝨子，經檢測也發現類似的結果，這些地方包括東京都板橋區的某個收容所、東京的流浪漢身上，以及敘利亞、約旦和埃及東部的難民營。此事證實DDT已鎮不住蝨子和斑疹傷寒。到了一九五七年，更多國家境內蝨子不怕DDT，包括伊朗、土耳其、衣索匹亞、西非、南非、祕魯、智利、法國、南斯拉夫、阿富汗、烏干達、墨西哥、坦加尼喀（Tanganyika）等國，在義大利取得的初步戰果頓時黯淡無光。

◆病媒蚊孳生，瘧疾、急性結膜炎、黃熱病肆虐

最早對ＤＤＴ產生抗藥性的瘧蚊是希臘境內的薩氏瘧蚊（*Anopheles sacharovi*）。一九四六年開始大面積噴灑，初步有效；但到了一九四九年，觀察家注意到噴過藥的廄棚、家屋沒有成蚊蹤影，但公路橋梁下方有大量成蚊棲息。不久，薩氏瘧蚊這種在非噴藥區棲息的習性擴及到洞穴、外屋、涵洞，以及柑橘樹的葉子和樹幹。成蚊似乎對ＤＤＴ產生頗強的抗藥性，因而得以逃離噴過藥的建築，在戶外休養生息。幾個月後，牠們已能待在屋裡，有人發現牠們停在噴過藥的牆壁上。

這是不祥之兆，預示了今日我們遭遇到的極嚴峻情勢。瘧蚊對殺蟲劑的抗藥性以驚人速度飆升，這全都是因為人們非常徹底地執行要掃除瘧疾的家戶噴藥計畫。一九五六年，世界上只有五種瘧蚊有抗藥性；到了一九六〇年初，已增加為二十八種！其中包括西非、中東、中美洲、印尼、歐洲東部境內極危險的瘧蚊。

其他蚊子（包括他種疾病的病媒蚊）也出現同樣的模式。有種熱帶蚊帶有會造成象皮病[3]之類疾病的寄生生物，而在世上許多地方，這種蚊子已產生很強的抗藥性。在美國某些區域，會傳播西方馬腦炎（western equine encephalitis）病毒的病媒蚊也產生抗藥性。有個更令人憂心的問題與傳播黃熱病（yellow fever）的病媒蚊有關。數百年來黃熱病一直是世上最厲害的瘟疫之一。東南亞已出現不怕殺蟲劑的這類蚊子，如今在加勒比海地區也很常見。

3 象皮病（elephantiasis）又稱血絲蟲病，是因血絲蟲感染造成的一種症狀，一般傳染的途徑是蚊蟲叮咬。血絲蟲幼蟲會在人體的淋巴系統內繁殖，使淋巴發炎腫大，導致人體看起來像是象的皮膚和腿。

從世界多個地方的報告，可看到瘧疾等疾病的病媒蚊產生抗藥性的後果。在南美洲島國千里達（Trinidad），由於黃熱病的病媒蚊產生抗藥性，控制不住蚊子孳生，因此在一九五四年爆發黃熱病疫情。印尼和伊朗已爆發瘧疾疫情。在希臘、奈及利亞、賴比瑞亞，蚊子繼續窩藏、傳播瘧原蟲。在美國喬治亞州，透過控制住蒼蠅數量，腹瀉病例減少，但約不到一年，這一成果就化為泡影。在埃及，人們同樣透過暫時控制蒼蠅數量，減少了急性結膜炎病例，但還未到一九五〇年這一成效就破功。

佛羅里達州的鹽沼伊蚊也出現抗藥性一事，從人類健康的角度看，事態較不嚴重，但從經濟價值的角度看，則讓人巴不得要趕緊除掉牠。這些蚊不是病媒蚊，但會吸血的牠們成群出沒於佛羅里達沿海數大片區域，使那些地方住不了人。透過實施控制手段——不牢固且短暫的控制手段——那些地方變得適合人類居住，但好景不常。各地的一般家蚊都有了抗藥性，有鑑於此，許多現在仍定期安排全面噴灑殺蟲劑的城鎮不應再這麼做。這種蚊子如今不怕數種殺蟲劑，其中包括幾乎全球都有使用的ＤＤＴ（使用ＤＤＴ的地區包括義大利、以色列、日本、法國和美國加州、俄亥俄州、紐澤西州、麻塞諸塞州）。

◆壁蝨與蟑螂控制失效，殺蟲路走上不知盡頭的單行道

壁蝨是另一個麻煩。木蝨是斑疹熱的病媒，最近產生抗藥性；而棕色犬壁蝨（brown dog tick）

逃過殺蟲劑毒手的能力，老早就得到透徹且廣泛的確認。這為狗帶來麻煩，人也未能倖免。棕色犬壁蝨是亞熱帶物種，當牠出現在紐澤西州這麼北邊的地方時，肯定待在供了暖氣的建築裡過冬，而非戶外。美國自然史博物館的約翰．帕利斯特（John C. Pallister）於一九五九年夏報告道，他的部門接到西中央公園大街上鄰近公寓打來的多通電話。帕利斯特先生說：

整棟公寓大樓有時都有幼壁蝨出沒，很難除掉。狗會在中央公園沾染到壁蝨，壁蝨會產卵，然後在公寓裡孵化。牠們似乎不怕ＤＤＴ、氯丹或今日大部分的殺蟲劑。過去，紐約市很少出現壁蝨，但在這裡，在長島、威斯特徹斯特郡和更北邊的康乃狄克州，到處都有牠們的蹤影。我們在過去五或六年特別注意到這種情況。

在北美洲許多地方，德國蟑螂已不怕氯丹。害蟲撲殺人員原本最愛用氯丹來除蟲，如今改用有機磷酸酯。但晚近害蟲對有機磷酸酯產生抗藥性，使害蟲撲殺人員為接下來該用什麼來除蟲感到很煩惱。

關心病媒蟲的機構，現在換過一種又一種殺蟲劑，因為抗藥性使殺蟲劑一個個失效。儘管化學家本事高超，能供應新的殺蟲劑，也無法無限期這樣一換再換。布朗博士已指出，我們正走在「一條單行道上」，沒人知道這條街有多長。如果走到盡頭時，我們仍無法控制住病媒昆蟲，處境將會很危急。

不願面對的農業昆蟲化學危機

就侵擾農作物的昆蟲來說，具有抗藥性的情況也一樣。

在前一個時期用無機化學物除蟲時，原本就有約十二種和農業有關的昆蟲表現出抗藥性，如今又多了一批不怕DDT、六氯化苯、靈丹、德克沙芬、地特靈、茵特靈，甚至不怕人類寄望甚深的有機磷酸酯的農業昆蟲。一九六〇年已有六十五種會毀壞農作物的昆蟲不怕DDT。

農業昆蟲不怕DDT的最早事例，一九五一年出現於美國，也就是在DDT首度被使用約六年後。最令人煩惱的情況，或許與蘋果蠹蛾有關。如今，世界上幾乎所有種植蘋果的地區，蘋果蠹蛾都不怕DDT。甘藍菜蟲的抗藥性則製造了另一個嚴重問題。在美國許多地方，馬鈴薯害蟲正漸漸擺脫化學物控制。六種棉花害蟲，還有多種薊馬（thrips）、果蛾、葉蟬（leaf hopper）、毛毛蟲、蟎、蚜蟲、金針蟲（wire worms）和其他許多昆蟲，如今可以不把農民的殺蟲劑放在眼裡。

可想而知的，化學業很不願面對昆蟲產生抗藥性這個不樂見的事實。一九五九年，一百多種主要昆蟲對化學物產生明確的抗藥性，但那年農業化學領域的某份重要刊物仍在討論昆蟲抗藥性究竟是「真實的或想像的」。然而，就算化學業不負所望轉頭正視現實，問題還是不會消失，而且這項問題反映了農業化學業界不樂見的一些經濟現實——其中之一是用化學物控制昆蟲的成本有增無減。如今，要提早囤積殺蟲劑已不再可能，因為或許今日最受看好的化學殺蟲劑，明日卻可能不再管用而黯淡退場。昆蟲再度讓世人知道對待自然的有效手段不應該靠蠻幹，支持研發殺蟲劑與推動殺蟲劑上市所涉及的龐大金錢投資可能抽手。科技再怎麼快速發明出殺蟲劑的新用途和新施用方法，到頭來可能還是發現昆蟲技高一籌。

捱過化學攻擊的強韌昆蟲，抗藥性與繁殖速度遠快於人類

達爾文若還在世，大概找不到比抗藥性運作機制還要更好的例子，來說明自然選擇。在一原初居群裡，成員在結構、行為或生理機能上彼此大不相同，而其中能捱過化學攻擊者是「強韌」的昆蟲。噴灑殺蟲劑會殺光較弱的昆蟲。倖存的昆蟲，天生都具有某種使牠們得以免受傷害的特質。這些昆蟲孕育出新一代昆蟲，而新一代透過遺傳，具備了上一代固有的所有「強韌」特質。接著，不可避免的，密集噴灑強力化學物只使欲解決的問題更難解決。幾代之後，昆蟲居群不再兼有體質強健與體弱者，而是個個成員都是強韌、具抗藥性的品系。

昆蟲抵抗化學物的方法非常多樣，目前為止尚未徹底探明。人們認為有些昆蟲是靠某種優勢構造的幫助，因此不怕化學控制，但似乎沒有多少實際證據可證明此說。但根據某些觀察結果，例如布里耶爾博士的觀察結果，某些品系很明顯具有抗藥性。布里耶爾說他在丹麥斯普林佛比

（Springforbi）的害蟲控制研究所觀察蒼蠅，看到牠們「在DDT裡嬉鬧，就和在火紅煤炭上興奮跳躍的原始巫師一樣自在」。

從世界其他地方傳來類似的報告。在馬來半島的吉隆坡，蚊子一碰到DDT就離開噴過DDT的室內，隨後產生抗藥性，能看到牠們停在覆有DDT的表面上。借助手電筒可清楚看到牠們腳下的DDT沉積物。而在台灣南部某個軍營裡，抗藥性臭蟲樣本被發現身體上帶有DDT粉沉積物。把這些臭蟲放在浸漬過DDT的布裡，發現牠們活了長達一個月，牠們繼續產卵、生下來的幼蟲成長茁壯。

但抗藥性不必然倚賴生理結構。不怕DDT的蒼蠅是因為具有某種酶，使牠們得以把殺蟲劑轉化為毒性較弱的DDE。這種酶只出現在具有抗DDT遺傳因子的蒼蠅裡。這一因子當然會傳給下一代。蒼蠅等昆蟲如何把有機磷酸酯化學物的毒性降低，人類仍不太清楚。

有種行為習性也可能使蒼蠅不被化學物上身。許多研究人員注意到具抗藥性的蒼蠅有一種傾向，牠們愛停在未噴過藥的橫向平面上，更甚於停在噴過藥的牆壁上。具有抗藥性的家蠅或許和廄蠅（stable-fly）有一樣的習性，會一動不動地停在一地，因此大大降低了牠們與殘留毒物接觸的機會。有些瘧蚊具有某種習性，牠們在受殺蟲劑刺激後，會離開房子在屋外保住性命。這使牠們大大減少與DDT的接觸，讓牠們幾乎不受DDT傷害。

發展抗藥性一般來講要兩或三年，但有時它只要一季甚至更短的時間就能產生。最長則可能花上六年。昆蟲居群一年能產生多少世代數目，對發展抗藥性極為重要，這會因物種、氣候而異。

例如，在加拿大的蒼蠅比美國南部的蒼蠅更晚生出抗藥性，美國南部漫長炎熱的夏季有利於迅速繁殖。

有時有人懷著希望會成真的口吻，問起這麼一個問題：「如果昆蟲能對化學物產生抗藥性，人類會不會也一樣？」理論上是能，但要花上數百年甚至數千年，所以對現在活著的人來說，這答案沒有讓人比較寬心。抗藥性不是在個體裡生成的東西。如果某個人天生就具有某些使他比他人更不易中毒的特性，他存活並生出後代的機率較高。然而，抗藥性是要經過數代或許多代才能在居群裡發展出來的能力，人類的繁殖速度是每一百年僅約三代，但昆蟲幾天或幾星期就能產生新的一代。

◆放下自大的科學武器，謙卑引導自然過程

布里耶爾博士在荷蘭擔任植物保護局局長時建議說：

有時候，與其只接受一次傷害，然後為此付出失去戰鬥力這個長期代價，還不如每次只接受少量傷害較為明智。切實可行的建議應是「盡可能減少噴灑量」，而非「一噴就噴到你所能承受之極限的量」……對害蟲族群施加的壓力應始終盡可能放輕。

令人遺憾的，這一看法在美國同一性質的農業機構裡沒有成為主流。美國農業部一九五二年發布的《年鑑》中，從頭到尾只談昆蟲，書中雖然承認昆蟲會產生抗藥性，但說，「為了達到充分控制，有必要增加殺蟲劑施用次數或施用量」。該部沒有說明如果那些還沒有使用過的化學物，會讓所有生物（不只昆蟲）都絕跡的話，地球會發生什麼情況。一九五九年，也就是該部給出這項建議才七年後，在《農業化學與食品化學雜誌》（*Journal of Agricultural and Food Chemistry*）上，有人引述了康乃狄克州某昆蟲學家的話，大意是至少在一或兩種害蟲上，人們已祭出最後法寶來對付這些昆蟲。

布里耶爾博士說：

誰都看得出，我們正走在一條危險的道路上……我們得盡力研究其他種昆蟲控制措施，這些措施必須是生物性而非化學性的。我們的目標應該是盡可能小心謹慎地引導大自然走向我們想要的方向，而非使用蠻力……

我們需要更崇高的目標和更深刻的見解，但我在許多研究者身上看不到這些東西。生命是超乎我們理解的奇蹟，我們應尊重它，即使在我們不得不拚命對抗它時也是一樣……動用殺蟲劑之類武器來控制生命，證明我們的知識不夠、無力引導大自然，所以才會使用沒必要的蠻力。人類應該謙卑，我們沒有理由在這裡展現科學的自大心態。

The Other Road

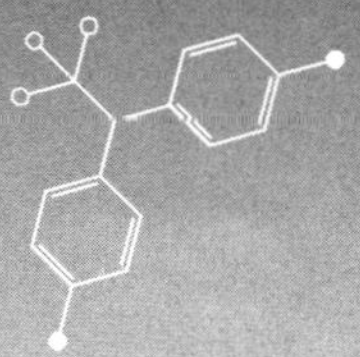

第 17 章

另一條路

引導勝於控制的生物防治法

為了解決人與其他動物共享地球這個難題，
人類提出了種種新穎且具想像力和創意的辦法，
而這些辦法的中心思想，是一份體認，
體認到我們的處理對象是生命。
只有藉由考慮到這些生命力，
我們才能指望在昆蟲與我們之間建立合理的「和而不同」的關係。

走出實驗室，拓寬思路的生物新科學

如今，我們站在路口，兩條岔路在眼前展開。但與羅伯．佛洛斯特[1]那首名詩[2]裡的道路不同，眼前的兩條路並非都暢通無阻。我們已走了許久的那條路表面上看起來很好走，那是一條平坦的高速公路，我們在上面高速奔馳，但路的盡頭有災難等著。另一條岔路則是「較少人走」的那條路，是我們保住地球的最後機會，也是唯一機會。

機會終究要靠自己去製造。如果吃了這麼多苦頭之後，我們終於主張自己「有權利知道」；如果知道之後，我們推斷自己正被要求冒沒意義且嚇人的風險，那麼我們就不該再接受那些要我們用有毒化學物充滿世界的人的意見；我們應環顧四周，看看還有哪條路可走。

其實有多種替代辦法可供採用，不必非用化學物控制昆蟲不可。其中有些辦法已有人使用，且成效卓著。還有些辦法仍在實驗室測試階段。更有些辦法幾乎只是想像力豐富的科學家腦子裡的想法，還在等待機會接受測試。這些辦法有一個共通之處：都是生物性的解決之道。它們的基礎都是建立在對欲控制之生物的了解上，以及對這些生物所屬之整個生命網絡的了解上。廣大生物學之不同領域的代表專家——昆蟲學家、病理學家、遺傳學家、生理學家、生物化學家、生態學家——都為生物防治這門新學科貢獻了他們的知識和創意。

約翰霍普金斯大學的生物學家卡爾．斯旺森教授（Carl P. Swason）說：

任何學科都可比擬為一條河，有著鮮為人知、不起眼的源頭，有湍灘，也有平靜的河段，有滿水期，也有枯水期。它靠多位研究人員的心血挹注，加上其他思想潮流的挹注，水勢日壯。後續漸漸發展出來的概念和普遍原則，更加深、拓寬了這項學科。

現代的生物防治學也是一樣。美國在一百年前首度嘗試引進害蟲的天敵，來對付令農民頭疼的害蟲，這成為生物防治學鮮為人知的開端。這項計畫有時進展緩慢，有時完全沒有進展，但偶爾一旦取得亮眼的成效，就乘勢加速，勢頭銳不可當。一九四〇年代，應用昆蟲學領域的人開始迷惑於搶眼的新殺蟲劑，捨棄了所有生物性除蟲辦法，踩上「化學性控制的踩步機」，生物防治學因此進入枯水期。然而，要建立無昆蟲世界的目標卻離我們愈來愈遠。如今，眾人都看出粗心且漫無節制地使用化學物產生的威脅，遠遠大過我們欲對付之昆蟲帶來的威脅。於是，生物防治學這條河又得到新思考的挹注，而再度流動。

1 羅伯·佛洛斯特（Robert Frost），美國二十世紀最重要的詩人之一，四度獲得普立茲獎，最著名的自然詩篇包括〈雪晚林邊歇馬〉（Stopping by Woods on a Snowy Evening）、〈未擇之路〉（The Road Not Taken）等。

2 這裡是指〈未擇之路〉（The Road Not Taken）。

結合知識與創意的「雄性絕育法」

有些最吸引人的新生物防治法，是運用物種自身的力量對付物種自己，即用昆蟲本身的生命衝動摧毀該昆蟲。這些做法中最引人注目的，是美國農業部昆蟲學研究部門主任愛德華・尼普林博士（Edward Knipling）和夥伴開發出的「雄性絕育」法（"male sterilization" technique）。

約二十五年前，尼普林博士提出獨一無二的昆蟲控制法，讓他的同僚大吃一驚。他推斷如果能使大量的雄性昆蟲絕育，然後釋放出去，絕育的昆蟲在某些條件下，會在競爭中擊敗正常的野生雄性昆蟲。因此，經過幾次釋放後，昆蟲只會產下未受精的卵，整個居群就會滅絕。

官員冷漠對待這項建議，科學家也大力質疑，但尼普林博士沒有放棄這想法。在這一建議能付諸測試之前，仍有個大問題有待解決，那就是得找到切實可行的昆蟲絕育辦法。自一九一六年昆蟲學家蘭納（G. A. Runner）發表他用 X 光照射煙甲蟲，使煙甲蟲絕育之後，這一絕育辦法就已為學界所知。赫曼・穆勒[3]用 X 光製造突變的開創性研究，在一九二〇年代晚期開闢了廣闊的新思想領域，到了二十世紀中期，已有幾位研究者報告說他們用 X 光或伽瑪射線使至少十二種昆蟲絕育。

◆螺旋蠅的離島實驗

但上述都只是實驗室裡的實驗，離實際應用還有很長的路要走。約一九五〇年，尼普林博士付出心力，欲以昆蟲絕育為利器，殺光危害南部牲畜甚烈的昆蟲「螺旋蠅」。雌螺旋蠅會在溫血動物的任何開放性傷口裡產卵，孵出的幼蟲為寄生性，以宿主的肉為食。一頭成年的公牛，若有大量螺旋蠅幼蟲上身，可能十天就喪命，美國境內的牲畜損失據估一年達四千萬美元。野生動物的損失則較難估算，但肯定很高。在德州某些區域，鹿很少見，有人認為是螺旋蠅所致。

螺旋蠅是種熱帶或亞熱帶昆蟲，棲息於南美洲、中美洲和墨西哥，在美國境內，通常只見於西南部。但約一九三三年時，人類無意中把牠引入佛羅里達，當地的氣候使牠得以捱過冬天，建立居群。牠甚至挺進阿拉巴馬州南部和喬治亞州，不久，東南部數州的牲畜業就面臨一年兩千萬美元的損失。

經過幾年工夫，農業部在德州的科學家已對螺旋蠅的生活規律和現象有相當的了解。經過在佛羅里達離島上的幾次初步田野試驗，到了一九五四年，尼普林博士已準備好全面測試他的理論。為此，透過與荷蘭政府達成的安排，他前往加勒比海的古拉索島（Curaçao），該島距大陸至少五十海里。

尼普林博士在佛羅里達州農業部實驗室養出絕育的螺旋蠅，從一九五四年八月開始空運到古拉索島，用每週每平方英里釋放四百隻的速率，從機上釋放絕育螺旋蠅。實驗用山羊身上產下的

3 赫曼・穆勒（Hermann Muller,1890 – 1967），美國遺傳學家及教育家。因發現 X 光會誘導突變，而獲得一九四六年諾貝爾生理學或醫學獎。

卵塊數量幾乎立即開始減少，螺旋蠅的受精率也降低。開始釋放後才七週，所有卵都是未受精卵。不久，就找不到卵塊，不管是已受精或未受精的卵塊皆然。在古拉索島上，螺旋蠅已遭根除。

◆從小島擴大範圍到州郡區域

古拉索實驗的驚人成功，使佛羅里達州的牲畜飼養者躍躍欲試，也想如法炮製，以擺脫螺旋蠅蟲害。在佛州，這樣的作業相對難上許多——畢竟面積是加勒比海小島的三百倍——但一九五七年美國農業部和佛羅里達州還是共同出資展開根除行動。為了這一計畫，人必須在特別建造的「蠅工廠」每週生產約五千萬隻螺旋蠅，必須動用二十架輕型飛機，要它們以事先排定的飛行模式飛行，每天飛五至六小時，每架飛機攜帶一千個紙箱，每個紙箱裡有兩百至四百隻已被輻射絕育的螺旋蠅。

一九五七至一九五八年那個寒冬，刺骨低溫籠罩佛羅里達州北部，給了啟動這項計畫意想不到的機會，因為這時螺旋蠅數量減少且局限於一塊小區域。經過十七個月作業，這項計畫被認定完成，三十五億隻人工孵育且遭絕育的螺旋蠅釋放到佛羅里達全境和喬治亞州、阿拉巴馬州部分地區的上空。已知最後一個據認定由螺旋蠅導致的動物傷口長蛆事例，發生於一九五九年二月。接下來幾週，幾隻成年螺旋蠅被用陷阱捕獲。此後未再發現牠們的蹤跡。螺旋蠅在東南部已遭滅絕——說明了科學創造力在徹底的基礎研究、堅持不懈精神和決心協助下，能產生莫大的效益。

如今，在密西西比州，有個檢疫站致力於防止螺旋蠅從牢牢立足的西南部再度侵入東南部。要根絕西南部的螺旋蠅並不容易，畢竟作業區域遼闊，且螺旋蠅很有可能再次從墨西哥入侵。若沒處理好，要付出很大的代價，農業部的想法似乎是不久後可能在德州和西南部其他區域進行某種計畫，因為這些地區有大批的螺旋蠅出沒，該計畫的最低目標是把螺旋蠅的數量壓在極低水平。

◆更多的物種實驗和田野測試

螺旋蠅戰役的漂亮戰果，激發出以同樣方法對付其他昆蟲的強烈興趣。當然，並非所有昆蟲都適合用此法對付，因為這種方法很大程度上取決於昆蟲的生命史、居群密度、對輻射的反應。已有英國人寄望用這方法來對付非洲羅德西亞（Rhodesia）境內的采采蠅，於是做了實驗。采采蠅侵擾非洲約三分之一地區，威脅人類健康，使約四百五十萬平方英里的有樹草原無法飼養牲畜。采采蠅的習性大不同於螺旋蠅，雖能用輻射予以絕育，還得克服某些技術難題，上述方法才派得上用場。

英國人已拿其他許多昆蟲測試受輻射影響程度。美國科學家已用瓜實蠅、桔實蠅、地中海果蠅在夏威夷做實驗室測試，並在偏遠的太平洋小島羅塔島（Rota）做田野測試，取得鼓舞人的初步成果。玉米螟和蔗螟也在接受測試。用絕育來控制會影響人類健康的昆蟲，也不無可能。有個智利科學家指出，儘管噴灑了殺蟲劑，瘧蚊在他的國家仍未消失；釋放不育的雄蚊或許可施予最後一擊，根除瘧蚊。

化學絕育劑的可行性仍有待測試

用輻射絕育有顯而易見的難處，因此有人開始尋找能取得類似結果但較容易的方法，如今，人們對化學絕育劑的興趣正高昂。

在佛羅里達州的奧蘭多市，農業部實驗室的科學家正使用混入食物裡的化學物讓家蠅絕育，測試地點除了實驗室，還包括野外。一九六一年佛羅里達群島（Florida Keys）的某個島上做了測試，短短不到五個星期，家蠅就遭撲殺殆盡。當然，接下來來自附近島嶼的家蠅移入，會使這一成果破功，但就示範計畫來說，這項測試很成功。不難理解，該部卻對這個方法的前景相當雀躍。首先，如同前面已提過的，殺蟲劑已幾乎不能控制家蠅，肯定需要全新的控制方法。輻射絕育的難處之一，在於不只需要人工飼養絕育雄性昆蟲，還要大量釋放比現存野生族群更多的絕育雄性昆蟲。用在螺旋蠅身上，這不成問題，因螺旋蠅並非數量眾多的昆蟲。但用在家蠅身上，釋放措施會使牠們的數量增加一倍以上，因此可能遭極力反對，即使那一增加只是短期現象。另一種方法是把化學絕育劑混入某種誘餌物質，釋入家蠅的自然環境裡；吃了它的家蠅會變不育，久而久之，不育家蠅會居多數，整個家蠅族群會因為生育出不育的後代而滅絕。

測試化學物的絕育效果，比測試化學毒物難上許多。評估一化學絕育劑要花上三十天，儘管可同時進行數項測試。但一九五八年四月至一九六一年十二月間，奧蘭多實驗室測試了數百種化學物的絕育效果。農業部似乎很開心在其中找到大有可為的化學物，即使只有寥寥幾個。如今，該部的其他實驗室正著手解決這問題，以廄蠅、蚊子、棉鈴象甲和多種果蠅為對象測試化學物。目前這都還在實驗階段，但自開始研發化學絕育劑以來，這一計畫的規模幾年來已大大擴增。理論上這計畫有多個迷人之處。尼普林博士已指出，有效的化學昆蟲絕育「或許能輕易讓某些已知最好的殺蟲劑甘拜下風」。想像有個總數達一百萬隻的昆蟲居群，每經一代，數量就增加為原來的五倍。殺蟲劑或許能殺掉每一代的九成，在第三代後留下十二萬五千隻活昆蟲。相對的，會使九成昆蟲不育的化學物，將只讓一百二十五隻昆蟲活命。

有些極強效的化學物被納入化學絕育劑計畫，所幸至少在初期階段，大部分研發化學絕育劑的人員似乎都有謹記必須找到安全的化學物和安全的施用方法。但到處都有人建議從空中噴灑具絕育功能的化學物，例如藉此使舞毒蛾幼蟲所啃食的葉子覆上這類化學物。事前未徹底研究過可能的危害就貿然這麼做，是極不負責任的舉動。如果沒有時時謹記化學絕育劑的可能危害，我們很可能會陷入比殺蟲劑還要嚴重的麻煩中。

目前測試中的絕育劑分屬於兩類，而且這兩類的作用模式都極有意思。第一類與細胞的生命過程（即新陳代謝）密切相關；換句話說它們極近似於細胞或組織所需要的某種物質，因而有機體把它們「誤認」為真正的代謝物，努力將它們納入正常的細胞運作過程。但在某個小地方上它們與該過程扞格不入，因而使該過程卡住停擺。這類化學物稱作「抗代謝物」（anti-metabolite）。

第二類由會影響染色體的化學物組成，它們很可能會影響基因上的化學物質，使染色體斷裂。這類化學絕育劑是烷化劑（alkylating agent），而烷化劑是反應極強的化學物，能強烈破壞細胞，損害染色體，造成突變。倫敦切斯特比替研究院（Chester Beatty Research Institute）的彼得·亞歷山大博士（Peter Alexander）認為：「凡是能使昆蟲不育的烷化劑，也都會是強力誘變劑和致癌物。」亞歷山大博士認為，把這類化學物用在昆蟲控制上，不管怎麼使用，都會「遭遇最強烈的反制」。因此，希望目前的實驗最後不要促成這類化學物獲得真正使用，而是讓人找到安全無虞且會專門對目標昆蟲產生作用的其他化學物。

從昆蟲自身尋找天然引誘劑、驅除劑

晚近某些最有趣的研究，與昆蟲的生命過程中製造出的覓食武器有關。昆蟲本身會製造出多種毒液、引誘劑、驅除劑。這些分泌物有何化學特性？我們能把它們當成具高度選擇性的殺蟲劑[4]來用？康乃爾大學等地的科學家正努力尋找這方面的答案，他們在研究許多昆蟲防範掠食者攻擊的防禦機制，弄清楚昆蟲分泌物的化學結構。還有些科學家正在研究所謂的「保幼激素」

（juvenile hormone），這是防止昆蟲在達到適當的成長階段前變態的強力物質。

◆分泌物引誘劑

研究昆蟲分泌物的諸多成果裡，可最早派上用場的或許是引誘劑。在此，大自然同樣指點了方向。舞毒蛾的例子特別有意思——母蛾因為太重飛不起來，所以只能生活在地面上或地面附近，在低矮植物間短程飛行或在樹幹上慢慢往上爬。相對的，雄蛾飛行能力強，會被母蛾的特殊腺體所釋放出的氣味吸引過去，即使隔著頗長距離亦然。昆蟲學家利用這一點已有多年，他們大費周章地從母蛾身體取得這一性引誘劑，然後放進陷阱裡抓取雄蛾，以便在舞毒蛾分布區邊緣調查該蛾數量。但這道程序極花錢。在東北部諸州，舞毒蛾大批出沒之事時有所聞，卻找不到足夠的雌蛾來提供所需的引誘劑，所以不得不從歐洲輸入手工採集的雌蛾蛹，有時每個要價〇．五美元。因此，農業部的化學家經過數年努力終於在最近分離出這個引誘劑時，可說是相當大的成就。在這一發現之後，又有人用蓖麻油（caster oil）的某個成分成功調製出與引誘劑有密切親緣關係的合成物；這東西不只讓雄蛾受騙上鉤，引誘力還似乎和天然引誘劑一樣強。

只要在陷阱裡擺進一微克（百萬分之一公克）這麼低的劑量，就足以引來雄蛾。這一切絕非只

4 譯按：即只對特定害蟲起作用，但對其他昆蟲傷害極小的殺蟲劑。

具學術研究價值，因為新且成本低廉的「合成舞毒蛾性誘劑」（gyplure）不只可用於舞毒蛾數量調查，還可用於該蛾的控制作業。有數種可能更具引誘力的產品目前正在測試中。在一項或許可稱為心理戰實驗的行動中，科學家混合了引誘劑和某種顆粒狀物質，然後用飛機撒布出去，目的是把雄蛾弄糊塗，改變正常行為，使其在雜亂的引誘氣味中找不到通往雌蛾的正確氣味路徑。在旨在誤導雄蛾，使其試圖與假雌蛾交配的實驗中，這一做法得到更進一步的應用。在實驗室中，只要把木片、蛭石和其他不會動的小東西適當浸漬過合成舞毒蛾性誘劑，雄舞毒蛾即試圖和它們交配。把交配本能導向無法生育後代的活動是否真有助於減少舞毒蛾數量仍有待檢驗，但這一可能性本身就極有意思。

合成舞毒蛾性誘劑是第一個人工合成的昆蟲性誘劑，但不久後很可能就會有其他合成性誘劑問世。人們正在研究一些農業昆蟲，查明牠們是否有可供人類仿製的引誘劑。在麥蠅和菸草天蛾（tobacco hornworm）身上，已取得令人鼓舞的成果。

◆引誘劑加毒物的混合劑

有人正用引誘劑與毒物的混合劑對付數種昆蟲。政府科學家已研發出名叫甲基丁香酚（methyl-eugenol）的引誘劑，桔實蠅和瓜實蠅的雄性一碰上它，完全抗拒不了。在日本南方四百五十英里處的小笠原群島，已有人將它與某種毒物混合做測試。測試人員把小塊纖維板浸漬了這兩種化學物，然後從空中撒布於整個群島，以吸引、殺害雄蠅。這一「雄性殲滅」計畫始於一九六〇年：一年後農業部估計，群島上九成九以上的蠅遭撲殺。相較於大面積噴灑殺蟲劑這一傳統做法，此處所用的方法似乎有明顯優勢。這裡所用的毒物是一種有機磷化學物，局限在方形纖維板上，野生動物不可能拿它來吃；此外它的殘餘較快消散，因而不用擔心會汙染土壤或水。

◆運用聲音的引誘劑及驅除劑

但在昆蟲界裡，並非所有往來都靠具有引誘性或驅除性的氣味。聲音也可能起警告或引誘的作用。飛行中的蝙蝠所不斷發出的超音波（充當雷達系統，助蝙蝠在黑暗中辨位飛行），能被某些蛾聽到，使牠們得以免於被捕。某些葉蜂的幼蟲聽到寄生蠅逼近時的振翅聲，會聚在一塊禦敵。另一方面，某些鑽木昆蟲所發出的聲音，使牠們的寄生生物得以找到牠們，而對雄蚊來說，雌蚊的振翅聲令牠們意亂情迷。

對人來說，昆蟲這一偵測聲音並對聲音有反應的能力有何用處？已有人用機器播放雌蚊飛行聲，成功吸引雄蚊，這一初步成就雖然還在實驗階段，仍引人關注。雄蚊被誘至一通電的格網，隨之喪命。在加拿大，正有人在測試突發的超音波對玉米螟和地老虎蛾的驅除效果。動物聲音方面的兩位權威人士，夏威夷大學的休伯特・佛林斯（Hubert Frings）和梅伯・佛林斯（Mable Frings）兩位教授，深信用聲音影響昆蟲行為的方法，只待找到關鍵的鑰匙，使人得以解開並運用昆蟲產生與接收聲音方面的廣大知識，就能步入實地運用的階段。驅除性的聲音或許能提供比引誘性聲音更大的機會。這兩位教授以發現椋鳥聽到同類的悲慘叫聲錄音後驚恐四散而著稱，此事或許可用在昆蟲身上。對講究實際的工業人士來說，這其中的發展潛力似乎非常真切，因而至少有一家大型電子公司已在準備設立實驗室做相關測試。

也有人把聲音當成能直接殺傷的武器來測試。超音波能殺光實驗槽裡的蚊子幼蟲，但也會殺掉其他水生有機體。在其他實驗裡，綠頭蒼蠅（blowfly）、粉壁蝨（mealworms）和黃熱病蚊（yellow fever mosquitoes）幾秒內就遭空中的超音波殺死。這些實驗都是為建立全新的昆蟲控制觀邁出的第一步，而神奇的電子學或許有朝一日能使那些新觀念化為現實。

微生物殺蟲劑：昆蟲和人一樣會染病

新的生物性昆蟲控制法，並非只圍繞著電子學、伽瑪射線和人發明的其他東西在打轉。有些此類方法淵源久遠，建立在昆蟲和人一樣會染病這一認知上。細菌感染就像古老瘟疫般席捲整個昆蟲居群；在病毒侵襲下，牠們整群病倒、死亡。在亞里斯多德的時代之前，昆蟲染病之事就已為人所知；中世紀有詩歌頌蠶病；透過對蠶病的透徹研究，巴斯德對傳染病原理有了首度的了解。

昆蟲不只困擾於細菌和病毒，也困擾於真菌、原生動物、肉眼看不見的軟體蟲，以及其他來自看不見之微小生命世界且大體上對人類友好的生物。因為微生物界的成員中，除了致病有機體，還有能摧毀廢棄物、使土壤肥沃、幫助進行發酵、硝化之類無數生物性過程的有機體。在控制昆蟲這件事情上，牠們有何理由不助我們一臂之力？

◆細菌是有效控制蟲害的利器

最早預見微生物這類用途的人，是十九世紀的動物學家伊利耶．梅契尼科夫[5]。十九世紀末期和二十世紀上半葉期間，控制微生物的觀念緩緩成形。科學家發現了乳腐病（milky disease），並利用乳腐病來對付日本麗金龜，在一九三〇年代晚期，第一個證明將疾病引入環境能控制昆蟲的確切證據出現了。乳腐病是某種細菌的孢子所造成，該細菌屬於芽孢桿菌屬（*Bacillus*）。這一典型的細菌控制例子，如同我在第七章所指出的，在美國東部曾得到長期的運用。

對芽孢桿菌屬的另一種細菌——蘇力菌（Bacillus thuringiensis）——所做的測試，如今被寄予厚望。這種細菌於一九一一年在德國的圖林根省（Thuringia）首度被人發現，發現者觀察到它能在

5 伊利耶．梅契尼科夫（Elie Metchnikoff,1845 – 1916），俄國微生物學家與免疫學家，是免疫系統研究的先驅之一。他在一九〇八年因為白血球吞噬作用的研究，得到諾貝爾生理學或醫學獎。也因為發現乳酸菌對人體的益處，所以人們稱之為「乳酸菌之父」。

粉螟的幼蟲體內造成致命的敗血症。但它其實是藉由中毒殺死幼蟲，而非藉由染病。此細菌的無性生殖桿狀體內，除了形成孢子，還形成由某種蛋白質物質構成的獨特晶體，而該蛋白質物質對某些昆蟲，特別是對蛾狀鱗翅目昆蟲的幼蟲，毒性特別強。幼蟲吃了表面覆有這毒素的葉子之後不久即癱瘓，不再進食，不久就死亡。幼蟲進食遭立即打斷一事，對人來說當然益處甚大，因為只要施用這一病原體，農作物幾乎立即不再受損。目前美國境內有數家公司正在製造含有蘇力菌之孢子的化合物，分掛在不同商標名下。實地測試正在數個國家進行：法國和德國對白粉蝶幼蟲做測試，南斯拉夫則對美國白蛾做測試，蘇聯對天幕蛄（tent-caterpillar）做測試。在巴拿馬，測試始於一九六一年，而這一細菌性殺蟲劑說不定可幫該地蕉農解決他們面對的一個或多個嚴重問題。蛀根象甲危害當地香蕉甚烈，使蕉根變弱，致使蕉樹輕易就被風吹倒。地特靈一直是唯一有效對付蛀根象甲的化學物，如今卻引發一連串災難。蛀根象甲開始具抗藥性。地特靈也滅掉某些重要的掠食性昆蟲，從而造成捲葉蛾增加。捲葉蛾是身體粗壯的小蛾，幼蟲會在香蕉表面留下傷痕。我們可以指望這個新的微生物性殺蟲劑會把捲葉蛾和蛀根象甲都滅掉，而且不會打亂自然控制。

在加拿大、美國的東部森林，細菌性殺蟲劑或許是解決舞毒蛾、以植物嫩芽為食之蛾幼蟲之類會造成蟲害的森林昆蟲的利器。一九六〇年，兩國開始以蘇力菌的商業性製劑實地測試。部分早期結果令人鼓舞。例如在佛蒙特州，細菌性控制法的最終結果和用ＤＤＴ取得的成果一樣理想。如今主要的技術性難題，是要找到會把細菌孢子黏在常綠樹針葉上的溶液。在農作物上，這不成問題——就連藥粉都可用。細菌性殺蟲劑已被試用於多種蔬菜上，尤是在加州境內。

◆運用病毒及原生動物殺蟲，成效斐然

在這同時，其他或許較不引人注目的研究工作與病毒有關。在加州各地，苜蓿苗田正被噴灑一種致命性和任何殺蟲劑不相上下的物質，以對付危害苜蓿的苜蓿粉蝶毛毛蟲。這種溶液含有某種病毒，該病毒則取自因感染這一劇毒病而死亡的毛毛蟲身體。只要五隻得病毛毛蟲的身體所提供的病毒，就足夠替一英畝的苜蓿田除蟲。在加拿大某些森林裡，有種侵襲松葉蜂的病毒，經研究證明對控制該昆蟲極為有效，因而已取代殺蟲劑。

在捷克斯洛伐克，科學家正嘗試用原生動物對付結網蟲（webworm）等害蟲，在美國，已發現有種寄生性原生動物能降低玉米螟的產卵能力。

一提到微生物性殺蟲劑，某些人腦海裡可能會浮現將危及他種生物的細菌戰畫面。這是杞人憂天。相較於化學物，昆蟲病原體只對它們欲打擊的對象有害，對其他都無害。昆蟲病理學權威愛德華．史坦豪斯博士（Edward Steinhaus）表示：

> 昆蟲病原體導致脊椎動物得傳染病之事，不管是在實驗室裡，還是在自然裡，都沒有紀錄記載，也沒有證實為真的事例。

昆蟲病原體只對特定物種起作用，因而只感染少數幾種昆蟲，有時只感染一種昆蟲。在生物學上，它們不屬於使高等動物或植物染病的那類有機體。此外，如同史坦豪斯博士所指出的，在自然界，昆蟲病始終只在昆蟲身上爆發，既不侵襲宿主植物，也不侵襲以那些植物為食的動物。

昆蟲有許多天敵——除了許多種微生物，還有其他昆蟲。透過助長昆蟲天敵或許可控制昆蟲一說，公認最早由伊拉斯謨斯·達爾文[6]於約一八〇〇年時提出。這種以某昆蟲對付另一種昆蟲的做法，乃是第一個獲普遍施行的生物防治法，大概因為這緣故，它被普遍但錯誤地認定為化學控制法之外唯一的替代辦法。

引進天敵，是最早開始運用的生物防治法

在美國，傳統生物防治法其實起始於一八八八年，當時，阿爾貝特·克貝勒（Albert Koebele）是日益壯大之昆蟲學探索大軍的第一名成員，前去澳洲尋找吹綿介殼蟲（cottony cushion）的天敵，以對付這種可能毀掉加州柑橘業的昆蟲。如同第十五章裡提過的，這一任務以驚人的成功收場，接下來的世紀裡，美國人赴世界各地尋找昆蟲天敵，以控制擅自闖入美國國土的昆蟲。目前為止，已有約一百種進口的掠食性、寄生性昆蟲在美國牢牢立足。除了克貝勒引進的澳洲瓢蟲，另外幾種引進的昆蟲也達到期望的效果。從日本引進的某種胡蜂完全鎮住侵襲東部蘋果園的某種昆蟲。

苜蓿斑翅蚜被人無意中從中東引入，危害美國苜蓿業，而它的幾種天敵被視為拯救加州苜蓿業的功臣。以舞毒蛾為食和寄生於舞毒蛾體內的昆蟲，在控制舞毒蛾上成效卓著，小土蜂屬（Tiphia）胡蜂在對付日本麗金龜上亦然。據估計，加州靠生物防治法對付介殼蟲和粉介殼蟲（mealy bugs），一年就省下數百萬美元，甚至，據加州著名昆蟲學家保羅·德巴赫博士（Paul DeBach）的估計，加州在生物防治作業上投入四百萬美元，獲益卻達一億美元。

靠引進天敵來控制重大害蟲的成功例子，可在分布於世界大半地區的約四十個國家找到。比起化學物，這類控制手段的優點顯而易見：成本較低，成效更久，沒有留下有毒殘餘。但生物防治得到的支持不足。美國境內幾乎只有加州一州有正式的生物防治計畫，許多州連一個全力投入此類計畫的昆蟲學家都沒有。或許因為缺乏支持，透過昆蟲天敵以達成生物防治時，並非總是符合應有的科學要求——科學家很少花工夫調查此舉對所欲控制之昆蟲的數量有何影響，釋放天敵時有時作業不夠嚴謹，致使失敗收場。

◆天敵防治作業，須考慮生物網絡

掠食者和獵物並非環境裡僅有的生物，而是廣大生命網絡的一部分，作業時必須考慮到該生

6 伊拉斯謨斯·達爾文（Erasmus Darwin,1731－1802），英國醫生、詩人、發明家、植物學，是查爾斯·達爾文（Charles Robert Darwin）的祖父。

命網絡。對較傳統的生物防治法來說，成功機會最大的地方或許是森林。現代農業的農地，人工化程度高，不同於大自然所構思出來的任何東西。但森林是另一個世界，遠比農地更近似於自然環境。在此，只要人的一丁點幫助，加上盡可能少的人類干預，大自然就能自主行事，建立那一整個奇妙、複雜的制衡系統，進而使森林不致受到昆蟲過度的傷害。

在美國，林務員想到生物防治時，似乎主要從引進寄生性、掠食性昆蟲的角度思考。加拿大人的眼界較寬，有些歐洲人則走得最遠，把「森林衛生學」（forest hygiene）發展到令人吃驚的程度。歐洲林務員認為鳥、蟻、森林蜘蛛、土中細菌，和樹木一樣同是森林的一部分，他們費心將這些保護性的因子注入一新森林裡，鼓勵鳥類進駐是初期步驟之一。在講究集約林業的現代，中空的老樹消失不見，啄木鳥等在樹上築巢的鳥因此跟著失去家園。這一缺失可以靠築巢箱來彌補，築巢箱把鳥吸引回森林。針對鴞和蝙蝠特別設計了別的箱子，以便白天捕食昆蟲的小鳥於天黑回巢之後，這些動物能接手捕食昆蟲的工作。

◆森林紅蟻群，形成植林區保衛隊

但這只是開端。在歐洲森林裡，有些最令人想一探究竟的控制作業，動用了森林紅蟻，將牠當成具有侵略性的掠食性昆蟲——令人遺憾，北美境內沒有這種昆蟲。約二十五年前，符茲堡大學（University of Würzburg）的卡爾．格斯瓦爾德（Karl Gösswald）教授開發出一個培養這種螞蟻並建立蟻群的方法。在他的指導下，西德境內約九十個測試區裡，已建立了一萬多個紅蟻群。義大利等國已在採用格斯瓦爾德博士的方法，在那些國家裡，有人成立了螞蟻養殖場，以供應供分送到森林裡的螞蟻群。例如在亞平寧山脈（Apennines），已建立了數百個蟻窩，以保護重新植林區。

◆鳥、蝙蝠都是天然生物夥伴

德國默爾恩（Mölln）的林務官員海因茨・盧佩茨霍芬博士（Heinz Ruppertshofen）說：「凡是森林裡能得到鳥、蟻、加上某些蝙蝠、鴞共同保護的地方，生物平衡基本上都已得到改善。」他深信單靠一種人工引進的掠食性或寄生性昆蟲，效果不如靠樹的一批「天然夥伴」。

在默爾恩的森林裡，新蟻群受到鐵絲網保護，以減少啄木鳥啄食蟻群造成的死傷。藉此，十年間某些受測試區域裡的啄木鳥雖然增加了三倍，蟻群規模也沒有因此大幅縮水，而且啄木鳥雖然造成一些損失，但牠會吃掉樹上有害的毛毛蟲，因此還是功大於過。照料蟻群（和鳥類築巢箱）的工作，大半由當地學校的少年團負責，團員都是十至十四歲的小孩。花費極少；好處則等於是讓森林得到永久保護。

◆蜘蛛為樹木新梢織出防護網

盧佩茨霍芬的工作還有一個極有趣的特點，那就是動用蜘蛛。在這方面，他似乎是先驅。談蜘蛛分類和自然史的文獻非常多，但這些文獻分散各地，不夠完整，且完全未談牠們在生物防治上的價值。已知的兩萬兩千種蜘蛛中，七百六十種是德國原生種（美國原生種約兩千種）。二十九科蜘蛛住在德國森林裡。

對林務員來說，談到蜘蛛，最該注意的地方是牠所織的網的種類。輪網蜘蛛最重要，因為某些這類蜘蛛所織的網，網眼很密，能抓住所有飛行的昆蟲。十字園蛛的大網（最大直徑達十六吋），絲線上有約十二萬個黏點。單單一隻蜘蛛，在十八個月的壽命裡，平均可能殺掉兩千隻昆蟲。生物性健全的森林，每平方公尺就有五十至一百五十隻蜘蛛。在不及這數目的地方，可藉由採集含有卵的卵囊，將它們分配到該地各處，來彌補這一不足。盧佩茨霍芬博士說，「胡蜂蛛（wasp spider，美國境內也有此類蜘蛛）的三個卵囊能生出一千隻蜘蛛，那些蜘蛛能捕捉二十萬隻飛行中的昆蟲」。他說，這些蜘蛛會在春天時孵化，身形迷你、纖弱的輪網蜘蛛幼蛛特別重要，「因為牠們在樹木的新梢上方合力織就一張網狀大傘，藉此阻止飛行中的昆蟲靠近幼嫩的新枝」。隨著蜘蛛蛻皮、成長，網隨之變大。

◆小型哺乳動物效率奇高

加拿大生物學家做了極類似的調查工作，但由於北美森林大部分是天然林而非人造林，且可供協助維持森林健康的昆蟲種類不同於歐洲，所以這些調查還是有不同之處。在加拿大，重點擺在小型哺乳動物上，牠們在控制某些昆蟲上出奇管用，特別是那些住在森林鬆軟土壤裡的昆蟲。葉蜂就是其中之一。葉蜂又名鋸鋒（sawflies），因雌蜂會用呈鋸狀的產卵器割開常綠樹針葉以便產卵而得名。葉蜂幼蟲最後落到地面，在美洲落葉松泥炭沼的泥炭裡或雲杉或松樹下方的落葉層裡結蛹。但在森林地面下方，坐落著由小型哺乳動物（白足鼠、田鼠、數種鼩鼱〔shrews〕）建造的地道、地洞構成的蜂巢狀世界。在這些小型挖地洞動物中，貪吃的鼩鼱找到且吃掉最多的葉蜂蛹。牠們具有分辨何為健全蛹、何為空蛹的高超本事，吃蜂蛹時，牠們把一隻前足踩在蛹上，咬掉蛹的末端。鼩鼱貪得無饜的胃口可說是首屈一指。一隻田鼠一天能吃掉約兩百個蛹，一隻鼩鼱，因其種類而異，一天最高可能吃掉八百個蛹！據實驗室的試驗結果，這能毀掉七成五至九成八的蛹。

難怪沒有原生鼩鼱但不堪葉蜂侵擾的紐芬蘭島，如此急於取得這些有效率的小型哺乳動物，並於一九五八年嘗試引進花臉鼩。一九六二年加拿大官員報告已成功引進花臉鼩。如今這些鼩鼱正在該島上繁殖、四處擴散，有些做了標記的鼩鼱已在距釋放地十英里之處被找回。

共享地球，才是永久解決之道

因此，林務員如果有心尋找永久解決之道，以保住並強化森林中的自然關係，他其實有一大批武器可供使用。在森林中用化學物控制害蟲，在最好的情況下只是治標，無法真正解決問題，在最壞的情況下，則是殺掉林中溪流裡的魚，引發蟲害，滅掉害蟲的天敵和我們所可能正想引進的昆蟲。盧佩茨霍芬博士說，藉由這種激烈措施，

> 森林中生物的夥伴關係徹底失衡，寄生生物造成的災難愈來愈頻繁地發生……因此，我們不該再把這些不自然的操作，帶進我們仍擁有的最重要且幾乎是最後僅存的自然生活空間。

為了解決人與其他動物共享地球這個難題，人類提出了上述種種新且具想像力和創意的辦法，而這些辦法有個一貫的中心思想貫穿其中。那是一份體認，體認到我們的處理對象是生命——活的居群和牠們的所有壓力和反壓力，牠們的興衰起落。只有藉由考慮到這些生命力，藉由小心翼翼將牠們引導到有利於我們的管道裡，我們才能指望在昆蟲與我們之間建立合理的和而不同關係。

現今的愛用毒物之風，完全未考慮到這些最基本的因素。化學物是和穴居人的棍棒一樣粗糙

的武器，卻被拿來對付——既纖弱、能被摧毀，卻又出奇堅韌、能復原——的生命結構，這種結構能以令人意想不到的方式反擊。化學控制的執行者忽視了生命的這些非比尋常的本事，工作時沒有抱著「崇高的理想」，在他們所欲擺弄的巨大力量面前絲毫不懂謙卑。

「控制自然」是心懷傲慢者想出來的短語，是誕生於尼安德塔人[7]時代的生物學和哲學觀，認為自然是為了人類的舒適便利而存在。應用昆蟲學的概念和實踐大部分源於科學的石器時代。我們何其不幸，竟讓如此原始的一門學科配備最現代、最可怕的武器，竟讓這門學科用那些武器對付昆蟲，從而也用它們對付地球。

7 尼安德塔人（Neanderthal）是舊石器時代生活於德國尼安德塔河谷的史前人類。

誌謝

一九五八年一月，歐嘉・歐文斯・哈金斯（Olga Owens Huckins）寫了封信給我，信中談到她在一個被人搞得生機蕩然無存的小世界的心痛經驗，使我猛然回頭關注一個我老早就關心的問題。然後我領悟到自己必須寫下這本書。

自那之後的數年間，我得到好多人的幫助和鼓勵，由於人數太多，我無法在此一一列出他們的大名。有一些人，代表美國和其他數國的多個政府機關、大學和研究機構、行業，將多年的經驗與研究成果大方地與我分享。在此我要為他們慷慨付出的時間與意見，向他們所有人獻上最深摯的謝意。

此外，我要特別感謝撥冗讀了部分初稿，和根據自身專門知識提供意見與批評的那些人。本書內文若有失實之處，責任全在我個人，但若沒有以下專家的慷慨相助，這本書不可能寫成，這些人包括：梅約診所的L・G・巴多羅買醫師（L. G. Bartholomew, M.D., of the Mayo Clinic）、德州大學的約翰・J・比斯列（John J. Biesele of the University of Texas）、西安大略大學的A・W・A・布朗（A. W. A. Brown of the University of Western Ontario）、康乃狄克州威斯特波特的莫爾頓・S・畢斯坎醫師（Morton S. Biskind, M.D., of Westport, Connecticut）、荷蘭植物保護局的C・J・布里耶爾博士（C. J. Briejèr of the Plant Protection Service in Holland）、羅布與貝西・威爾德野生動物基金會的克拉倫斯・科塔姆（Clarence Cottam of the Rob and Bessie Welder Wildlife Foundation）、克里夫蘭診所的喬治・奎爾醫師（George Crile, Jr., M.D., of the Cleveland Clinic）、康乃狄克州諾福克的法蘭克・伊格勒（Frank Egler of Norfolk, Connecticut）、梅約診所的馬爾孔・M・哈爾格雷夫斯醫師（Malcolm M. Hargraves, M.D., of the Mayo Clinic）、美國國家癌症研究院的W・C・休珀醫師（W. C. Hueper, M.D., of the National Cancer Institute）、加拿大漁業研究局的C・J・克斯維（C. J. Kerswill of the Fisheries Research Board of Canada）、野生協會的奧洛斯・穆利（Olaus Murie of the Wilderness Society）、加拿大農業部的A・D・皮克特（A. D. Pickett of the Canada Department of Agriculture）、伊利諾伊斯自然歷史調查中心的湯瑪士・G・史考特（Thomas G. Scott of the Illinois Natural History Survey）、塔夫脫衛生工程中心的克拉倫斯・塔維（Clarence Tarzwell of the Taft Sanitary Engineering Center）、密西根州立大學的喬治・J・華勒士（George J. Wallace of Michigan State University）。

凡是以種種事實為依據寫書的作者，都大大得益於圖書館員的本事和熱心相助。在這方面我要感激很多人，特別是美國內政部圖書館的伊達・K・強生（Ida K. Johnston of the Department of the Interior Library）和國立衛生院的希爾瑪・羅賓森（Thelma Robinson of the Library of the National Institutes of Health）。

此書的主編保羅・布魯克（Paul Brooks）數年來始終鼓勵我，欣然調整他的計畫以配合我的延宕和推遲。為此，和他高明的編輯見解，我時時感激在心。

在浩繁的圖書館研究工作上，我得到以下諸人能幹且全心的協助：桃樂絲．艾爾基（Dorothy Algire）、珍妮．戴維斯（Jeanne Davis）、貝蒂．漢妮．道芙（Bette Haney Duff）。有時陷入困境的我，如果沒有管家伊達．斯布羅（Ida Sprow）盡職的協助，我不可能完成這項工作。

最後，我得向一大票人表達我十二萬分的謝意，其中許多人我不認識，但正因為他們，寫成這本書才顯得值得。他們率先公開抨擊不顧後果、不負責任地毒害人類與萬物共享之世界的行徑，如今甚至投身數千場小戰役，這些戰役最終會喚醒世人，了解到自己應該順應周遭的世界，而非讓周遭世界一味遷就我們。

瑞秋．卡森

作者小記

我原不願以注釋加重本書的篇幅，但理解到許多讀者想深入探索本書探討的某些主題，於是我在本書書末的〈參考書目〉裡，按章節的順序，列出我借助的主要資料來源。

瑞秋・卡森

瑞秋・卡森《寂靜的春天》迴響大事記

野人文化編輯部特別整理一九六二年《寂靜的春天》出版前，瑞秋・卡森在自然保育領域的成就，以及她在殺蟲劑研究方面的早期作品。

此外，編輯部也統整了《寂靜的春天》出版後到二〇一七年，受她啟發的諸多環境運動事件、環境保護相關著作和影視作品，以及她催生的環境保護相關法案。期待能幫助讀者更了解瑞秋・卡森曾經達成的革命性變革，以及本書在歷史洪流中的地位。

1939年	瑞士科學家保羅・穆勒（Paul Hermann Müller）發現DDT有很強的殺蟲功效，能有效防治瘧疾，因此獲得諾貝爾生理學或醫學獎。自此，DDT成為全世界最流行、使用率最高的殺蟲劑。
1941年	瑞秋・卡森出版第一部作品《海風下》（*Under the Sea Wind*），書中她借各種生物的視角，帶領讀者一窺海洋科學與生命之美，是她晚年回顧時最鍾愛的作品。

1944年	7月，瑞秋・卡森投稿《讀者文摘》（Reader's Digest），報導DDT可能造成的環境破壞。然而雜誌拒絕刊登，因為他們認為真相會讓讀者感到「非常不舒服」。同樣的文章也曾投稿給其他雜誌，但結果都一樣，沒有一家願意刊登。
1946～1948年	瑞秋・卡森發表了十二本保育行動小手冊，幫忙宣傳「美國魚類及野生動物管理局」新成立的「國家野生動物保護區系統」（National Refuge System）。「國家野生動物保護區系統」是美國近百年來，在生態維護及野生動物保育方面最偉大的成就之一。
1951年	瑞秋・卡森的成名作《我們周遭的海洋》（*The Sea Around Us*）出版，她在書中結合專業研究和如詩般的文字，描述海洋、海中生物、以及海洋生態學知識，成功引導讀者體會海洋的神祕與奧妙。本書榮獲美國國家圖書獎，全球銷售量超過百萬本。
1953年	12月，瑞秋・卡森出版第三本書籍《海洋的邊緣》（*The Edge of the Sea*）。本書與《海風下》、《我們周遭的海洋》並稱「海洋三部曲」。
1957年	美國農業部在美國南部發起「根除火蟻行動」（eradication of the imported fire ant），對大面積土地噴灑大量殺蟲劑。
1959年	12月，美國市場上的蔓越莓被驗出含有大量氨基三唑（aminotriazole），科學家發現這種化學物會在實驗老鼠身上引發咽喉癌。
1961年	12月，美國《紐約客》（New Yorker）雜誌編輯威廉・尚恩（William Shawn）讀過《寂靜的春天》初稿後，表示非常希望雜誌能在明年（一九六二年）春天刊登卡森的文章。

1962年

6月16、23、30日，《紐約客》雜誌連續三期以《寂靜的春天》作為封面故事，連載瑞秋·卡森的文章。

7月，《寂靜的春天》登上《紐約時報》頭版，報紙頭版標題：文靜的女性作家（瑞秋·卡森）惹惱了總值三億美元的殺蟲劑工業。

9月，《寂靜的春天》紙本精裝版正式發行。

1963年

5月，總統科學顧問委員會（PSAC）在約翰·甘迺迪總統的指示下，發表殺蟲劑調查報告，證實瑞秋·卡森的研究結論，確認殺蟲劑會對環境產生不可逆的負面影響。

6月，瑞秋·卡森出席了兩場參議院轄下委員會的聽證會議，要求政府成立獨立的殺蟲劑監管機構。這項願望直至一九七〇年尼克森總統（Richard Milhous Nixon）成立「美國環境保護署」（EPA）時，才得以實現。

12月，瑞秋·卡森成為第一位獲得全美奧杜邦協會獎章（National Audubon Society Medal）的女性，並獲得美國藝術暨文學學會研究院（American Academy of Arts and Letters）終身院士資格。

1964年

4月，瑞秋·卡森因乳腺癌逝世，得年五十八歲。

5月，詹森總統（Lyndon Baines Johnson）簽署「農藥管制法」（Pesticide Control Bill），此項法案彌補了先前的法律漏洞，規定所有殺蟲劑在出售前必須經過全面的測試。詹森總統更發表了書面聲明，說這項法案必須歸功於瑞秋·卡森。

1966年	8月，緬因州為紀念瑞秋·卡森，將一座臨海的鹽沼保留地，命名為「瑞秋·卡森國家野生動物保護區」（Rachel Carson National Wildlife Refuge）。
1967年	瑞典成立「環境保護署」（Swedish Environmental Protection Agency），為世界上第一個成立環保署的國家。
1968年	保羅·艾爾利希（Paul Ehrlich）出版《人口炸彈》（*he population bomb*）一書，指出人口成長速度過快會造成環境和社會動盪，主張立刻採取行動，限制當代的人口成長。 本書與瑞秋·卡森的《寂靜的春天》、貝瑞·康蒙納的《封閉的循環》，並稱一九六〇到一九七〇年代最重要的三本環境議題書籍。
1970年	1月，美國頒布「國家環境政策法」（National Environmental Policy Act），催生了「白宮環境品質委員會」（White House level Council on Environmental Quality），要求所有可能會影響環境健康的聯邦政策，都必須提交環境評估報告和環境影響報告。 「國家環境政策法」（NEPA）因為是美國首部納入生態學觀點的法案，因此也被稱為「生態大憲章」（Magna Carta）。 4月，「世界地球日」受到瑞秋·卡森的影響而誕生。超過兩千萬美國人上街示威，全美各個關注不同環境問題的團體在這天形成共識，要求政府及大眾重視營造健康、永續的環境。 古巴政府宣布全面禁用DDT。（聯合國環境規畫署紀錄中第一個全面禁用DDT的國家）

12月，美國總統尼克森成立「環境保護署」（EPA），旨在保護人類及環境的健康，並負責執行國會通過的環境保護法案。

環境保護署同時也是「聯邦殺蟲劑、殺真菌劑和殺鼠劑法」（Federal Insecticide, Fungicide, and Rodenticide Act）的主管機關，負責全美的農藥執法工作，主要職責一是農藥登記作業，二是控制、監督化學農藥公司。

12月，尼克森總統簽署「潔淨空氣法案」（Clean Air Act）修正案，授權環境保護署制定「國家空氣品質標準」（National Ambient Air Quality Standards），管理會危害大眾健康及公眾安全的空氣汙染排放源。

1971年

聯合國教科文組織發起「人與生物圈計畫」（Man and Biosphere Programme），這是全球政府間的大型綜合性合作計劃，旨在研究生物圈的結構和功能、預測人類活動會造成生物圈產生哪些變化，以及這些變化對人類本身的影響。研究結果會作為改善人類生存環境的科學依據。

貝瑞．康蒙納（Barry Commoner）發表《封閉的循環》（*The Closing Circle*）一書，主張資本主義是造成環境惡化的主要原因，並將永續發展理念帶給大眾。

本書與瑞秋．卡森《寂靜的春天》、保羅．艾爾利希《人口炸彈》，並稱一九六〇到一九七〇年代最重要的三本環境議題書籍。

1972年

6月，「聯合國人類環境會議」（United Nations Conference on the Human Environment）於瑞典斯德哥爾摩舉行，為歷史上第一個國際環境保護大會，超過一百個國家齊聚一堂。會中通過《人類環境宣言》（Declaration of the United Nations Conference on the Human Environment），各國在這份文件中，誓言要保護並改善人類的生存環境。

1973年	一九七二年夏天，美國公共衛生局宣布全面禁用DDT。 1月，聯合國正式成立「聯合國環境規畫署」（United Nations Environment Programme），旨在負責規畫、協調、促進全球的環境保護工作，並協助發展中國家制定並實施更健全的環境保護法案。 台灣依《農藥管理法》禁止將DDT用於農業用途。 12月，美國參、眾議院通過「瀕臨滅絕物種法」（Endangered Species Act）。此法案旨在保護生存受威脅與瀕臨滅絕的植物、動物、鳥類、魚類，避免物種因為經濟發展而全面滅絕。
1975年	瑞典政府禁止將DDT用於農業用途。
1976年	10月，福特總統（Gerald Rudolph Ford, Jr.）簽署並頒布「美國有毒物質控制法案」（Toxic Substances Control Act）。此法案擴大了政府的監督權限，主管美國境內上千種商用有毒化學物質，可說是《寂靜的春天》在立法上取得的最大成就。 美國環境保護署根據「美國有毒物質控制法案」，宣布全面禁用或嚴格限制《寂靜的春天》中提到的五種化學物質：氯丹、地特靈、阿特靈、茵特靈、德克沙芬、五氯苯酚和七氯。
1980年	6月，卡特（Jimmy Carter）總統追頒美國公民最高榮譽「總統自由勳章」，追念瑞秋・卡森對美國的貢獻。
1981年	5月，美國郵政部發行了一系列「美國偉人紀念郵票」，其中一組就是「瑞秋・卡森紀念郵票」，在五月二十八日於她的出生地賓州斯普林代爾（Springdale）發行。

1981年	日本政府宣布禁止全面禁用、輸入、製造DDT。
1982年	中國政府宣布禁止將DDT用於果樹、茶樹、蔬菜、藥草、菸草、咖啡樹。
1984年	新加坡政府宣布全面禁用DDT。
1985年	智利政府宣布全面禁用DDT。
1986年	瑞士政府、南韓政府宣布全面禁用DDT。
1987年	巴拿馬政府宣布全面禁用DDT。
1988年	歐洲經濟共同體（EEC, The European Economic Community）聯合宣布禁止將DDT用於農業用途。歐洲經濟共同體成員包括：比利時、丹麥、法國、西德、希臘、愛爾蘭、義大利、盧森堡、荷蘭、葡萄牙、西班牙和英國。
1989年	台灣依照《毒性化學物質管理法》公告全面禁用DDT（防疫用途例外），同時禁止製造、販賣、輸入DDT。
1993年	10月，美國公共電視台（PBS）製作《瑞秋・卡森與寂靜的春天：美國印象》（Rachel Carson's Silent Spring: The American Experience）紀錄片。

1996年	威斯康辛大學動物學博士柯爾朋（Theo Colborn）發表《失竊的未來》（Our Stolen Future）一書，警告殺蟲劑會嚴重干擾內分泌系統，傷害鳥類、魚類、野生動物和生育能力和智力。柯爾朋繼承了《寂靜的春天》的精神，因此和當年瑞秋・卡森一樣，遭受到極為猛烈的攻擊。
1997年	9月，喬治華盛頓大學環境歷史學教授琳達・李爾發表《瑞秋・卡森：自然的證人》（*Rachel Carson: Witness for Nature*）一書，紀錄卡森一生的奮鬥故事，被譽為是最完整的瑞秋・卡森傳記，《紐約時報》也稱之為一九九七年最受矚目之作。（琳達・李爾是最深入研究瑞秋・卡森生平、作品以及對世界的影響的學者。）
1998年	6月，琳達・李爾擔任編輯，出版《消失的森林：瑞秋・卡森遺作》（*Lost Woods: The Discovered Writing of Rachel Carson*）一書，收錄卡森未發表過的文字以及演講文章。
2008年	10月，紐約康乃狄克學院成立琳達・李爾中心（Linda Lear Center），展出與瑞秋・卡森有關的論文以及收藏品，展品全由琳達・李爾提供。
2017年	1月，美國公共電視台製作《瑞秋・卡森》（Rachel Carson）紀錄片，回顧卡森一生的作品、《寂靜的春天》出版歷程、公開行動以及私人生活，紀念這位帶動全球環境運動的偉大科學家。

Body Fat of Alaskan Natives, Science, Vol. 134 (1961), No. 3493, pp. 1880-1.
- Van Oettingen, W. F., *Halogenated... Hydrocarbons*, p. 363.
- Smith, Ray F., et al., Secretion of DDT in Milk of Dairy Cows Fed Low Residue Alfalfa, Jour. Econ. Entomol, Vol. 41 (1948), p. 759-63.
- Laug, Edwin P., et al., Occurrence of DDT in Human Fat and Milk.
- Finnegan, J. K., et al., Tissue Distribution and Elimination of DDD and DDT Following Oral Administration to Dogs and Rats, Proc. Soc. Exper. Biol and Med. Vol. 72 (1949), 356-7. 38 Laug, Edwin P. et al., Liver Cell Alteration.
- Chemicals in Food Products, Hearings, H.R. 74, House Select Com. to Investigate Use of Chemicals in Food Products, Pt I (1951), p. 275.
- Van Oettingen, W. F., *Halogenated... Hydrocarbons*, p. 322.
- Chemicals in Food Products, Hearings, 81st Congress, H.R. 323, Com. to Investigate Use of Chemicals in Food Products, Pt 1 (1950), pp. 388-90.
- Clinical Memoranda on Economic Poisons. U.S. Public Health Service Publ. No. 476 (1956), p. 28.
- Gannon, Norman and Bigger, J. H. 'The Conversion of Aldrin and Heptachlor to Their Epoxides in Soil', Jour. Econ. Entomol. Vol. 51 (February 1958), pp. 1-2.
- Davidow, B. and Radomski, J. L., 'Isolation of an Epoxide Metabolite from Fat Tissues of Dogs Fed Heptachlor', Jour. Pharmacol. and Exper. Therapeut. Vol. 107 (March 1953), pp. 259-65.
- Van Oettingen, W. F., *Halogenated... Hydrocarbons*, p. 310.
- Drinker, Cecil K., et al., The Problem of Possible Systemic Effects from Certain Chlorinated Hydrocarbons, Jour. Indus. Hygiene and Toxicol. Vol. 19 (September 1937), p. 283.
- Occupational Dieldrin Poisoning, Com. on Toxicology, Jour. Ann. Med. Assn., Vol. 172 (April 1960), pp. 2077-80.
- Scott, Thomas G. et al., Some Effects of a Field Application of Dieldrin on Wildlife, Jour. Wildlife Management, Vol. 23 (October 1959), pp. 409-27.
- Paul, A. H., Dieldrin Poisoning - A Case Report, New Zealand Med. jour., Vol. 58 (1959), p. 393.
- Hayes, Wayland J., Jr, The Toxicity of Dieldrin to Man, Bull. World Health Organ. Vol. 20 (1959), pp. 891-912.
- Gannon, Norman and Decker, G. C., The Conversion of Aldrin to Dieldrin on Plants, Jour. Econ. Entomol., Vol. 51 (February 1958), pp. 8-11.
- Kitselman, C. H., et al., Toxicological Studies of Aldrin (Compound 118) on Large Animals, Am. Jour. Vet. Research, Vol. 11 (1950), p. 378.
- Dahlen, James H. and Haugen, A. O., Effect of Insecticides on Quail and Doves, Alabama Conservation, Vol. 26 (1954), No. 1, pp. 21-3.
- De Witt, James B., Chronic Toxicity to Quail and Food Chen. Vol. 4 (1956), No., 10 pp. 863-6.
- Kitselman, C. H., 'Long Term Studies on Dogs Fed Aldrin and Dieldrin in Sublethal Doses, with Reference to the Histopathological Findings and Reproduction', Jour. Am. Vet. Med. Assn., Vol. 123 (1953), p. 28.
- Treon, J. F. and Borgmann, A. R., The Effects of Diets Containing Aldrin or Dieldrin, Kettering Lab., Univ. of Cincinnati; mimeo. Quoted from Robert L. Rudd and Richard E. Genelly, Pesticides. Their Use and Toxicity in Bulletin No. 7 (1956), p. 52.
- Myers, C. S., Endrin and Related Pesticides: A Review, Pennsylvania Dept of Health Research Report No. 45 (1958). Mimeo.

參考書目

第 2 章　人類不得不承受的共業

- Report on Environmental Health Problems, Hearings, 86th Congress, Subcom, of Com. on Appropriations, March 1960, p. 170.
- The Pesticide Situation for 1957-58, U.S. Dept of Agric. Commodity Stabilization Service, April 1958, p. 10.
- Elton, Charles S., The Ecology of Invasions by Animals and Plants, New York, Wiley, 1958; London, Methuen, 1958.
- Shepard, Paul, The Place of Nature in Mans World, Atlantic Naturalist, Vol.13 (April-June 1958), pp. 85–9.

第 3 章　要命的靈藥

- Gleason, Marion, et al., Clinical Toxicology of Commercial Products, Baltimore, Williams and Wilkins, 1957.
- Gleason, Marion, et al., Bulletin of Supplementary Material: Clinical Toxicology of Commercial Products, Vol. IV, No. 9. Univ. of Rochester.
- The Pesticide Situation for 1958-59, U.S. Dept of Agric. Commodity Stabilization Service, April 1959, pp.1-24
- The Pesticide Situation for 1959-60, U.S. Dept of Agric. Commodity Stabilization Service, July 1961, pp. 1-23.
- Hueper, W. C., Occupational Tumors and Allied Diseases, Springfield, Ⅲ ., Thomas, 1942.
- Todd, Frank E. and McGregor, S. E., Insecticides and Bees, Yearbook of Agric. U.S. Dept of Agric. 1952, pp. 131-5.
- Bowen, C. W. and Hall, S.A., The Organic Insecticides, Yearbook of Agric. U.S. Dept of Agric. 1952, pp. 209-18.
- Van Oettingen, W. F., The Halogenated Aliphatic, Olefinic, Cyclic, Arcimatic, and Aliphatic-Aromatic Hydrocarbons: Including the Halogenated Insecticides, Their Toxicity and Potential Dangers. U.S. Dept of Health, Education, and Welfare. Public Health Service Publ. No. 414 (1955), pp. 341-2.
- Laug, Edwin P., et al., Occurrence of DDT in Human Fat and Milk, A.M.A. Archives Indus. Hygiene and Occupat. Med., Vol. 3 (1951), pp. 245-6.
- Biskind, Morton S., Public Health Aspects of the New Insecticides, Am. Jour. Diges. Diseases, Vol. 20 (1-953), No. II, pp. 331-411.
- Laug, Edwin P., et al., Liver Cell Alteration and DDT Storage in the Fat of the Rat Induced by Dietary Levels of 1 to 50 p.p.m. DDT, *Jour. Pharmacol. and Exper. Therapeut.*, Vol. 98 (1950), p. 268.
- Ortega, Paul, et al., Pathologic Changes in the Liver of Rats after Feeding Low Levels of Various Insecticides, A.M.A. Archives Path. Vol. 64 (Dec. 1957), pp. 614-22.
- Fitzhugh, O. Garth and Nelson, A. A., The Chronic Oral Toxicity of DDT (22-BIS p-CHLOROPHENYL-1,1,1-TRI-CHLOROETHANE), Jour. Pharmacol. and Exper. Therapeut., Vol. 89 (1947), No. 1, pp. 18-30.
- Laug, Edwin P., et al., Occurrence of DDT in Human Fat and Milk.
- Hayes, Wayland, J., Jr., et al., Storage of DDT and DDE in People with Different Degrees of Exposure to DDT, A.M.A. Archives Indus. Health, Vol. 18 (Nov. 1958), pp. 398—406.
- Durham, William F., et al., Insecticide Content of Diet and

- Stevens, Donald B. Recent Developments in New York States Program Regarding Use of Chemicals to Control Aquatic Vegetation, paper presented at 13th Annual Meeting North-eastern Weed Control Conf. (8 January 1959).
- Anon., No More Arsenic, Economist, 10 October 1959.
- 'Arsenites in Agriculture', Lancet, Vol. 1 (1960), p. 178.
- Horner, Warren D. Dinitrophenol and Its Relation to Formation of Cataract, (A.M.A.) *Archives Ophthalmol.*, Vol. 27 (1942), pp. 1097-121.
- Weinbach, Eugene C. 'Biochemical Basis for the Toxicity of Pentachlorophenol', *Proc. Natl. Acad. Sci.*, Vol.43 (1957), No. 5, pp. 393-7.

第 4 章　地表水和地下海

- Biological Problems in Water Pollution. Transactions, 1959 seminar. U.S. Public Health Service Technical Report W60-3 (1960).
- Report on Environmental Health Problems, Hearings, 86th Congress, Subcon. of Com. on Appropriations, March 1960, p. 78.
- Tarzwell, Clarence M., Pollutional Effects of Organic Insecticides to Fishes, Transactions, 24th North Am. Wildlife Conf. (1959), Washington, D.C., pp. 132-42. Published by Wildlife Management Inst.
- Nicholson, H. Page, Insecticide Pollution of Water Resources, *Jour. Am. Waterworks Assn.*, Vol. 51 (1959), pp. 981-6.
- Woodward, Richard L., Effects of Pesticides in Water Supplies, jour. Am. Waterworks Assn., Vol. 52 (1960), No. 11, pp.1367-72.
- Cope, Oliver B., The Retention of DDT by Trout and Whitefish, in Biological Problems in Water Pollution, pp. 72-5.
- Kuenen, P. H., Realms of Water, New York, Wiley, 1955; London, Cleaver-Hume Press, 1955.
- Gilluly, James, et al., Principles of Geology, San Francisco, Freeman, 1951.
- Walton, Graham, Public Health Aspects of the Contamination of Ground Water in South Platte River Basin in Vicinity of Henderson, Colorado, August, 1959. U.S. Public Health Service, 2 November 1959. Mimeo.
- Report on Environmental Health Problems.
- Hueper, W. C., Cancer Hazards from Natural and Artificial Water Pollutants, Proc., Conf. on Physiol. Aspects of Water Quality, Washington, D.C., 8-9 September 1960. U.S. Public Health Service.
- Hunt, E. G. and Bischoff, A. I., Inimical Effects on Wildlife of Periodic DDD Applications to Clear Lake, Calif. Fish and Game, Vol. 46 (1960), No.1, pp. 91-106.
- Woodward, G. et al., Effects Observed in Dogs Following the Prolonged Feeding of DDT and Its Analogues, Federation Proc. Vol. 7 (1948), No, 1, p. 266.
- Nelson, A. A. and Woodward, G., Severe Adrenal Cortical Atrophy (Cytotoxic) and Hepatic Damage Produced in Dogs by Feeding DDD or TDE, (A.M.A.) Archives Path, Vol. 48 (1949), p. 387.
- Zimmermann, B., et al., The Effects of DDD on the Human Adrenal; Attempts to Use an Adrenal-Destructive Agent in the Treatment of Disseminated Mammary and Prostatic Cancer, Cancer, Vol. 9 (1-956), pp. 940-8.
- Cohen, Jesse M. et al., 'Effect of Fish Poisons on Water Supplies. Ⅰ. Removal of Toxic Materials', Jour. Am. Waterworks Assn., Vol. 52 (1960), No. 12, pp. 1551-65. 'Ⅱ. Odor Problems', Vol. 53 (1960), No. 1, pp. 49-61.
- Jacobziner, Harold and Raybin, H. W., Poisoning by Insecticide (Endrin), New York State Jour. Med., Vol. 59 (15 May 1959), pp. 2017-22.
- Care in Using Pesticide Urged, Clean Streams, No.46 (June 1959). Pennsylvania Dept of Health.
- Metcalf, Robert L., The Impact of the Development of Organophosphorus Insecticides upon Basic and Applied Science, Bull. Entomol. Soc. Am, Vol. 5 (March 1959), pp. 3-15.
- Mitchell, Philip H., General Physiology, New York, McGraw-Hill, 1958, pp. 14-15. 43 Brown, A. W. A., Insect Control by Chemicals. New York, Wiley, 1951; London, Chapman & Hall, 1951.
- Toivonen, T., et al., Parathion Poisoning Increasing Frequency in Finland, Lancet, Vol. 2 (1959), No. 7095, pp. 175-6.
- Hayes, Wayland J., Jr., Pesticides in Relation to Public Health, Annual Rev. Entomol, Vol. 5 (1960), pp. 379-404.
- Quinby, Griffith E. and Lemmon, A. B., Parathion Residues. As a Cause of Poisoning in Crop Workers, Jour. Am. Med. Assn., Vol. 166 (15 February 1958), pp. 740-6.
- Carman, G. C., et al., Absorption of DDT and Parathion by Fruits, Abstracts, II5th Meeting Am. Chem. Soc. (1948), p. 30A.
- Clinical Memoranda om Economic Poisons, p. 11.
- Occupational Disease in California Attributed to Pesticides and Other Agricultural Chemicals. California Dept of Public Health, 1957, 1958, 1959, and 1960.
- Frawley, John P. et al., Marked Potentiation in Mammalian Toxicity from Simultaneous Administration of Two Anticholinesterase Compounds, Jour. Pharmacol. and Exper. Therapeut. Vol. 121(1957), No. 1, pp. 96-106.
- Rosenberg, Phillip and Coon, J. M., Potentiation between Cholinesterase Inhibitors, Proc. Soc. Exper. Biol. and Med., Vol. 97 (1958), pp. 836-9.
- Dubois, Kenneth P., Potentiation of the Toxicity of Insecticidal Organic Phosphates, A.M.A. Archives Indus. Health, Vol. 18 (December 1958), pp. 488-96.
- Murphy, S. D., et al., Potentiation of Toxicity of Malathion by Triorthotolyl Phosphate, Proc. Soc. Exper. Biol. and Med., Vol. 100 (March 1959), pp. 483-7.
- Graham, R.C.B.), et al., The Effect of Some Organophosphorus and Chlorinated Hydrocarbon Insecticides on the Toxicity of Several Muscle Relaxants, Jour. Pharm. and Pharmacol, Vol. 9 (1957), pp. 312-19.
- Rosenberg, Philip and Coon, J. M., Increase of Hexobarbital Sleeping Time by Certain Anticholinesterases, Proc. Soc. Exper. Biol. and Med., Vol. 98 (1958), pp. 650-2.
- Dubois, Kenneth P., Potentiation of Toxicity.
- Hurd-Karrer, A. M. and Poos, F. W., Toxicity of Selenium-Containing Plants to Aphids, Science, Vol. 84 (1936), pp. 252.
- Ripper, W. E. The Status of Systemic Insecticides in Pest Control Practices. Advances in Pest Control Research, New York, Interscience, 1957. Vol. I, pp. 305-52.
- Occupational Disease in California, 1959.
- Glynne-Jones, G. D. and Thomas, W. D. E., Experiments on the Possible Contamination of Honey with Schradan, Annals Appl. Biol., Vol. 40 (1953), p. 546.
- Radeleff, R. D., et al., The Acute Toxicity of Chlorinated Hydrocarbon and Organic Phosphorus Insecticides to Livestock, U.S. Dept of Agric. Technical Bulletin 1122 (1955).
- Brooks, F. A., The Drifting of Poisonous Dusts Applied by Airplanes and Land Rigs, Agric. Engin. Vol. 28 (1947), No. 6, pp. 233-9.

Discovery, Vol. 113 (1960), No. 4, p. I.
- Pechanec, Joseph, et al., Controlling Sagebrush on Rangelands. U.S. Dept of Agric. Farmers Bulletin No. 2072 (1960).
- Douglas, William O. My Wilderness: East to Katahdin, New York, Doubleday, 1961.
- Egler, Frank E., Herbicides: 60 Questions and Answers Concerning Roadside and Rightofway Vegetation Management, Litchfield, Conn., Litchfield Hills Audubon Soc., 1961.
- Fisher, C. E., et al., Control of Mesquite om Grazing Lands. Texas Agric. Exper. Station Bulletin 935 (August 1959).
- Goodrum, Phil D. and Reid, W. H., 'Wildlife Implications of Hardwood and Brush Controls', Transactions, 21st North Am. Wildlife Conf. (1956).
- A Survey of Extent and Cost of Weed Control and Specific Weed Problems. U.S. Dept of Agric. ARS 34-23 (March 1962).
- Barnes, Irston R., Sprays Mar Beauty of Nature, Washington Post, 25 September 1960.
- Goodwin, Richard H. and Niering, William A., A. Roadside Crisis: The Use and Abuse of Herbicides. Connecticut Arboretum Bulletin No. 11 (March 1959), pp. 1-13.
- Boardman, William, The Dangers of Weed Spraying, Veterinarian, Vol. 6 (January 1961), pp. 9-19.
- Willard, C.J., Indirect Effects of Herbicides, Proc., 7th Annual Meeting North Central Weed Control Conf. (1950), pp. 110-12.
- Douglas, William O. My Wilderness: The Pacific West, New York, Doubleday, 1960.
- Egler, Frank E. Vegetation Management for Rightsof-Way and Roadsides. Smithsonian Report for 1953 (Smithsonian Inst., Washington, D.C.), pp. 299-322.
- Bohart, George E. Pollination by Native Insects, Yearbook of Agric. U.S. Dept of Agric. 1952, pp. 107-21.
- Egler, Vegetation Management,
- Niering, William A. and Egler, Frank E., A Shrub Community of Viburnum lentago, Stable for Twenty-five Years, Ecology, Vol. 36 (April 1955), pp. 356-60.
- Pound Charles E. and Egler, Frank E., o Brush Control in South-eastern New York: Fifteen Years of Stable Tree-less Communities, Ecology, Vol. 34 (January 1953), pp. 63-73.
- Egler, Frank E. Science, Industry and the Abuse of Rights of Way, Science, Vol. 127 (1958), No. 3298, pp. 573-80.
- Niering, William A. Principles of Sound Right-of Way Vegetation Management, Econ. Botany, Vol. I2 (April-June 1958), pp. 140-4.
- Hall, William C. and Niering, William A., The Theory and Practice of Successful Selective Control of Brush by Chemicals, Proc., 13th Annual Meeting Northeastern Weed Control Conf. (8 January 1959).
- Egler, Frank E. Fifty Million More Acres for Hunting? Sports Afield, December 1954.
- McQuilkin, W. E. and Strickenberg, L. R. Roadside Brush Control with 2,4,5-T on Eastern National Forests. North-eastern Forest Exper. Station Paper No. 148. Upper Darby, Pennsylvania, 1961.
- Goldstein, N. P., et al., Peripheral Neuropathy after Exposure to an Ester of Dichlorophenoxyacetic Acid, Jour. Am. Med. Assn., Vol. 171 (1959), pp. 1306-9.
- Brody, T. M. Effect of Certain Plant Growth. Substances on Oxidative Phosphorylation in Rat Liver Mitochondria, Proc. Soc. Exper. Biol. and Med., Vol. 80 (1952), pp. 533-6.
- Croker, Barbara H. Effects of 2,4-D and 2,4,5-T on ' Ⅲ . Field Study', Dickinson, North Dakota, Vol. 53 (1961), No. 2, pp. 233-46.
- Hueper, W. C. Cancer Hazards from Water Pollutants.

第 5 章　土壤的國度

- Simonson, Roy W. What Soils Are, Yearbook of Agric. U.S. Dept of Agric. 1957, pp. 17-31.
- Clark, Francis E. Living Organisms in the Soil, Yearbook of Agric. U.S. Dept of Agric. 1957, pp. 157-65.
- Farb, Peter, Living Earth, New York, Harper, 1959; London, Constable, 1960.
- Lichtenstein, E. P. and Schulz, K. R. Persistence of Some Chlorinated Hydrocarbon Insecticides As Influenced by Soil Types, Rate of Application and Temperature, Jour. Econ. Entomol., Vol. 52 (1959), No. II, pp. 1124-31.
- Thomas, F. J. D., The Residual Effects of Crop-Protection Chemicals in the Soil, in Proc. 2nd Internatl Plant Protection Conf. (1956), Fernhurst Research Station, England.
- Eno, Charles, F, *Chlorinated Hydrocarbon Insecticides: What Have They Done to Our Soil? Sunshine State Agric. Research Report for July 1959.
- Mader, Donald L. Effect of Humus of Different Origin in Moderating the Toxicity of Biocides. Doctorate thesis, Univ. of Wisc., 1960.
- Cullinan, F. P., 'Some New Insecticides - Their Effect on Plants and Soils', Jour. Econ. Entomol. Vol. 42 (1949), pp. 387-91.
- Sheals, J. G., 'Soil Population Studies. Ⅰ . The Effects of Cultivation and Treatment with Insecticides', Bull. Entomol. Research, Vol. 47 (December 1956), pp. 803-22.
- Hetrick, L. A., Ten Years of Testing Organic Insecticides As Soil Poisons against the Eastern Subterranean Termite, Jour. Econ. Entomol., Vol. 50 (1957), p. 316.
- Lichtenstein, E. P. and Polivka, J. B., Persistence of Insecticides in Turf Soils, jour. Econ. Entomol. Vol. 52 (1959), No. 2, pp. 289-93.
- Ginsburg, J. M. and Reed, J. P., A Survey on DDT Accumulation in Soils in Relation to Different Crops, Jour. Econ. Entomol., Vol. 47 (1954), No. 3, pp. 467-73.
- Satterlee, Henry S., 'The Problem of Arsenic in American Cigarette Tobacco', *New Eng. Jour. Med.*, Vol. 254 (21 June 1956), pp. 1149-54.
- Lichtenstein, E. P. 'Absorption of Some Chlorinated Hydrocarbon Insecticides from Soils into Various Crops', Jour. Agric. and Food Chem. Vol. 7 (1959), No. 6, pp. 430-3.
- Chemicals in Foods and Cosmetics, Hearings, 81st Congress, H.R. 74 and 447, House Select Com. to Investigate Use of Chemicals in Foods and Cosmetics, Pt 3 (1952), pp. 1385-416. Testimony of L. G. Cox.
- Klostermeyer, E. C. and Skotland, C. B. Pesticide Chemicals. As a Factor in Hop Die-out. Washington Agric. Exper. Stations Circular 362 (1959).
- Stegeman, LeRoy C., The Ecology of the Soil. Transcription of a seminar, New York State Univ. College of Forestry,1960.

第 6 章　地球的綠衣

- Patterson, Robert L., The Sage Grouse in Wyoming, Denver, Sage Books, for Wyoming Fish and Game Commission, 1952.
- Murie, Olaus J., The Scientist and Sagebrush, Pacific

Bull. World Health Organ. Vol. 20 (1959), pp. 891-912.

- Scott, Thomas G. To author, 14 December 1961; 8 January, 15 February 1962.
- Hawley, Ira M., Milky Diseases of Beetles, Yearbook of Agric. U.S. Dept of Agric. 1952, pp. 394-401.
- Fleming, Walter E. Biological Control of the Japanese Beetle Especially with Entomogenous Diseases, Proc., 10th Internatl Congress of Entomologists (1956), Vol. 3 (1958), pp. 115-25.
- Chittick, Howard A. (Fairfax Biological Lab.), To author, 30 November 1960.
- Scott, Thomas G. et al., Some Effects of a Field Application of Dieldrin on Wildlife.

第 8 章 不聞鳥鳴

- Audubon Field Notes. Fall Migration - Aug. I6 to Nov. 30, 1958, Vol. 13 (1959), No. 1, pp. 1-68.
- Swingle, R. U., et al., Dutch Elm Disease, Year book of Agric. U.S. Dept of Agric. 1949, pp. 451-2.
- Mehner, John F. and Wallace, George J. Robin Populations and Insecticides, *Atlantic Naturalist*, Vol. 14 (1959), No. 1, pp. 4-10.
- Wallace, George J., Insecticides and Birds, Audubon Mag., January-February 1959.
- Barker, Roy J., Notes on Some Ecological Effects of DDT Sprayed on Elms, Jour. Wildlife Management, Vol. 22 (1958), No. 3, pp. 269-74.
- Hickey, Joseph J. and Hunt, L. Barrie, Songbird Mortality Following Annual Programs to Control Dutch Elm Disease, Atlantic Naturalist, Vol. 15 (1960), No. 2, pp. 87-92.
- Wallace, George J., Insecticides and Birds.
- Wallace, George J., Another Year of Robin Losses on a University Campus. Audubon Mag., March-April 1960.
- Coordination of Pesticides Programs, Hearings, H.R. 11502, 86th Congress, Com. on Merchant Marine and Fisheries, May 1960, pp. 10, 12.
- Hickey, Joseph J. and Hunt, L. Barrie, Initial Songbird Mortality Following a Dutch Elm Disease Control Program, jour. Wildlife Management, Vol. 24 (1960), No. 3, pp. 259-65.
- Wallace, George J., et al., Bird Mortality in the Dutch Elm Disease Program in Michigan. Cranbrook Inst, of Science Bulletin 41 (1961).
- Hickey, Joseph J., Some Effects of Insecticides on Terrestrial Birdlife, Report of Subcom. on Relation of Chemicals to Forestry and Wildlife, State of Wisconsin, January 1961, pp. 2-43.
- Wallace, George J., et al., Bird Mortality in the Dutch Elm Disease Program.
- Walton, W. R. Earthworms As Pests and Otherwise, U.S. Dept of Agric. Farmers Bulletin No. 1569 (1928).
- Wright, Bruce S., Woodcock Reproduction in DDT-Sprayed Areas of New Brunswick, Jour. Wildlife Management, Vol. 24 (1960), No. 4, pp. 419-20.
- Dexter, R. W. Earthworms in the Winter Diet of the Opossum and the Raccoon, Jour. Mammal. Vol. 32 (1951), p. 464.
- Coordination of Pesticides Programs. Testimony of George J. Wallace, p. 10.
- Wallace, George J., Insecticides and Birds.
- Bent, Arthur C., Life Histories of North American jays, Crows, and Titmice. Smithsonian Inst., U.S. Natl Museum Bulletin 191 (1946).
- MacLellan, C. R. 'Woodpecker Control of the Codling Moth in Nova Scotia Orchards', Atlantic Naturalist, Vol.

Mitosis in Allium cepa, Bot. Gazette, Vol. 114 (1953), pp. 274-83.

- Willard, C. J., Indirect Effects of Herbicides.
- Stahler, L. M., and Whitehead, E. J., The Effect of 2,4-D on Potassium Nitrate Levels in Leaves of Sugar Beets, Science, Vol. 112 (1950), No. 2921, pp. 749-51.
- Olson, O. and Whitehead. E. Nitrate Content of Some South Dakota Plants, Proc., South Dakota Acad. of Sci., Vol. 20 (1940), p. 95.
- Stahler, L. M. and Whitehead, E. J., The Effect of 2,4-D on Potassium Nitrate Levels.
- Whats New in Farm Science. Univ. of Wisc. Agric. Exper. Station Annual Report, Pt. II, Bulletin 527 (July 1957), p. 18.
- Grayson, R. R. Silage Gas Poisoning: Nitrogen Dioxide Pneumonia, a New Disease in Agricultural Workers, Annals Internal Med., Vol. 45 (1956), pp. 393-408.
- Crawford, R. F. and Kennedy, W. K., Nitrates in Forage Crops and Silage: Benefits, Hazards, Precautions. New York State College of Agric. Cornell Misc. Bulletin 37 (June 1960).
- Briejèr, C. J. To author.
- Knake, Ellery L. and Slife, F. W. 'Competition of *Setaria faberi* with Corn and Soybeans, Weeds', Vol. 10 (1962), No. 1, pp. 26-9.
- Goodwin, Richard H. and Niering, William A. 'A Roadside Crisis'.
- Egler, Frank E. To author.
- DeWitt, James B. To author.
- Holloway, James K., Weed Control by Insect, Sci. American, Vol. 197 (1957), No. 1, pp. 56-62.
- Holloway, James K. and Huffaker, C. B., 'Insects to Control a Weed', Yearbook of Agric. U.S. Dept of Agric. 1952, pp. 135-40.
- Huffaker, C. B. and Kennett, C. E., 'A Ten-Year Study of Vegetational Changes Associated with Biological Control of Klamath Weed', Jour. Range Management, Vol. 12 (1959), No. 2, pp. 69-82.
- Bishopp, F. C., 'Insect Friends of Man', Yearbook of Agric. U.S. Dept of Agric. 1952, pp. 79-87.

第 7 章 無謂的破壞

- Here Is Your 1959 Japanese Beetle Control Program. Release, Michigan State Dept of Agric. 19 October 1959.
- Nickell, Walter, To author.
- Hadley, Charles H. and Fleming, Walter E. The Japanese Beetle, Yearbook of Agric. U.S. Dept of Agric. 1952, pp. 567-73.
- Here Is Your 1959 Japanese Beetle Control Program.
- PAGE90 No Bugs in Plane Dusting, Detroit News, 10 November 1959.
- Michigan Audubon Newsletter, Vol. 9 (January 1960).
- 'No Bugs in Plane Dusting'.
- Hickey, Joseph J., 'Some Effects of Insecticides on Terrestrial Birdlife', Report of Subcom. on Relation of Chemicals to Forestry and Wildlife, Madison, Wisc. January 1961. Special Report No. 6.
- Scott, Thomas G. To author, 14 December 1961.
- Coordination of Pesticides Programs, Hearings, 86th Congress, H.R. 11502, Com. on Merchant Marine and Fisheries, May 1960, p. 66.
- Scott, Thomas G. et al., 'Some Effects of a Field Application of Dieldrin on Wildlife', Jour. Wildlife Management, Vol. 23 (1959), No. 4, pp. 409-27.
- Hayes, Wayland J., Jr., The Toxicity of Dieldrin to Man,

- Kerswill, C. J., Effects of DDT Spraying in New Brunswick on Future Runs of Adult Salmon, Atlantic Advocate, Vol. 48 (1958), pp. 65-8.
- Keenleyside, M. H. A., Insecticides and Wildlife, Canadian Audubon, Vol. 21 (1959), No. 1, pp. 1-7.
- Keenleyside, M. H. A., Effects of Spruce Budworm Control on Salmon and Other Fishes in New Brunswick, Canadian Fish Culturist, Issue 24 (1959), pp. 17-22.
- Kerswill, C. J., Investigation and Management of Atlantic Salmon in 1956 (also for 1957, 1958, 1959-60; in 4 parts). Federal-Provincial Co-ordinating Com. on Atlantic Salmon (Canada).
- Ide, F. P., 'Effect of Forest Spraying with DDT on Aquatic Insects of Salmon Streams', *Transactions*, Am. Fisheries Soc., Vol. 86 (1957), pp. 208-19.
- Kerswill, C. J. To author, 9 May 1961.
- Kerswill, C. J. To author, 1 June 1961.
- Warner, Kendall and Fenderson, O. C., Effects of Forest Insect Spraying on Northern Maine Trout Streams. Maine Dept of Inland Fisheries and Game, Mimeo., n.d.
- Alderdice, D. F. and Worthington, M. E., Toxicity of a DDT Forest Spray to Young Salmon, Canadian Fish Culturist, Issue 24 (1959), pp. 41-8.
- Hourston, W. R. To author, 23 May 1961.
- Graham, R. J. and Scott, D. O. Effects of Forest Insect Spraying on Trout and Aquatic Insects in Some Montana Streams. Final Report, Montana Fish and Game Dept, 1958.
- Graham, R. J., Effects of Forest Insect Spraying on Trout and Aquatic Insects in Some Montana Streams, in Biological Problems in Water Pollution. Transactions, 1959 seminar. U.S. Public Health Service Technical Report W60-3 (1960).
- Crouter, R. A. and Vernon, E. H. Effects of Black-headed Budworm Control on Salmon and Trout in British Columbia, Canadian Fish Culturist, Issue 24 (1959), pp. 23-40.
- Pollution-Caused Fish Kills in 1960, U.S. Public Health Service Publ. No. 847 (1961), pp. 1-20.
- Whiteside, J. M., Spruce Budworm Control in Oregon and Washington, 1949-1956, *Proc.*, 10th Internatl Congress of Entomologists (1956), Vol. 4 (1958), pp. 291-302.
- U.S. Anglers - Three Billion Dollars, Sport Fishing Inst. Bull. No. 119 (October 1961).
- Powers, Edward (Bur. of Commercial Fisheries), To author.
- Rudd, Robert L. and Genelly, Richard E., Pesticides: Their Use and Toxicity in Relation to Wildlife. Calif. Dept of Fish and Game, Game Bulletin No. 7 (1956), p. 88.
- Biglane, K. E., To author, 8 May 1961.
- Release No. 58-38, Pennsylvania Fish Commission, 8 December 1958.
- Rudd, Robert L. and Genelly, Richard E. Pesticides, p. 60.
- Henderson, C., et al., 'The Relative Toxicity of Ten Chlorinated Hydrocarbon Insecticides to Four Species of Fish', paper presented at 88th Annual Meeting Am. Fisheries Soc. (1958).
- The Fire Ant Eradication Program and How It Affects Wildlife, subject of Proc. Symposium,12 th Annual Conf. South-eastern Assn. Game and Fish Commissioners, Louisville, Ky (1958). Pub. by the Assn., Columbia, S.C., 1958.
- Effects of the Fire Ant Eradication Program on Wildlife, report, U.S. Fish and Wildlife Service, 25 May 1958. Mimeo. 16 (1961), No. 1, pp. 17-25.
- Knight, F. B., 'The Effects of Woodpeckers on Populations of the Engelmann Spruce Beetle', Jour. Econ. Entomol. Vol. 51 (1958), pp. 603-7.
- Carter, J. C. To author, 16 June 1960.
- Sweeney, Joseph A. To author, 7 March 1960.
- Welch, D. S. and Matthysse, J. G., *Control of the Dutch Elm Disease in New York State*. New York State College of Agric. Cornell Ext. Bulletin No. 932 (June 1960), pp. 3-16.
- Miller, Howard, To author, 17 January 1962.
- Matthysse, J. G., An Evaluation of Mist Blowing and Sanitation in Dutch Elm Disease Control Programs. New York State College of Agric. Cornell Ext. Bulletin No. 30 (July 1959), pp. 2-16.
- Elton, Charles S., The Ecology of Invasions by Animals and Plants, New York, Wiley, 1958; London, Methuen, 1958.
- Broley, Charles E., The Bald Eagle in Florida, Atlantic Naturalist, July 1957, pp. 230-1.
- Broley, Charles E., The Plight of the American Bald Eagle, Audubon Mag, July-August 1958, pp. 162-3.
- McLaughlin, Frank, Bald Eagle Survey in New Jersey, New Jersey Nature News, Vol. 16 (1959), No. 2, p. 25. Interim Report, Vol. 16 (1959), No. 3, p. 51.
- Cunningham, Richard L., The Status of the Bald Eagle in Florida, Audubon Mag., January-February 1960, pp. 24-43.
- Wanishing Bald Eagle Gets Champion, Florida Naturalist, April 1959, p. 64.
- Broun, Maurice, To author, 22, 30 May 1960.
- Beck, Herbert H. To author, 30 July 1959.
- DeWitt, James B., Effects of Chlorinated Hydrocarbon Insecticides upon Quail and Pheasants, Jour. Agric. and Food Chen. Vol. 3 (1955), No. 8, p. 672.
- De Witt, James B., Chronic Toxicity to Quail and Pheasants of Some Chlorinated Insecticides, Jour. Agric. and Food Chem. Vol. 4 (1956), No. 10, p. 863.
- Rudd, Robert L. and Genelly, Richard E. Pesticides: Their Use and Toxicity in Relation to Wildlife. Calif. Dept of Fish and Game, Game Bulletin No. 7 (1956), p. 57.
- Imler, Ralph H. and Kalmbach, E. R. The Bald Eagle and Its Economic Status. U.S. Fish and Wildlife Service Circular 30 (1955).
- Mills, Herbert R., Death in the Florida Marshes, Audubon. Mag, September-October 1952.
- Bulletin, Internatl Union for the Conservation of Nature, May and October 1957.
- *The Deaths of Birds and Mammals Connected with Toxic Chemicals in the First Half of 1960*. Report No. 1 of the British Trust for Ornithology and Royal Soc. for the Protection of Birds. Com. on Toxic Chemicals, Royal Soc. Protect, Birds.
- Sixth Report from the Estimates Com., Ministry of Agric. Fisheries and Food, Sess. 1960-1, House of Commons.
- Christian, Garth, Do Seed Dressings Kill Foxes? Country Life, 12 January 1961.
- Rudd, Robert L. and Genelly, Richard E., Avian Mortality from DDT in Californian Rice Fields, Condor, Vol. 57 (March-April 1955), pp. 117-18.
- Rudd, Robert L. and Genelly, Richard E. Pesticides.
- Dykstra, Walter W. Nuisance Bird Control, Audubon. Mag., May-June 1960, pp. 118-19.
- Buchheister, Carl W. What About Problem Birds? Audubon Mag., May-June 1960, pp. 116-18.
- Quinby, Griffith E. and Lemmon, A. B., Parathion Residues. As a Cause of Poisoning in Crop Workers, Jour. Am. Med. Assn., Vol. 166 (15 February 1958), pp. 740-6.

- Waller, W. K. Poison on the Land, Audubon Mag., March-April 1958, pp. 68-71.
- Murphy et al. v. Benson et al. U.S. Supreme Court Reports, Memorandum Cases, No. 662, 28 March 1960.
- Waller, W. K. Poison on the Land.
- Am. Bee Jour., June 1958, p. 224.
- Murphy et al. v. Benson et al. U.S. Court of Appeals, Second Circuit. Brief for Defendant-Appellee Butler, No. 25,448, March 1959.
- Brown, William L., Jr., Mass Insect Control Programs: Four Case Histories, Psyche, Vol. 68 (1961), Nos. 2-3, pp.75-111
- Arant, F. S., et al., Facts about the Imported Fire Ant, Highlights of Agric. Research, Vol. 5 (1958), No. 4.
- Brown, William L., Jr., Mass Insect Control Programs.
- Pesticides: Hedgehopping into Trouble? Chemical Week, 8 February 1958, p. 97.
- Arant, F. S., et al., Facts about the Imported Fire Ant.
- Byrd, I. B., 'What Are the Side Effects of the Imported Fire Ant Control Program?' in Biological Problems in Water Pollution. Transactions, 1959 seminar, U.S. Public Health Service Technical Report W60-3 (1960), pp. 46-50.
- Hays, S. B. and Hays, K. L., 'Food Habits of Solenopsis saevissima richteri Forel', Jour. Econ. Entomol. Vol. 52 (1959), No. 3, pp. 455-7.
- Caro, M. R. et al., Skin Responses to the Sting of the Imported Fire Ant, A.M.A. Archives Dermat., Vol. 75
- Byrd, I. B., Side Effects of Fire Ant Program.
- Baker, Maurice F., in Virginia Wildlife, November 1958.
- The Fire Ant Eradication Program and How It Affects Wildlife, subject of Proc. Symposium, 12th Annual Conf. South-eastern Assn. Game and Fish Commissioners, Louisville, Ky (1958). Published by the Assn., Columbia, S.C., 1958.
- Brown, William L., Jr., Mass Insect Control Programs.
- Pesticide-Wildlife Review, 1959. Bur. Sport Fisheries and Wildlife Circular 84 (1960), U.S. Fish and Wildlife Service, pp. 1-36.
- Wright, Bruce S., Woodcock Reproduction in DDT-Sprayed Areas of New Brunswick, Jour. Wildlife Management, Vol. 24 (1960), No. 4, pp. 419-20.
- Clawson, Sterling G., 'Fire Ant Eradication – and Quail', Alabama Conservation, Vol. 30 (1959). No. 4, p. 14.
- Rosene, Walter, Whistling-Cock Counts of Bobwhite Quail on Areas Treated with Insecticide and on Untreated Areas, Decatur County, Georgia, in Proc. Symposium, pp. 14-18.
- Pesticide-Wildlife Review, 1959.
- Cottam, Clarence, The Uncontrolled Use of Pesticides in the South-east, address to South-eastern Assn. Fish, Game and Conservation Commissioners, October 1959.
- Poitevint, Otis L., Address to Georgia Sportsmen's Fed. October 1959.
- Ely, R. E., et al., Excretion of Heptachlor Epoxide in the Milk of Dairy Cows Fed Heptachlor-Sprayed Forage and Technical Heptachlor, Jour. Dairy Sci., Vol. 38 (1955), No. 6, pp. 669-72.
- Gannon, N., et al., Storage of Dieldrin in Tissues and Its Excretion in Milk of Dairy Cows Fed Dieldrin in Their Diets, Jour. Agric, and Food Chem. Vol. 7 (1959), No. 12, pp. 824-32.
- Insecticide Recommendations of the Entomology Research Division for the Control of Insects Attacking Crops and Livestock for 1961. U.S. Dept of Agric. Handbook No. 120 (1961).
- Peckinpaugh, H. S. (Alabama Dept of Agric. And Indus.), To author, 24 March 1959.
- Hartman, H. L. (Louisiana State Board of Health), To
- Pesticide-Wildlife Reviews, 1959. Bur. Sport Fisheries and Wildlife Circular 84 (1960), U.S. Fish and Wildlife Service, pp. 1-36.
- Baker, Maurice F., Observations of Effects of an Application of Heptachlor or Dieldrin on Wildlife, in Proc. Symposium, pp. 18-20.
- Glasgow, L. L., Studies on the Effect of the Imported Fire Ant Control Program on Wildlife in Louisiana, in Proc. Symposium, pp. 24-9.
- Pesticide-Wildlife Review, 1959.
- *Progress in Sport Fishery Research, 1960.* Bur. Sport Fisheries and Wildlife Circular 101 (1960), U.S. Fish and Wildlife Service.
- Resolution Opposing Fire-Ant Program Passed by American Society of Ichthyologists and Herpetologists, Copeia (1959), No. 1, p. 89.
- Young, L.A. and Nicholson, H. P., Stream Pollution Resulting from the Use of Organic Insecticides, Progressive Fish Culturist, Vol. 13 (I951), No. 4, pp. 193-8.
- Rudd, Robert L. and Genelly, Richard E., Pesticides.
- Lawrence, J. M., Toxicity of Some New Insecticides to Several Species of Pondfish, Progressive Fish Culturist, Vol. 12 (1950), No. 4, pp. 141-6.
- Pielow, D. P., 'Lethal Effects of DDT on Young Fish, Nature', Vol. 158 (1946), No. 4011, p. 378.
- Herald, E. S., Notes on the Effect of Aircraft-Distributed DDT-Oil Spray upon Certain Philippine Fishes, Jour. Wildlife Management, Vol. 13 (1949), No. 3, p. 316.
- Report of Investigation of the Colorado River Fish Kill, January, 1961. Texas Game and Fish Commission, 1961. Mimeo.
- Harrington, R. W., Jr, and Bidlingmayer, W. L., Effects of Dieldrin on Fishes and Invertebrates of a Salt Marsh, Jour. Wildlife Management, Vol. 22 (1958), No. 1, pp. 76-82.
- Mills, Herbert R. Death in the Florida Marshes, Audubon Mag., September-October 1952.
- Springer, Paul F. and Webster, John R., Effects of DDT on Saltmarsh Wildlife: 1949. U.S. Fish and Wildlife Service, Special Scientific Report, Wildlife No. 10 (1949).
- John C. Pearson, To author.
- Butler, Philip A. Effects of Pesticides on Commercial Fisheries, Proc., 13th Annual Session (November 1960), Gulf and Caribbean Fisheries Inst., pp. 168-71.

第 10 章 漫天蓋地

- Perry, C. C., Gypsy Moth Appraisal Program and Proposed Plan to Prevent Spread of the Moths. U.S. Dept of Agric. Technical Bulletin No. II.24 (October 1955).
- Corliss, John M., The Gypsy Moth, Yearbook of Agric. U.S. Dept of Agric. 1952, pp. 694-8.
- Worrell, Albert C., Pests, Pesticides and People, offprint from Am. Forests Mag., July 1960.
- Clausen, C. P., Parasites and Predators, Yearbook of Agric. U.S. Dept of Agric. 1952, pp. 380-8.
- Perry, C. C. Gypsy Moth Appraisal Program.
- Worrell, Albert C., Pests, Pesticides, and People.
- USDA Launches Large-Scale Effort to Wipe Out Gypsy Moth, press release, U.S. Dept of Agric. 20 March 1957.
- Worrell, Albert C. Pests, Pesticides, and People.
- Robert Cushman Murphy et al. v. Ezra Taft Benson et al. U.S. District Court, Eastern District of New York, October 1959, Civ. No. 17810.
- Murphy et al. v. Benson et al. Petition for a Writ of Certiorari to the U.S. Court of Appeals for the Second Circuit, October 1959.

第12章　人命值多少

- Price, David E., Is Man Becoming Obsolete? Public Health Reports, Vol. 74 (1959), No. 8, pp. 693-9.
- Report on Environment Health Problems, Hearings, 86th Congress, Subcom. of Com. on Appropriations, March 1960, p. 34.
- Dubos, René, Mirage of Health, New York, Harper, 1959. World Perspectives Series, P. 171; London, Allen & Unwin, 1960.
- Medical Research: A Midcentury Survey. Vol. 2, Unsolved Clinical Problems in Biological Perspective, Boston, Little, Brown, 1955, p. 4.
- Chemicals in Food Products, Hearings, 8Ist Congress, H.R. 323, Com. to Investigate Use of Chemicals in Food Products, 1950, p. 5. Testimony of A. J. Carlson.
- Paul, A. H., Dieldrin Poisoning - A Case Report, New Zealand Med. Jour., Vol. 58 (1959), p. 393.
- Insecticide Storage in Adipose Tissue, editorial, Jour. Am. Med. Assn., Vol. 145 (10 March 1951), pp. 735-6
- Mitchell, Philip H., A Textbook of General Physiology, New York, McGraw-Hill, 1956, 5th ed.
- Miller, B. F. and Goode, R. Man and His Body: The Wonders of the Human Mechanism, New York, Simon and Schuster, 1960; London, Gollancz, 1961.
- Dubois, Kenneth P., Potentiation of the Toxicity of Insecticidal Organic Phosphates, A.M.A. Archives Indus. Health, Vol. 18 (December 1958), pp. 488-96.
- Gleason, Marion, et al., Clinical Toxicology of Commercial Products, Baltimore, Williams and Wilkins, 1957.
- Case, R. A. M. Toxic Effects of DDT in Man, Brit. Med. Jour., Vol. 2 (15. December 1945), pp. 842-5.
- Wigglesworth, W. D., A Case of DDT Poisoning in Man, Brit. Med. Jour. Vol. I (14 April 1945), p. 517.
- Hayes, Wayland J., Jr., et al., The Effect of Known Repeated Oral Doses of Chlorophenothane (DDT) in Man, Jour. Am. Med. Assn., Vol. 162 (27 October 1956), pp. 890-7.
- Hargraves, Malcolm M., Chemical Pesticides and Conservation Problems, address to 23rd Annual Conv. Natl Wildlife Fed. (27 February 1959). Mimeo.
- Hargraves, Malcolm M. and Hanlon, D. G., Leukemia and Lymphoma - Environmental Diseases? paper presented at Internatl Congress of Hematology, Japan, September 1960. Mimeo.
- Chemicals in Food Products, Hearings, 8rst Congress, H.R. 323, Com. to Investigate Use of Chemicals in Food Products, 195o. Testimony of Dr Morton S. Biskind.
- Thompson, R. H. S., Cholinesterases and Anticholinesterases, Lectures on the Scientific Basis of Medicine, Vol. Ⅱ (1952-3), Univ. of London. London, AthlonePress, 1954.
- Laug, E. P. and Keenz, F. M.. Effect of Carbon Tetrachloride on Toxicity and Storage of Methoxychlor in Rats, Federation Proc., Vol. 10 (March 1951), p. 318.
- Hayes, Wayland J., Jr., 'The Toxicity of Dieldrin to Man', Bull. World Health Organ. Vol. 20 (1959), pp. 891-912.
- Abuse of Insecticide Fumigating Devices, jour, Am. Med. Assn., Vol. 156 (9 October 1954), pp. 607-8.
- Chemicals in Food Products, Testimony of Dr Paul B. Dunbar, pp. 28-9.
- Smith, M. I. and Elrove, E. Pharmacological and Chemical Studies of the Cause of So-Called Ginger Paralysis, Public Health Reports, Vol. 45 (1930), pp. 1703-16.
- Durham, W. F., et al., Paralytic and Related Effects of Certain Organic Phosphorus Compounds, A.M.A. author, 23 March 1959.
- Lakey, J. F. (Texas Dept of Health), To author,
- Davidow, B. and Radomski, J. L. Metabolite of Heptachlor, Its Analysis, Storage, and Toxicity, Federation Proc., Vol. 11 (1952), No. 1, p. 336.
- Food and Drug Administration, U.S. Dept of Health, Education, and Welfare, in Federal Register, 27 October 1959.
- Burgess, E. D. (U.S. Dept of Agric.), To author, 23 June 1961.
- Fire Ant Control is Parley Topic, Beaumont Texas Journal, 24 September 1959.
- 'Coordination of Pesticides Programs', Hearings, 86th Congress, H.R. 11502, Com. on Merchant Marine and Fisheries, May 1960, p. 45.
- Newsom, L. D. (Head, Entomol. Research, Louisiana State Univ.), To author, 23 March 1962.
- Green, H. B. and Hutchins, R. E. Economical Method for Control of Imported Fire Ant in Pastures and Meadows. Miss. State Univ. Agric. Exper. Station Information. Sheet 586 (May 1958).

第11章　難以擺脫的噩夢

- Chemicals in Food Products, Hearings, 8rst Congress, H.R. 323, Com. to Investigate Use of Chemicals in Food Products, Pt 1 (1950), pp. 388-90.
- Clothes Moths and Carpet Beetles. U.S. Dept of Agric. Home and Garden Bulletin No. 24 (1961).
- Mulrennan, J. A. To author, I5 March 1960.
- New York Times, 22 May 1960.
- Petty, Charles S., Organic Phosphate Insecticide Poisoning. Residual Effects in Two Cases, Am. Jour. Med., Vol. 24 (1958), pp. 467-70.
- Miller, A. C., et al., Do People Read Labels on Household Insecticides? Soap and Chem. Specialties, Vol. 34 (1958), No. 7, pp. 61-3.
- Hayes, Wayland J., Jr., et al., Storage of DDT and DDE in People with Different Degrees of Exposure to DDT, A.M.A. Archives Indus. Health, Vol. 18 (November 1958), pp. 398-406.
- Walker, Kenneth C., et al., Pesticide Residues in Foods. 'Di chlorodiphenyltrichloroethane and Dichlorodiphenyldichlo roethylene Content of Prepared Meals', Jour. Agric. and Food Chem. Vol. 2 (1954), No. 20, pp. 1034-7.
- Hayes, Wayland J., Jr., et al., The Effect of Known Repeated Oral Doses of Chlorophenothane (DDT) in Man, Jour. Am. Med. Assn., Vol. 162 (1956), No. 9, pp. 890-97.
- Milstead, K. L., Highlights in Various Areas of Enforcement, address to 64th Annual Conf. Assin of Food and Drug Officials of U.S., Dallas (June 1960).
- Durham, William, et al., Insecticide Content of Diet and Body Fat of Alaskan Natives, Science, Vol. 134 (1961), No. 3493, pp. 1880-1.
- 'Pesticides – 1959', Jour. Agric. and Food Chem., Vol. 7 (1959), No, 10, pp. 674-88.
- Annual Reports, Food and Drug Administration, U.S. Dept of Health, Education, and Welfare. For 1957, pp. 196, 197; 1956, p. 203.
- Markarian, Haig, et al., Insecticide Residues in Foods Subjected to Fogging under Simulated Warehouse Conditions, Abstracts, 135th Meeting Am. Chem. Soc. (April 1959).

1950.
- Pillmore, R. E., Insecticide Residues in Big Game Animals, U.S. Fish and Wildlife Service, pp. 1-10. Denver, 1961. Mimeo.
- Genelly, Richard E. and Rudd, Robert L. Chronic Toxicity of DDT, Toxaphene, and Dieldrin to Ring-necked Pheasants, Calif. Fish and Game, Vol. 42 (1956), No. 1, pp. 5-14.
- Emmel, L. and Krupe, M., 'The Mode of Action of DDT in Warm-blooded Animals', Zeits. fur Naturforschung, Vol. II (I946), pp. 69I-5.
- Wallace, George J. To author.
- Hodge, C. H., et al., Short-Term Oral Toxicity Tests of Methoxychlor in Rats and Dogs, Jour. Pharmacol. and Exper. Therapeut. Vol. 99 (1950), p. 140.
- Burlington, H. and Lindeman, W. F. Effect of DDT on Testes and Secondary Sex Characters of White Leghorn Cockerels, Proc. Soc. Exper. Biol. and Med., Vol. 74 (1950), pp. 48-51.
- Lardy, H. A. and Phillips, P. H., The Effect of Thyroxine and Dinitrophenol on Sperm Metabolism, Jour. Biol. Chem. Vol. 149 (1943), p. 177.
- Occupational Oligospermia, letter to Editor, Jour. Am. Med. Assn., Vol. 140, No. 1249 (13 August 1949).
- Burnet, F. Macfarlanc, Leukemia. As a Problem in Preventive Medicine, New Eng. Jour. Med., Vol. 259 (1958), No. 9, pp. 423-31.
- Alexander, Peter, Radiation-Imitating Chemicals, Sci. American, Vol. 202 (1960), No. 1, pp. 99-108.
- Simpson, George G. Pittendrigh, C. S. and Tiffany, L. H. Life: An Introduction to Biology, New York, Harcourt, Brace, 1957; London, Routledge & Kegan Paul, 1958.
- Burnet, F. Leukemia. As a Problem in Preventive Medicine.
- Bearn, A. G. and German III, J. L. Chromosomes and Disease, Sci. American, Vol. 205 (1961), No. 5, pp. 66-76.
- The Nature of Radioactive Fall-out and Its Effects on Man, Hearings, 85th Congress, Joint Com. on Atomic Energy, Pt.2 (June 1957), p. Io62. Testimony of Dr Hermann J. Muller.
- Alexander, Peter, Radiation-Imitating Chemicals.
- Muller, Hermann J. Radiation and Human Mutation, Sci. American, Vol. 193 (1955), No. 11, pp. 58-68.
- Conen, P. E. and Lansky, G. S., Chromosome Damage during Nitrogen Mustard Therapy, Brit. Med. Jour. Vol. 2 (21 October 1961), pp. 1055-7.
- Blasquez, J. and Maier, J., 'Ginandromorfismo en Culex fatigans sometidos por generaciones sucesivas a exposiciones de DDT', Revista de Sanidad y Assistencia Social (Caracas), Vol. 16 (1951), pp. 607-12.
- Levan, A. and Tjio, J. H. 'Induction of Chromosome Fragmentation by Phenols', Hereditas, Vol. 34 (1948). pp. 453-84.
- Loveless, A. and Revell, S., New Evidence on the Mode of Action of Mitotic Poisons, Nature, Vol. I64 (1949), pp. 938-44.
- Hadorn, E., et al. Quoted by Charlotte Auerbach in Chemical Mutagenesis, Biol. Rev. Vol. 24 (1949), pp. 355-91.
- Wilson, S. M., et al., Cytological and Genetical Effects of the Defoliant Endothal, jour. of Heredity, Vol. 47 (1956), No. 4, pp. 151-5.
- Vogt, quoted by W.J. Burdette in The Significance of Mutation in Relation to the Origin of Tumors: A Review, Cancer Research, Vol. 15 (1955), No. 4, pp. 201-26.
- Swanson, Carl, Cytology and Cytogenetics, Engle wood Cliffs, N.J., Prentice-Hall, 1957.
- Kostoff, D., 'Induction of Cytogenic Changes and Atypical Archives Indus. Health, Vol. 13 (1956), pp. 326-30.
- Bidstrup, P. L., et al., 'Anticholinesterases (Paralysis in Man Following Poisoning by Cholinesterase Inhibitors)', Chem, and Indus. Vol. 24 (1954), pp. 674-6.
- Gershon, S. and Shaw, F. H., Psychiatric Sequelae of Chronic Exposure to Organophosphorus Insecticides, Lancet, Vol. 7191 (24 June 1961), pp. 1371-4.

第13章　隔著一道窄窗

- Wald, George, Life and Light, Sci. American, October 1959, pp. 40-2.
- Rabinowitch, E. I. Quoted in Medical Research. A Midcentury Survey. Vol. 2, Unsolved Clinical Problems in Biological Perspective, Boston, Little, Brown, 1955, p. 25.
- Ernster, L. and Lindberg, O., Animal Mitochondria, Annual Rev. Physiol., Vol. 20 (1958), pp. 13-42.
- Siekevitz, Philip, Powerhouse of the Cell, Sci. American, Vol. 197 (1957), No. 1, pp. 131-40.
- Green, David E., Biological Oxidation, Sci. American, Vol. I99 (1958), No. 1, pp. 56-62.
- Lehninger, Albert L., Energy Transformation in the Cell, Sci. American, Vol. 202 (1960), No. 5, pp. 102-14.
- Lehninger, Albert L., Oxidative Phosphorylation. Harvey Lectures (1953-54), Ser. XLIX, Harvard University. Cambridge, Harvard Univ. Press, 1955, pp. 176-215.
- Siekevitz, Philip, 'Powerhouse of the Cell.'
- Simon, E. W., Mechanisms of Dinitrophenol Toxicity, Biol. Rev. Vol. 28 (1953), pp. 453-79.
- Yost, Henry T. and Robson, H. H., Studies on the Effects of Irradiation of Cellular Particulates. Ⅲ . The Effect of Combined Radiation Treatments on Phosphorylation, Biol. Bull. Vol. 116 (1959), No. 3, pp. 498-506.
- Loomis, W. F. and Lipmann, F., Reversible Inhibition of the Coupling between Phosphorylation and Oxidation, Jour. Biol. Chem., Vol. 173 (1948), pp. 807-8.
- Brody, T. M., Effect of Certain Plant Growth. Substances on Oxidative Phosphorylation in Rat Liver Mitochondria, Proc. Soc. Exper. Biol. and Med., Vol. 80 (1952), pp. 533-6.
- Sacklin, J. A., et al., Effect of DDT on Enzymatic Oxidation and Phosphorylation, Science, Vol. I22 (1955), pp. 377-8.
- Danziger, L., Anoxia and Compounds Causing Mental Disorders in Man, Diseases Nervous System, Vol. 6 (1945), No. 12, pp. 365-70.
- Goldblatt, Harry and Cameron G., Induced Malignancy in Cells from Rat Myocardium Subjected to Intermittent Anaerobiosis. During Long Propagation in Vitro, Jour. Exper. Med., Vol. 97 (1953), No. 4, pp. 525-52.
- Warburg, Otto, On the Origin of Cancer Cells, Science, Vol. 123 (1956), No. 3191, pp. 309-14.
- Congenital Malformations Subject of Study, Registrar, U.S. Public Health Service, Vol. 24, No. I2 (December 1959), p. 1.
- Brachet, J., Biochemical Cytology, New York, Academic Press, 1957, p. 516.
- Genelly, Richard E. and Rudd, Robert L. 'Effects of DDT, Toxaphene, and Dieldrin on Pheasant Reproduction', Auk, Vol. 73 (October 1956), pp. 529-39.
- Wallace, George J. To author, 2 June 1960.
- Cottam, Clarence, Some Effects of Sprays on Crops and Livestock, address to Soil Conservation Soc. of Am., August 1961. Mimeo.
- Bryson, M. J., et al., DDT in Eggs and Tissues of Chickens Fed Varying Levels of DDT, Advances in Chem. Ser. No. 1,

Dept of Health, Education, and Welfare.
- Notice of Proposal to Establish Zero Tolerances for Aramite, Federal Register, 26 April 1958. Food and Drug Administration.
- Aramite-Revocation of Tolerances; Establishment of Zero Tolerances, Federal Register, 24 December 1958. Food and Drug Administration.
- Van Oettingen, W. F., The Halogenated Aliphatic, Olefinic, Cyclic, Aromatic, and Aliphatic-Aromatic Hydrocarbons. Including the Halogenated Insecticides, Their Toxicity and Potential Dangers. U.S. Dept of Health, Education, and Welfare. Public Health Service Publ. No. 414 (1955).
- Hueper, W. C. and Payne, W. W., Observations on the Occurrence of Hepatomas in Rainbow Trout, Jour. Natl. Cancer Inst., Vol. 27 (1961), pp. 1123-43.
- VanEsch, G. J., et al., The Production of Skin Tumours in Mice by Oral Treatment with Urethane-Isopropyl-N-Phenyl Carbamate or Isopropyl-N-Chlorophenyl Carbamate in Combination with Skin Painting with Croton Oil and Tween 60, Brit. Jour. Cancer, Vol. 12 (1958), pp. 355-62.
- Scientific Background for Food and Drug Administration Action against Aminotriazole in Cranberries, Food and Drug Administration, U.S. Dept of Health, Education, and Welfare, 17 November 1959. Mimeo.
- Rutstein, David. Letter to New York Times, 16 November 1959.
- Hueper, W. C. Causal and Preventive Aspects of Environmental Cancer, Minnesota Med. Vol. 39 (January 1956), pp. 5-11, 22.
- 'Estimated Numbers of Deaths and Death Rates for Selected Causes: United States', Annual Summary for 1960, Pt. 2, Monthly Vital Statistics Report, Vol. 9, No. 13 (28 July 1961), Table 3.
- Robert Cushman Murphy et al. v. Ezra Taft Benson et al. U.S. District Court, Eastern District of New York, October 1959, Civ. No. 17610. Testimony of Dr Malcolm M. Hargraves.
- Hargraves, Malcolm M. Chemical Pesticides and Conservation Problems, address to 23rd Annual Conv. Natl Wildlife Fed. (27 February 1959). Mimeo.
- Hargraves, Malcolm M. and Hanlon, D. G., 'Leukemia and Lymphoma - Environmental Diseases?' paper presented at Internatl Congress of Hematology, Japan, September 1960. Mimeo.
- Wright, C., et al., Agranulocytosis Occurring after Exposure to a DDT Pyrethrum Aerosol Bomb, Am. Jour. Med., Vol. 1 (I946), pp. 562-7.
- Jedlicka, V., 'Paramyeloblastic Leukemia Appearing Simultaneously in Two Blood Cousins after Simultaneous Contact with Gammexane (Hexachlorcyclohexane)', Acta Med. Scand. Vol. 161 (1958), pp. 447-51.
- Friberg, L. and Martensson, J. 'Case of Panmyelopthisis after Exposure to Chlorophenothane and Benzene Hexachloride', (A.M.A.) Archives Indus. Hygiene and Occupat. Med., Vol. 8 (1953), No. 2, pp. 166-9.
- Warburg, Otto, On the Origin of Cancer Cells, Science, Vol. 123, No. 3191 (24 February 1956), pp. 309-14.
- Sloan-Kettering Inst, for Cancer Research, Biennial Report, 1 July 1957-30 June 1959, p. 72.
- Levan, Albert and Biesele, John J., Role of Chromosomes in Cancerogenesis as Studied in Serial Tissue Culture of Mammalian Cells, Annals New York Acad. Sci., Vol. 7I (1958), No. 6, pp. Io22-53.
- Hunter, F.T., 'Chronic Exposure to Benzene (Benzol). Ⅱ. The Clinical Effects', Jour. Indus. Hygiene and Toxicol., Vol. 21 (1939), pp. 331-54.
- Growth by Hexachlorcyclohexane', Science, Vol. 109 (6 May 1949), pp. 467-8.
- Sass, John E., Response of Meristems of Seedlings to Benzene Hexachloride Used As a Seed Protectant, Science, Vol. 114 (2 November I951), p. 466.
- Shenefelt, R. D., 'What's Behind Insect Control?' in What's New in Farm Science. Univ. of Wisc. Agric. Exper. Station Bulletin 512 (January 1955).
- Croker, Barbara H., 'Effects of 2,4-D and 2,4,4-T on Mitosis in Allium cepa', Bot. Gazette, Vol. 114 (1953), pp. 274-83.
- Mühling, G. N., et al., Cytological Effects of Herbicidal Substituted Phenols, Weeds, Vol. 8 (1960), No. 2, pp. 173—81.
- Davis, David E., To author, 24 November 1961.
- Jacobs, Patricia A., et al., The Somatic Chromosomes in Mongolism, Lancet, No. 7075 (4 April 1959), p. 710.
- Ford, C. E. and Jacobs, P. A., Human Somatic Chromosomes, Nature, 7 June 1958, pp. 1565-8.
- Chromosome Abnormality in Chronic Myeloid Leukaemia, editorial, Brit. Med. Jour., Vol. 1 (4 February 1961), p. 347.
- Bearn, A. G. and German Ⅲ, J. L., Chromosomes and Disease.
- Patau, K., et al., Partial-Trisomy Syndromes. Ⅰ. Sturge-Webers Disease, Am. Jour. Human Genetics, Vol. 13 (1961), No. 3, pp. 287-98.
- Patau, K., et al., Partial-Trisomy Syndromes. Ⅱ. An Insertion. As Cause of the OFD Syndrome in Mother and Daughter, Chromosoma (Berlin), Vol. 21 (1961), pp. 573-84.
- Therman, E., et al., The D Trisomy Syndrome and XO Gonadal Dysgenesis in Two Sisters, Am. Jour. Human Genetics, Vol. 13 (1961), No. 2, pp. 193-204.

第14章 四分之一

- Hueper, W. C., Newer Developments in Occupational and Environmental Cancer, A.M.A. Archives Inter. Med. Vol. 100 (September 1957), pp. 487-503.
- Hueper, W. C., Occupational Tumors and Allied Diseases, Springfield, Ⅲ., Thomas, 1942.
- Hueper, W. C., Environmental Cancer Hazards: A Problem of Community Health, Southern Med. Jour. Vol. 50 (1957), No. 7, pp. 923-33.
- Estimated Numbers of Deaths and Death Rates for Selected Causes: United States, Annual Summary for 1959, Pt. 2, Monthly Vital Statistics Report, Vol. 7, No. 13 (22 July 1959), p. 14. Natl Office of Vital Statistics, Public Health Service.
- '1962 Cancer Facts and Figures'. American Cancer Society.
- Vital Statistics of the United States, 1959. Natl Office of Vital Statistics, Public Health Service, Vol. Ⅰ, Sec. 6, Mortality Statistics. Table 6-K.
- Hueper, W. C., Environmental and Occupational Cancer, Public Health Reports, Supplement 209 (1948).
- Food Additives, Hearings, 85th Congress, Subcom. of Com. on Interstate and Foreign Commerce, 19 July 1957. Testimony of Dr Francis E. Ray, p. 200.
- Hueper, W. C., Occupational Tumors and Allied Diseases.
- Hueper, W. C. Potential Role of Non-Nutritive Food Additives and Contaminants as Environmental Carcinogens, A.M.A. Archives Path. Vol. 62 (September 1956), pp. 218-49.
- Tolerances for Residues or Aramite, Federal Register, 30 September 1955. Food and Drug Administration, U.S.

by Carbamates.

- Berenblum, I. and Trainin, N., 'Possible Two-Stage Mechanism in Experimental Leukemogenesis', Science, Vol. 132 (1 July 1960), pp. 40-1.
- Hueper, W. C. Cancer Hazards from Natural and Artificial Water Pollutants, Proc., Conf. on Physiol. Aspects of Water Quality, Washington, D.C., 8-9 September 1960, pp. 81-93. U.S. Public Health Service.
- Hueper, W. C. and Payne, W. W., Observations on Occurrence of Hepatomas in Rainbow Trout.
- Hueper, W. C., To author.
- Sloan-Kettering Inst, for Cancer Research, Biennial Report, 1957-9.

第 15 章　大自然的反撲

- Briejèr, C.J., The Growing Resistance of Insects to Insecticides, Atlantic Naturalist, Vol. 13 (1958), No. 3, pp. I49-55.
- Metcalf, Robert L., The Impact of the Development of Organophosphorus Insecticides upon Basic and Applied Science, Bull. Entomol. Soc. Am. Vol. 5 (March 1959), pp. 3-5.
- Ripper, W. E. Effect of Pesticides on Balance of Arthropod Populations. Annual Rev. Entomol, Vol. 1 (1956), pp. 403-38.
- Allen, Durward L., Our Wildlife Legacy, New York, Funk & Wagnals, 1954, pp. 234-6; London, Mayflower, 1954.
- Sabrosky, Curtis W. How Many Insects Are there? Yearbook of Agric. U.S. Dept of Agric. 1952, pp. 1-7.
- Bishopp, F. C., Insect Friends of Man, Yearbook of Agric. U.S. Dept of Agric. 1952, pp. 79-87.
- Klots, Alexander B. and Klots, Elsie B., Beneficial Bees, Wasps, and Ants, Handbook on Biological Control of Plant Pests, pp. 44-6, Brooklyn Botanic Garden. Reprinted from Plants and Gardens, Vol. 16 (1960), No. 3.
- Hagen, Kenneth S., Biological Control with Lady Beetles, Handbook om Biological Control of Plant Pests, pp. 28-35.
- Schlinger, Evert I ., Natural Enemies of Aphids, Handbook on Biological Control of Plant Pests, pp. 36-42.
- Bishopp, F. C., Insect Friends of Man.
- Ripper, W. E. Effect of Pesticides on Arthropod Populations.
- Davies, D. M., A Study of the Black-fly Population of a Stream in Algonquin Park, Ontario, Transactions, Royal Canadian Inst., Vol. 59 (1950), pp. 121-59.
- Ripper, W. E., Effect of Pesticides on Arthropod Populations.
- Johnson, Philip C. Spruce Spider Mite Infestations in Northern Rocky Mountain Douglas-Fir Forests. Research Paper 55, Inter-mountain Forest and Range Exper. Station, U.S. Forest Service, Ogden, Utah, 1958.
- David, Donald W., Some Effects on DDT on Spider Mites, Jour. Econ. Entomol. Vol. 45 (1952), No. 6, pp. 1011-19.
- Gould, E. and Hamstead, E. O., Control of the Red-banded Leaf Roller, Jour. Econ. Entomol. Vol. 41 (1948), pp. 887-90.
- Pickett, A. D., A Critique on Insect Chemical Control Methods, Canadian Entomologist, Vol. 81 (1949), No. 3, pp. 1-10.
- Joyce, R. J. W. Large-scale Spraying of Cotton in the Gash Delta in Eastern Sudan, Bull. Entomol. Research, Vol. 47 (1956), pp. 390-413.
- Long, W. H., et al., Fire Ant Eradication Program Increases Damage by the Sugarcane Borer, Sugar Bull, Vol. 37 (1958), No. 5, pp. 62-3.
- Mallory, T. B., et al., 'Chronic Exposure to Benzene (Benzol). Ⅲ . The Pathologic Results', Jour. Indus. Hygiene and Toxicol. Vol. 21 (1939), pp. 355-93.
- Hueper, W. C. Environmental and Occupational Cancer, pp. 1-69.
- Hueper, W. C., Recent Developments in Environmental Cancer, A.M.A. Archives Path, Vol. 58 (1954), pp. 475-523.
- Burnet, F. Macfarlane, Leukemia. As a Problem in Preventive Medicine, New Eng. Jour. Med., Vol. 259 (1958), No. 9, pp. 423-31.
- Klein, Michael, 'The Transplacental Effect of Urethan on Lung Tumorigenesis in Mice', Jour. Natl. Cancer Inst., Vol. 12 (1952), pp. 1003-10.
- Biskind, M. S. and Biskind, G. R., Diminution in Ability of the Liver to Inactivate Estrone in Vitamin B Complex Deficiency, Science, Vol. 94, No. 2446 (November 1941), p. 462.
- Biskind, G. R. and Biskind, M. S., The Nutritional Aspects of Certain Endocrine Disturbances, Am... Jour. China. Path. Vol. 16 (I946), No. 12, pp. 737-45.
- Biskind, M. S. and Biskind, G. R., 'Effect of Vitamin B Complex Deficiency on Inactivation of Estrone in the Liver Endocrinology', Vol. 31 (1942), No. 1, pp. 109-14.
- Biskind, M. S. and Shelesnyak, M. C., 'Effect of Vitamin B Complex Deficiency on Inactivation of Ovarian Estrogen in the Liver, Endocrinology', Vol. 30 (1942), No. 5, pp. 819-20.
- Biskind, M. S. and Biskind, G. R. Inactivation of Testosterone Propionate in the Liver During Vitamin B Complex Deficiency. Alteration of the Estrogen-Androgen Equilibrium, Endocrinology, Vol. 32 (1943), No. 1, pp. 97-102.
- Greene, H. S. N. 'Uterine Adenomata in the Rabbit. Ⅲ . Susceptibility. As a Function of Constitutional Factors', Jour. Exper. Med., Vol. 73 (1941), No. 2, pp. 273-92.
- Horning, E. S. and Whittick, J. W. 'The Histogenesis of Stilboestrol-Induced Renal Tumours in the Male Golden Hamster', Brit, Jour. Cancer, Vol. 8 (1954), pp. 451-7.
- Kirkman, Hadley, Estrogen-Induced Tumors of the Kidney in the Syrian Hamster, U.S. Public Health Service, Natl Cancer Inst. Monograph No. 1 (December 1959).
- Ayre, J. E. and Bauld, W. A. G., 'Thiamine Deficiency and High Estrogen Findings in Uterine Cancer and in Menorrhagia', Science, Vol. 103, No. 2676 (I2 April 1946), pp. 441-5
- Rhoads, C. P. Physiological Aspects of Vitamin Deficiency, Proc. Inst. Med. Chicago, Vol. 13 (1940), p. 198.
- Sugiura, K. and Rhoads, C. P., Experimental Liver Cancer in Rats and Its Inhibition by Rice-Bran Extract, Yeast, and Yeast Extract, Cancer Research, Vol. 1 (1941), pp. 3-16.
- Martin, H., 'The Precancerous Mouth Lesions of Avitaminosis B. Their Etiology, Response to Therapy and Relationship to Intraoral Cancer', Am.Jour. Surgery, Vol. 57 (1942), pp. 195-225.
- Tannenbaum, A., 'Nutrition and Cancer', in Freddy Homburger, ed., Physiopathology of Cancer, New York: Harper, 1959, 2nd ed. A. Paul B. Hoeber Book, p. 552; London, Cassell, 1959.
- m Symeonidis, A., Post-starvation Gynecomastia and Its Relationship to Breast Cancer in Man, Jour. Natl. Cancer Inst., Vol. 11 (1950), p. 656.
- Davies, J. N. P., Sex Hormone Upset in Africans, Brit. Med. Jour, Vol. 2 (1949), pp. 676-9.
- Hueper, W. C. Potential Role of Non-Nutritive Food Additives.
- VanEsch, G. J., et al., Production of Skin Tumours in Mice

Insecticide Resistance in Arthropods of Public Health Importance in 1956, Am. Jour. Trop. Med. and Hygiene, Vol. 7 (1958), No. 1, pp. 74-83.
- Brown, A. W. A., Insecticide Resistance in Arthropods.
- Hess, Archie D., The Significance of Insecticide Resistance in Vector Control Programs, Am. Jour. Trop. Med, and Hygiene, Vol. 1 (1952), No. 3, pp. 371-88.
- Lindsay, Dale R. and Scudder, H. I., Nonbiting Flies and Disease, Annual Rev. Entomol. Vol. 1 (1956), pp. 323-46.
- Schoof, H. F. and Kilpatrick, J. W., House Fly Resistance to Organo-phosphorus Compounds in Arizona and Georgia, Jour. Econ. Entomol. Vol. 51 (1958), No. 4, 546.
- Brown, A. W. A., Development and Mechanism of Insect Resistance.
- Brown, A. W. A. Insecticide Resistance in Arthropods.
- Brown, A. W. A., Challenge of Insecticide Resistance.
- Brown, A. W. A., Insecticide Resistance in Arthropods.
- Brown, A. W. A., Development and Mechanism of Insect Resistance.
- Brown, A. W. A., Insecticide Resistance in Arthropods.
- Brown, A. W. A., Challenge of Insecticide Resistance.
- New York Herald Tribune, 22 June 1959; also Pallister, J. C. To author, 6 November 1959.
- Anon., Brown Dog Tick Develops Resistance to Chlordane, New jersey Agric. Vol. 37 (1955), No. 6, pp. 15-16.
- Brown, A. W. A., Challenge of Insecticide Resistance.
- Hoffmann, C. H., Insect Resistance, Soap, Vol.32 (1956), No. 8, pp. 129-32.
- Brown, A. W. A., Insect Control by Chemicals, New York, Wiley, 1951; London, Chapman & Hall, 1951.
- Briejèr, C. J., The Growing Resistance of Insects to Insecticides, Atlantic Naturalist, Vol. 13 (1958), No. 3, pp. 149-55.
- Laird, Marshall, Biological Solutions to Problems Arising from the Use of Modern Insecticides in the Field of Public Health, Acta Tropica, Vol. 16 (1959), No. 4, pp. 331-55.
- Brown, A. W. A., Insecticide Resistance in Arthropods.
- Brown, A. W. A., Development and Mechanism of Insect Resistance.
- Briejèr, C. J., Growing Resistance of Insects to Insecticides.
- 'Pesticides - 1959', Jour. Agric. and Food Chem. Vol. 7 (1959), No. 10, p. 680.
- Briejèr, C. J., 'Growing Resistance of Insects to Insecticides'.

第 17 章 另一條路

- Swanson, Carl P. Cytology and Cytogenetics, Englewood Cliffs, N.J., Prentice-Hall, 1957.
- Knipling, E. F., Control of Screw-Worm Fly by Atomic Radiation, Sci. Monthly, Vol. 85 (1956), No. 4,pp. 195—202.
- Knipling, E. F. Screwworm Eradication: Concepts and Research Leading to the Sterile-Male Method. Smithsonian Inst. Annual Report, Publ. 4365 (1959).
- Bushland, R. C., et al., 'Eradication of the Screw-Worm Fly by Releasing Gamma-Ray-Sterilized Males among the Natural Population', Proc., Internatl Conf. on Peaceful Uses of Atomic Energy, Geneva, August 1955, Vol. 12, pp. 216-20.
- Lindquist, Arthur W., 'The Use of Gamma Radiation for Control or Eradication of the Screw-worm', Jour. Econ. Entomol. Vol. 48 (1955), No. 4, pp. 467-9.
- Lindquist, Arthur W., Research on the Use of Sexually Sterile Males for Eradication of Screw-Worms, Proc. Inter-Am. Symposium on Peaceful Applications of Nuclear

- Luckmann, William H., Increase of European Corn Borers Following Soil Application of Large Amounts of Dieldrin, Jour. Econ. Entomol, Vol. 53 (1960), No. 4, pp. 582-4.
- Haeussler, G.J., Losses Caused by Insects, Yearbook of Agric. U.S. Dept of Agric. 1952, pp. 141-6.
- Clausen, C. P., Parasites and Predators, Yearbook of Agric., U.S. Dept of Agric. 1952, pp. 380-8.
- Clausen, C. P. Biological Control of Insect Pests in the Continental United States, U.S. Dept of Agric. Technical Bulletin No. II39 (June 1956), pp. 1-151.
- De Bach, Paul, Application of Ecological Information to Control of Citrus Pests in California, Proc. 10th Internatl Congress of Entomologists (1956), Vol. 3 (1958), pp. 187-94.
- Laird, Marshall, Biological Solutions to Problems Arising from the Use of Modern Insecticides in the Field of Public Health, Acta Tropica, Vol. 16 (1959), No. 4, pp. 331-55.
- Harrington, R. W. and Bidlingmayer, W. L., Effects of Dieldrin on Fishes and Invertebrates of a Salt Marsh, Jour. Wildlife Management, Vol. 22 (1958), No. 1, pp. 76-82.
- Liver Flukes in Cattle. U.S. Dept of Agric. Leaflet No. 493 (1961).
- Fisher, Theodore W., 'What is Biological Control?' Handbook on Biological Control of Plant Pests, pp. 6-18, Brooklyn Botanic Garden. Reprinted from Plants and Gardens, Vol. 16 (1960), No. 3.
- Jacob, F. H. Some Modern Problems in Pest Control, Science Progress, No. 181 (1958), pp. 30-45.
- Pickett, A. D. and Patterson, N.A., The Influence of Spray Programs on the Fauna of Apple Orchards in Nova Scotia. IV. A Review, Canadian Entomologist, Vol. 85 (1953), No. 12, pp. 472-8.
- Pickett, A. D., Controlling Orchard Insects, Agric. Inst. Rev. March-April 1953.
- Pickett, A. D., The Philosophy of Orchard Insect Control, 79th Annual Report, Entomol. Soc. of Ontario (1948), pp. 1-5.
- Pickett, A. D., The Control of Apple Insects in Nova Scotia. Mimeo.
- Ullyett, G. C., Insects Man and the Environment, Jour. Econ. Entomol. Vol. 44 (1951), No. 4, pp. 459-64.

第 16 章 隆隆的雪崩聲

- Babers, Frank H., Development of Insect Resistance to Insecticides, U.S. Dept. of Agric. E. 776 (May 1949).
- Babers, Frank H. and Pratt, J. J., Development of Insect Resistance to Insecticides. II. A Critical Review of the Literature up to 1951. U.S. Dept of Agric., E818 (May 1951).
- Brown, A. W. A., The Challenge of Insecticide Resistance, Bull. Entomol. Soc. Am. Vol. 7 (1961), No. 1, pp. 6-19.
- Brown, A. W. A., Development and Mechanism of Insect Resistance to Available Toxicants, Soap and Chem. Specialties, January 1960.
- Insect Resistance and Vector Control. World Health Organ. Technical Report Ser. No. 153 (Geneva, 1958), p. 5.
- Elton, Charles S. The Ecology of Invasions by Animals and Plants, New York, Wiley, 1958, p.181; London, Methuen, 1958.
- Babers, Frank H. and Pratt, J. J., Development of Insect Resistance to Insecticides, Ⅱ .
- Brown, A. W. A., Insecticide Resistance in Arthropods. World Health Organ. Monograph Ser. No. 38 (1958), pp. 13, 11.
- Quarterman, K. D. and Schoof, H. F., The Status of

of Recorded Mosquito Sounds Used for Mosquito Destruction, Am. Jour. Trop. Med., Vol. 29 (1949), pp. 800-27.
- Wishart, George, To author, Io August 1961.
- Beirne, Bryan, To author, 7 February 1962.
- Frings, Hubert, To author, 12 February 1962.
- Wishart, George, To author, Io August 1961.
- Frings, Hubert, et al., The Physical Effects of High Intensity Air-Borne Ultrasonic Waves on Animals, jour. Cellular and Compar. Physiol. Vol. 31 (1948), No. 3, pp. 339-58.
- Steinhaus, Edward A., 'Microbial Control - The Emergence of an Idea', Hilgardia, Vol. 26, No. 2 (October 1956), pp. 107-60.
- Steinhaus, Edward A., Concerning the Harmlessness of Insect Pathogens and the Standardization of Microbial Control Products, Jour. Econ. Entomol, Vol. So, No. 6 (December 1957), pp. 715-20.
- Steinhaus, Edward A. Living Insecticides, Sci. American, Vol. 195, No. 2 (August 1956), pp. 96-104.
- Angus, T. A. and Heimpel, A. E., Microbial Insecticides, Research for Farmers, Spring 1959, pp. 12-13. Canada Dept. of Agric.
- Heimpel, A. M. and Angus, T. A. 'Bacterial Insecticides', Bacteriol. Rev. Vol. 24 (1960), No. 3, pp. 266-8.
- Briggs, John D. Pathogens for the Control of Pests, Biol. and Chen. Control of Plant and Animal Pests. Washington, D.C., Am. Assn. Advancement Sci., 1960, pp. 137-48.
- Tests of a Microbial Insecticide against Forest Defoliators, Bi-Monthly Progress Report, Canada Dept of Forestry, Vol. 17, No. 3 (May-June 1961).
- Steinhaus, Edward A., Living Insecticides.
- Tanada, Y., Microbial Control of Insect Pests, Annual Rev. Entomol, Vol. 4 (1959), pp. 277-302.
- Steinhaus, Edward A., Concerning the Harmlessness of Insect Pathogens.
- Clausen, C. P., Biological Control of Insect Pests in the Continental United States. U.S. Dept of Agric. Technical Bulletin No. 1139 (June 1956), pp. 1-151.
- Hoffmann, C. H. Biological Control of Noxious Insects, Weeds, Agric. Chemicals, March-April 1959.
- De Bach, Paul, Biological Control of Insect Pests and Weeds, Jour. Applied Nutrition, Vol. 12 (1959), No. 3, pp. 120-34.
- Ruppertshofen, Heinz, Forest-Hygiene, address to 5th World Forestry Congress, Seattle, Wash. (29 August - 10 September 1960).
- Ruppertshofen, Heinz, To author, 25 February 1962.
- Gösswald, Karl, *Die Rote Waldameise im Dienste der Waldhygiene*, Lüneburg, Metta Kinau Verlag, n.d.
- Gösswald, Karl, To author, 27 February 1962.
- Balch, R. E. Control of Forest Insects, Annual Rev. Entomol. Vol. 3 (1958), pp. 449-68.
- Buckner, C. H., Mammalian Predators of the Larch Sawfly in Eastern Manitoba, Proc., 10th Internatl Congress of Entomologists (1956), Vol. 4 (1958), pp. 353-61.
- Morris, R. F., Differentiation by Small Mammal Predators between Sound and Empty Cocoons of the European Spruce Sawfly, Canadian Entomologist, Vol. 81 (1949), No. 5.
- MacLeod, C. F., 'The Introduction of the Masked Shrew into Newfoundland', Bi-Monthly Progress Report, Canada Dept of Agric. Vol. 16, No. 2 (March-April 1960).
- MacLeod, C. F. To author, 12 February 1962.
- Carroll, W. J. To author, 8 March 1962.

Energy, Buenos Aires, June 1959, pp. 229-39.
- 'Screwworm vs. Screwworm', Agric. Research, July 1958, p. 8. U.S. Dept of Agric.
- 'Traps Indicate Screwworm May Still Exist in South-east', U.S. Dept of Agric. Release No. 1502-59 (3 June 1959). Mimeo.
- Potts, W. H., Irradiation and the Control of Insect Pests, Times (London) Sci. Rev. Summer 1958, pp. 13-14.
- Knipling, E. F. Screwworm Eradication: Sterile Male Method.
- Lindquist, Arthur W. Entomological Uses of Radioisotopes, in Radiation Biology and Medicine. U.S. Atomic Energy Commission, 1958. Ch. 27, Pt 8, pp. 688-710.
- Lindquist, Arthur W., Research on the Use of Sexually Sterile Males.
- USDA 'May Have New Way to Control Insect Pests with Chemical Sterilants', U.S. Dept of Agric. Release No. 3587-61 (1 November 1961). Mimeo.
- Lindquist, Arthur W. Chemicals to Sterilize Insects, Jour. Washington Acad. Sci., November 1961, pp.109-14.
- Lindquist, Arthur W., New Ways to Control Insects, Pest Control Mag. June 1961.
- La Brecque, G. C., Studies with Three Alkylating Agents As House Fly Sterilants, jour. Econ. Entomol, Vol. 54 (1961), No. 4, pp. 684-9.
- Knipling, E. F., Potentialities and Progress in the Development of Chemosterilants for Insect Control, paper presented at Annual Meeting Entomol. Soc. of Am. Miami, 1961.
- Use of Insects for Their Own Destruction, Jour. Econ. Entomol., Vol. 53 (1960), No. 3, pp. 415-20.
- Mitlin, Norman, Chemical Sterility and the Nucleic Acids, paper presented 27 November 1961, Symposium on Chemical Sterility, Entomol. Soc. of Am., Miami.
- Alexander, Peter, To author, 19 February 1962.
- Eisner, T., 'The Effectiveness of Arthropod Defensive Secretions, in Symposium 4 on Chemical Defensive Mechanisms', 11th Internatl Congress of Entomologists, Vienna (1960), pp. 264-7. Offprint.
- Eisner, T., 'The Protective Role of the Spray Mechanisms of the Bombardier Beetle, Brachynus ballistarius Lec'., Jour. Insect Physiol., Vol. 2 (1958), No. 3, pp. 215-20.
- Eisner, T., 'Spray Mechanism of the Cockroach Diploptera punctate', Science, Vol. 128, No. 336 (8 July 1958), pp. 148-9.
- Williams, Carroll M., The Juvenile Hormone, Sci. American, Vol. 198, No. 2 (February 1958), p. 67.
- '1957 Gypsy-Moth Eradication Program', U.S. Dept of Agric. Release 858-57-3. Mimeo.
- Jacobson, Martin, et al., 'Isolation, Identification, and Synthesis of the Sex Attractant of Gypsy Moth', Science, Vol. 132, No. 3433 (14 October 1960), p. 1011.
- Brown, William L., Jr., Mass Insect Control Programs: Jour Case Histories, Psyche, Vol. 68 (1961), Nos. 2-3, pp. 75-111.
- Christenson, L.D., 'Recent Progress in the Development of Procedures for Eradicating or controlling Tropical Fruit Flies', Proc. 10th Internatl Congress of Entomologists (1956), Vol. 3 (1958), pp. 11-16.
- Hoffmann, C. H., New Concepts in Controlling Farm Insects, address to Internatl Assn. Ice Cream Manuf. Conv., 27 October 1961. Mimeo.
- Frings, Hubert and Frings, Mabel, Uses of Sounds by Insects, Annual Rev. Entomol. Vol. 3 (1958), pp. 87-106.
- Research Report, 1956-1959. Entomol. Research Inst. for Biol. Control, Belleville, Ontario, pp. 9-45.
- Kahn, M. C. and Offenhauser, W., Jr, The First Field Tests

地球觀40

寂靜的春天

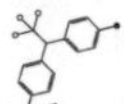

Silent Spring

自然文學不朽經典全譯本（二版）

作　　者　瑞秋・卡森（Rachel Carson）
譯　　者　黃中憲

野人文化股份有限公司
社　　長　張瑩瑩
總 編 輯　蔡麗真
主　　編　鄭淑慧
責任編輯　陳瑾璇
行銷企劃　林麗紅
封面設計　井十二設計研究室
內頁排版　洪素貞

出　　版　野人文化股份有限公司
發　　行　遠足文化事業股份有限公司（讀書共和國出版集團）
地址：231新北市新店區民權路108-2號9樓
電話：（02）2218-1417　傳真：（02）8667-1065
電子信箱：service@bookrep.com.tw
網址：www.bookrep.com.tw
郵撥帳號：19504465遠足文化事業股份有限公司
客服專線：0800-221-029
法律顧問　華洋法律事務所　蘇文生律師
印　　製　成陽印刷股份有限公司
初　　版　2017年04月
二版首刷　2020年11月
二版三刷　2024年6月

國家圖書館出版品預行編目 (CIP) 資料

寂靜的春天：自然文學不朽經典全譯本（二版）/ 瑞秋・卡森 (Rachel Carson) 作；黃中憲譯 .-- 二版 .-- 新北市：野人文化出版：遠足文化發行，2020.11
面；　公分 . -- (地球觀 ;40)
譯自 :Silent spring
ISBN 978-986-384-459-4(平裝)

1. 農藥汙染 2. 環境保護 3. 生態文學

445.96　　109014464

寂靜的春天

野人文化
官方網頁

野人文化
讀者回函

線上讀者回函專用 QR CODE，你的寶貴意見，將是我們進步的最大動力。

野人文化
讀者回函卡

野人

書　名

姓　名　　□女　□男　　年齡

地　址

電　話　　手機

Email

□同意　□不同意　　收到野人文化新書電子報

學　歷　□國中（含以下）□高中職　□大專　□研究所以上
職　業　□生產/製造　□金融/商業　□傳播/廣告　□軍警/公務員
□教育/文化　□旅遊/運輸　□醫療/保健　□仲介/服務
□學生　□自由/家管　□其他

◆你從何處知道此書？
□書店：名稱 ______________　□網路：名稱 ____________
□量販店：名稱 ____________　□其他 __________________

◆你以何種方式購買本書？
□誠品書店　□誠品網路書店　□金石堂書店　□金石堂網路書店
□博客來網路書店　□其他 __________________

◆你的閱讀習慣：
□親子教養　□文學　□翻譯小說　□日文小說　□華文小說　□藝術設計
□人文社科　□自然科學　□商業理財　□宗教哲學　□心理勵志
□休閒生活（旅遊、瘦身、美容、園藝等）　□手工藝／DIY　□飲食／食譜
□健康養生　□兩性　□圖文書／漫畫　□其他 _______

◆你對本書的評價：（請填代號，1. 非常滿意　2. 滿意　3. 尚可　4. 待改進）
書名 _____ 封面設計 _____ 版面編排 _____ 印刷 _____ 內容 _____
整體評價 _____

◆你對本書的建議：

廣　告　回　函
板橋郵政管理局登記證
板 橋 廣 字 第 143 號

郵資已付　免貼郵票

23141
新北市新店區民權路108-2號9樓
野人文化股份有限公司 收

請沿線撕下對折寄回

書號：0NEV4040